FUHE QIFENXIA DIJIE MEIQIHUA TEXING
JI GONGYE YINGYONG

复合气氛下 低阶煤气化特性 及工业应用

程相龙　郭晋菊　编著

化学工业出版社
·北京·

内容简介

气化是大规模清洁利用低阶煤的高效技术，氧化和水蒸气气化是气化过程最重要的两个反应，多数研究者将它们分别独立研究，但实际气化过程要复杂很多，二者之间存在协同作用。本书基于作者的研究成果，主要介绍 $H_2O/O_2/CO_2$ 复合气氛下协同作用的宏观特征、作用方向、作用机理、发生规律、影响因素（温度、压力、气化剂浓度、反应器类型、挥发分-半焦作用），以及协同作用对气化动力学、反应器建模和操作条件优化的影响，同时介绍了利用该研究成果进行的中间试验和工业试验。

本书可作为煤化工领域从事反应器开发、工艺优化、设计与生产管理的工程技术人员的参考书，也可作为高等学校和研究院所研究生的教学用书和参考书。

图书在版编目（CIP）数据

复合气氛下低阶煤气化特性及工业应用／程相龙，
郭晋菊编著. -- 北京：化学工业出版社，2024. 9.
ISBN 978-7-122-46445-3

Ⅰ. TQ54

中国国家版本馆 CIP 数据核字第 2024CL2987 号

责任编辑：傅聪智　　　　　　　　文字编辑：刘　莎　师明远
责任校对：李露洁　　　　　　　　装帧设计：王晓宇

出版发行：化学工业出版社
　　　　　（北京市东城区青年湖南街 13 号　邮政编码 100011）
印　　装：北京建宏印刷有限公司
710mm×1000mm　1/16　印张 14¼　字数 301 千字
2024 年 9 月北京第 1 版第 1 次印刷

购书咨询：010-64518888　　　　　售后服务：010-64518899
网　　址：http://www.cip.com.cn
凡购买本书，如有缺损质量问题，本社销售中心负责调换。

定　　价：98.00 元　　　　　　　　　版权所有　违者必究

　　煤炭是支撑我国经济社会发展的基石能源，其中低阶煤以其庞大的储量和逐年增长的产量，占据了我国煤炭资源的半壁江山，其高效利用对于优化能源结构、强化能源战略、保障能源安全、推进"双碳"目标实现具有不可估量的价值。在此背景下，气化技术作为低阶煤大规模转化的关键路径，其重要性不言而喻。

　　多年来，我国致力于低阶煤气化技术的自主研发与引进吸收，构建起多套工业化装置，并积极探索国外先进技术的本土化应用。然而，尽管取得了一定进展，但工艺与设备的持续优化仍是摆在我们面前的重大课题。基于在大型煤化工企业七年的工作实践，作者亲历了技术引进的全过程，从审核谈判到安装调试，再到实际运行，深刻体会到低阶煤气化技术在工业化过程中存在的一些问题亟待解决，才能尽早实现该技术的大规模推广。

　　在低阶煤气化过程中，氧化反应与水蒸气气化反应是最重要的两个反应。然而，传统研究多聚焦于单一气氛（惰性气氛或水蒸气气氛）下的反应机制，忽略了实际生产中 $H_2O/O_2/CO_2$ 复杂气氛下的协同效应。本书正是基于这一洞察，深入探讨了复合气氛下两大反应的相互作用机制，揭示了其对低阶煤转化率、气化速率等关键指标的提升作用，以及这种协同作用在宏观与微观动力学层面的深刻影响。通过大量中间放大试验与工业化试验数据的实时采集与分析，我们力求为读者呈现一幅全面而深入的低阶煤气化技术新图景。

　　低阶煤虽具有诸多天然优势，如高氧含量、高挥发分及丰富的碱金属与碱土金属元素，但其气化过程中面临的气化速率低、灰中碳含量高等问题，严重制约了其规模化利用的步伐。本书所探讨的协同作用，正是在这一背景下应运而生，在设计生产能力 500 万 m^3/d 粗煤气的流化床气化炉中进行工业试验，不仅显著提升了低阶煤的反应活性与气化速率，还大幅降低了煤灰中的残炭率，为低阶煤的高效清洁利用开辟了新途径。这一技术突破，不仅为我国化肥企业提供了节能环保的制氢新方案，更在节约优质块煤资源、减轻环保压力、降低企业成本方面展现出巨大潜力。

　　本书结构严谨，逻辑清晰，从低阶煤资源概述、气化技术进展到协同作用的理论研究与实践应用，层层递进，理论与实践并重。每一章节均辅以摘要与小结，便于读者快速把握核心要点，无论是深入研读还是概览全貌，都能获得丰富的知识与启示。

　　本书由河南城建学院程相龙与郭晋菊合作完成，我们深知本书的撰写虽倾注了心血，但仍难免存在不足之处。在此，我们欢迎各位专家、学者及业界同仁批评指正，共同推动低阶煤气化技术的持续进步与发展。

作者

2024 年 3 月

第一章

低阶煤的资源特点与常见
加工利用方式

001~019

第五章

低阶煤气化过程中 H_2O/O_2
协同作用机制

059~073

第六章

低阶煤气化过程中 H_2O/O_2
协同作用的规律

074~094

第一章
低阶煤的资源特点与常见加工利用方式

我国低阶煤储量丰富，约占世界低阶煤总储量的 41%。根据国家统计局资料，我国低阶煤产量已超过煤炭总产量的 50%，且随着煤炭主产区西移，其占比逐年增大。发展低阶煤高效清洁转化技术，尤其是适用于低阶煤的洁净煤气化技术，对我国的能源安全战略和环境保护具有重要意义。本章将阐述我国低阶煤的赋存分布、煤质特点及常见加工利用方式，进而阐述影响低阶煤大规模加工的因素，主要包括煤质特点、水耗、能耗、土地资金等。

第一节　我国低阶煤资源特点

一、我国低阶煤赋存分布

低阶煤是指煤化程度较低的煤，主要包括褐煤、低变质烟煤。根据煤炭地质总局第三次全国煤田预测，我国垂直深度 2000m 以浅的低阶煤预测资源量为 26118.16 亿 t，占煤炭预测资源量的 57.38%，主要分布在内蒙古、新疆、云南、东北等西部和北部矿区。其中，我国褐煤探明保有资源量约 1300 亿 t，占全国保有煤炭储量的 12.69%，作为变质程度最低的煤类，主要分布在东北和西南两大片区，包括褐煤 1号和褐煤 2 号。年轻褐煤（褐煤 1 号）主要分布在云南、山东等地区，年老褐煤（褐煤 2 号）主要分布在东北地区。成煤时代最早为早中侏罗世，其次为早白垩世。

低变质烟煤包括长焰煤、不黏煤和弱黏煤，其储量非常丰富，约占低阶煤总储量的 42.5%，主要分布在我国西北、华北和东北地区，包括鄂尔多斯盆地和新疆等主要地区。据不完全统计，仅山西省就拥有低阶煤资源量 251.28 亿 t，其中长焰煤 206.44 亿 t，不黏煤 22.44 亿 t，弱黏煤 22.22 亿 t；全省低阶煤中，长焰煤所占比例最大，为 82.16%，其次为不黏煤和弱黏煤，分别占比 8.93% 和 8.84%。从可采储量来看，陕西省和山西省的长焰煤可采资源量分别占全国长焰煤可采资源总量的 32% 和 13%[1-3]，居全国前列。

近年来，我国中东部地区煤矿开采产量较大，开采深度逐渐增加，难度加大，而西部矿区煤炭资源赋存较浅，开采比较容易，所以我国能源发展进行了压缩东部、限制东北和中部、优化发展西部的战略布局，煤矿开采加速向内蒙古、新疆、云南等西部矿区转移。因此，低阶煤的加工利用日益引起人们的重视。

二、我国低阶煤的煤质特点

（一）褐煤

我国褐煤资源主要分布于内蒙古东部、东北三省部分地区和云南等地。褐煤煤化程度较低，导致其碳含量较低，挥发分含量高，反应活性高；同时，褐煤的硬度小，空隙裂隙大，含水率较高（35%～50%），导致其热值相对较低；另外，褐煤氧含量高（18%～30%），挥发分含量高（35%～45%），易风化碎裂和氧化自燃，不适合远途运输和利用。褐煤这些特点导致其应用受到很大限制[4,5]。

内蒙古东部地区的褐煤主要为煤化程度较高的年老褐煤，其全水分含量在 30% 左右。该地区主要包括霍林河矿区、胜利矿区、伊敏矿区、大雁矿区、扎赉诺尔和宝日希勒矿区。该地区资源丰富，煤类为褐煤，含煤层数多，厚度巨大，煤层埋藏浅，开采条件简单，多处可以建设露天矿，可以建成特大型煤炭基地，实施煤电联营。同时，该地区的褐煤是理想的直接液化、煤制天然气等用煤。

云南先锋矿区为一东西向狭长形山间盆地，面积 12.5km²。该矿区资源丰富，资源丰度大，含可采煤层 4～5 层，煤层厚度巨大，可采总厚度达 140 多米，厚度变化也大，但规律明显；构造简单，煤层埋藏浅，适宜露天开采，其中 M8 煤层为特低灰中高硫褐煤，M3～M5 煤层为低中灰特低硫褐煤。该矿区的褐煤以年轻褐煤为主，全水分含量在 40% 左右，部分地区褐煤的全水分含量可高达 50%，煤镜质组含量达 94%，而镜质组是加氢液化的活性组分，在加氢反应中可以全部转化成液体和气体产物，加之灰分含量较低，因此是一种比较好的直接液化原料煤。经初步估算，以云南先锋煤为原料，建设年处理 170 万 t 煤的液化示范厂可年产 60 万 t 成品油、6.8 万 t 粗酚及 4.4 万 t 液化石油气。因此，先锋矿区是我国重要的液化用煤基地。

（二）低变质烟煤

低变质烟煤主要指长焰煤、不黏煤、弱黏煤。我国煤炭资源中，部分低变质烟煤具有与褐煤相同的高灰、高水、高活性的特性，例如义马矿区的长焰煤等。据不完全统计，仅河南义马煤田原煤灰分含量可能达到 40% 以上的长焰煤约 1.1 亿 t。此外，部分低变质烟煤呈现低灰、低硫、化学反应活性高、可选性好的特点，其中不黏煤的灰分在 10.9% 左右，硫分含量为 0.8% 左右；弱黏煤的灰分含量为 10.1% 左右，硫分含量为 0.9% 左右。以大同弱黏煤、神府矿区和内蒙古西部东胜煤田的长焰煤、不黏煤为代表的煤炭资源，被誉为天然"精煤"。不同区域低变质烟煤煤质特点如下。

神东-陕北煤炭规划区是鄂尔多斯盆地资源条件好的地区之一，延安组资源丰度为 800 万～1200 万 t/km^2，主要煤层为 5 层，煤质好，煤类为长焰煤和不黏煤，原煤灰分含量（A_d）5%～11.66%，原煤干燥基全硫分含量均小于 0.5%，发热量一般大于 28MJ/kg，矿区构造极其简单，地层倾角仅 1°左右，断层极少，煤层稳定。该区煤炭适宜气化、高炉喷吹、制作水煤浆，可建成我国煤炭液化、水煤浆、煤制烯烃等化工基地。同时，该区水资源短缺，生态环境脆弱，必须综合考虑煤炭开发和水资源保护、生态环境建设协调发展。

晋北煤炭规划区包括大同、平朔、朔南矿区，该区构造中等、简单，主要含煤地层为中侏罗世大同组及石炭-二叠纪太原组、山西组，大同组含煤多达 17 层，以薄、中厚煤层为主，总厚 14.6m，煤类为弱黏煤或不黏煤，多为低-中低灰、特低-低硫高热值煤；太原组含可采煤层 5～8 层，总厚 28.9～31.2m，山西组含局部可采煤层 1～3 层，厚 0～1.95m，太原组、山西组煤以气煤为主，为中-高灰、低硫、高热值煤。

新疆准噶尔、吐哈、库车、伊犁等煤田的低阶煤资源也十分丰富，可采煤层 30 多层，可采总厚 6～90m，厚者达 100 多米。煤类以低-中灰、低硫-低中硫的长焰煤、不黏煤为主。

三、开发低阶煤利用技术的重要意义

据国家统计局统计，2015 年，我国石油对外依存度首次突破 60%，我国已成为仅次于美国的世界第二大石油进口国和消费国（表观消费量 5.43 亿 t，净进口量 3.28 亿 t）。2021 年我国的石油对外依存度达到 72%。按此趋势发展下去，我国的石油对外依存度将有可能在 2030 年前突破 85%。石油对外依存度过高，自给率低，将严重威胁我国的能源安全。

同时，环境污染也引人注目。"市发布重污染天气橙色预警，今晚启动Ⅱ级应急响应（天津日报，2023.03.14）""重污染天气橙色预警 河北5市启动应急响应（河北青年报，2023.03.13）""京津冀及周边地区这波重污染天气啥原因？何时转好？（中国环境报，2023.11.01）""石家庄将重污染天气预警升级为红色，启动Ⅰ级应急响应（石家庄日报，2023.12.24）"等类似新闻日益增多，环境污染成为人们心中挥之不去的阴影。

2021年9月13日，习近平总书记在陕西榆林考察时指出：煤化工产业潜力巨大、大有前途，要提高煤炭作为化工原料的综合利用效能，促进煤化工产业高端化、多元化、低碳化发展，把加强科技创新作为最紧迫任务，加快关键核心技术攻关，积极发展煤基特种燃料、煤基生物可降解材料等。

开发低阶煤清洁利用技术，不但可以缓解我国的能源危机和环境危机，对我国的能源战略也具有显著的积极意义。国家大力提倡低阶煤的清洁转化，先后出台了《能源发展战略行动计划（2014—2020年）》（国务院办公厅）、《煤炭清洁高效利用行动计划（2015—2020年）》（国家能源局）、《中原经济区规划（2012—2020年）》（国家发改委）等政策，鼓励低阶煤和劣质煤就地清洁转化利用。《煤炭深加工产业示范"十三五"规划》明确将低阶煤热解提质列为"能源发展重大工程"，低阶煤热解提质技术是实现煤炭清洁、高效、环保利用，切实推进我国能源生产革命、煤炭供给侧改革、煤炭行业转型升级的重要有效途径，完全符合《十四五规划纲要》中倡导的"推进能源资源梯级利用、废物循环利用"的能源策略。低阶煤清洁利用技术在国家"十四五"政策倾斜条件下，存在着难得的发展机遇。

第二节　低阶煤常见加工利用方式

一、用作燃料

一般地，较高的升温速率有利于煤粉颗粒燃烧，显著提高其燃烧性能。颗粒粒径越小，比表面积越大，能够促进煤粉颗粒与环境中氧气的接触，提升其燃烧特性。我国90%以上的低阶煤用于电站锅炉、工业锅炉的燃料。褐煤和部分次烟煤水分含量高、热值低、灰含量高，用于燃烧存在诸多不足，比如燃料消耗量大，磨煤制粉过程能量消耗量大、效率低，并且磨煤系统易着火、爆炸，存在严重安全隐患，整个燃烧系统能耗和维修费用高[6,7]。另外，与常规的烟煤燃烧一样，低阶煤燃烧存在严重的环境污染[7,8]。随着环保要求的日益严格，目前要求烟气出口的粉尘含量小于$10mg/m^3$，SO_2含量小于$35mg/m^3$，NO_x含量小于$50mg/m^3$。

如果将低阶煤用于烟煤锅炉的掺烧，同样存在上述问题。掺烧方案是动力煤价格不断上涨催生的，研究指出，该方案存在严重的安全隐患，同时燃料消耗大、能量利用率低，且易引发炉膛和燃烧器区域的结焦，甚至烧毁[9-12]。低阶煤，尤其是褐煤，结构复杂，除了具有发达的孔隙和高含水量外，还含有较多的挥发性物质和含氧官能团，这些成分和结构特征使褐煤极易被氧化而放出热量导致自燃，不易储存和长途运输，极大限制了褐煤的利用，并造成严重的安全问题，因此抑制褐煤等低阶煤的自燃非常重要。影响褐煤在空气中反应性和稳定性的因素众多，但褐煤中固有成分和结构组成是其自燃的主要原因。褐煤中存在与芳香结构、桥键和小分子有机成分相连的侧链，使其具有高化学反应性、低温氧化倾向和自燃性。碱性化合物已被广泛用于褐煤的有效化学净化，可显著改变褐煤的结构特征，如改变煤表面的孔隙分布、降低比表面积、去除煤中的某些含氧官能团和矿物质，从而减少对环境的污染。此外，碱处理还可降低褐煤的反应性并提高褐煤的着火温度。

二、干燥提质

褐煤和少部分高含水量的次烟煤，内部具有丰富的孔隙结构且亲水性官能团较多，导致这些低阶煤不但含水量高，而且水分脱除相对困难，这一特点严重制约了其利用。这些高含水量煤的干燥提质需要降低煤炭含水量，而且需要解决干燥后水分复吸的问题[4,13-15]。研究者对改变其物理化学结构、脱除部分含氧官能团使之含水量下降方面的研究较多[4,16,17]，对如何解决水分复吸问题的研究十分有限。同时，干燥形式主要有蒸汽管式干燥、流化床蒸汽干燥两种，它们的蒸汽（热量）消耗量都较大，经济性差，这也是制约干燥提质技术大规模应用的主要问题。蒙东地区虽有部分示范厂进行了试运行，从试运行结果来看，大部分技术仍存在提质处理成本高、提质装置复杂、设备长时间运行可靠性低、提质过程对环境造成一定的影响等问题。另外，一些技术瓶颈仍是制约低阶煤提质利用的关键，如粉尘焦油分离技术、粉尘处理技术、无黏结剂成型技术等。

近年来，国内外学者针对煤-水间作用机理、煤炭特性与脱水机制间的关系等进行了大量研究，开发了不同的脱水技术。按照水分从煤中脱除的方式，脱水技术分为蒸发脱水和非蒸发脱水，前者包括热烟气干燥、流化床干燥、微波干燥、过热蒸汽干燥等，后者包括溶剂萃取脱水、水热脱水、热压脱水等。目前，蒸发干燥技术应用较为普遍，其中干燥温度和颗粒粒径是影响干燥过程的主要因素。

此外，对褐煤干燥与复吸的研究多以单颗粒或薄层状态的样品为对象，对干燥过程动力学的研究多采用经验公式拟合的方法，假设样品内部温度、水分均匀，忽略样品表面与内部温度、水分的差异。而实际干燥过程中褐煤物料厚度往往超过薄层干燥的上限，样品表层和内部温度、水分的差异显著，样品内部的温度梯度、湿度梯度以及颗粒堆积时形成的间隙对传热传质均有重要影响，表现出与单颗粒、薄层状态下不同的干燥特性；且干燥后的褐煤多进行堆放，其自燃、复吸特性也与单颗粒、薄层状态下不同。在非薄层干燥过程中，粒度较小的样品具有较高的干燥速率，当褐煤粒度降低至临界粒度时，进一步降低粒度不会促进褐煤干燥速率的提升。非薄层干燥过程中仅观察到了升速干燥阶段和降速干燥阶段，不存在明显的恒速干燥阶段、初次降速干燥阶段、再次降速干燥阶段，且最大干燥速率显著低于褐煤薄层干燥研究中的最大干燥速率。褐煤非薄层干燥中样品表层和中心区域的温度、残留水分分布存在显著的梯度，呈现分层现象，不可按照均匀分布处理，与褐煤薄层干燥特性存在明显差异[13]。

因此，干燥提质技术尚有成本高、水分复吸严重等问题，曾有国内专家预言"短期内，国内褐煤干燥提质技术实现实质性突破很难"。但是，一旦该技术成熟，就能实现褐煤的规模化高效利用。

三、热解（干馏）提质

低阶煤热解提质技术又称干馏技术，其基本原理是褐煤在低温 500～600℃或中温 600～800℃下的非氧化气氛中发生热分解，生成半焦、高附加值的煤气、焦油等产品。一般地，通过热气体、高温半焦或其他高温固体物料作为热载体，与褐煤在热解室内混合，利用热载体的显热使低阶煤热解。与气相热载体相比，固相热载体避免了煤热解析出的挥发产物被烟气稀释的问题，同时降低了冷却系统的负荷[18,19]。国内外典型的代表工艺见表 1-1。

表 1-1 低阶煤热解提质技术国内外典型的代表工艺

序号	研发单位	工艺名称	工艺简称
1	德国 Lurgi 公司	鲁奇三段炉低温热解工艺	L-S 热解工艺
2	美国 SGI、SMC 公司	低阶煤热解提质工艺	LFC 热解工艺
3	美国 FMC 公司	煤油共炼工艺	COED 工艺
4	大唐华银、五环工程	低阶煤提质工艺	LCC（LFC 工艺升级）
5	神木三江煤化工公司	低温干馏炉工艺	SJ-Ⅳ（L-S 工艺升级）
6	Lurgi、Ruhurgas 公司	鲁奇-鲁尔低温煤干馏技术	L-R 热解工艺
7	国能公司、富通公司	国能富通干馏炉技术	国富炉工艺（L-R 升级）
8	美国油页岩公司	低温热解工艺	Toscoal 热解工艺
9	美国西方研究公司	Garrett 工艺	Garrett 热解工艺
10	俄罗斯能源研究院	固体热载体粉煤干馏技术	3-TX（ETCH）-175

序号	研发单位	工艺名称	工艺简称
11	大连理工大学	固体热载体褐煤热解技术	DG 技术
12	煤炭科学研究总院 北京煤化工研究分院	低变质煤热解工艺	多段回转炉工艺
13	中国科学院过程工程研究所	煤拔头——煤炭综合利用新工艺	拔头工艺，即 BT 工艺
14	神华集团	神华模块化固体热载体热解工艺	神华热解工艺

据资料显示，目前国内多种低阶煤提质技术都有相应的试验和示范项目正在进行中，投煤试验都不同程度出现技术问题，甚至一部分处于停滞状态。但是，褐煤提质分质分级利用技术既对褐煤的劣势进行了改性，又保留了褐煤的天然物质成分，使之在火力发电、水泥生产应用中性能得到提高。同时，可以开展农产品种植施用褐煤提取液的试验。将褐煤提质分质分级后，同步应用于工业燃料、农业等行业，对褐煤原料化开发利用、优化国家能源结构和农业绿色可持续发展有重要意义。随着研究的深入，该技术将获得长足发展，可能成为低阶煤高效利用的有效途径。

四、低阶煤气化

煤气化技术是现代煤化工的龙头。目前，常见的煤气化技术分为固定床气化、流化床气化、气流床气化，其中固定床气化技术以优质块煤为原料，流化床气化技术以粒径小于 10mm 的颗粒煤为原料，这两种技术对原料煤的黏结性、热稳定性、水分也有较为严格的要求。气流床气化技术以粒径小于 1mm 的煤粉为原料，对原料煤的热值、灰含量要求较高。褐煤热稳定性较低，含水量较高，采用以上气化技术时，存在粉尘带出量大、干燥成本高等问题[20,21]。一些专家认为，由于低阶煤成浆性差，基本不能用于水煤浆气化、干粉气流床技术，所以目前仍然缺乏气化褐煤经验，距工业化仍有一段距离[7,21]。总体上看，目前的气化技术尚不能大规模高效地"消化"低阶煤资源。

开发低阶煤气化技术将以大型化、高效率、低污染、煤种适应性宽等特点为目标，应关注气化温度和操作压力的增高对效率的影响，同时需要妥善解决煤气生产过程中资源的综合利用问题，开发适用于高含水量、高含氧量、低热稳定性、低热值的低阶煤气化新技术和装备。

五、褐煤成型

相对于褐煤干燥提质，褐煤成型不存在粉尘大、易重新吸水等问题，是洁净煤技术之一。褐煤成型主要是将褐煤干燥、加热到一定温度，保温一定时间后直接在高压下压制成型的技术。该工艺具有较好的技术可行性，但是国内和国外技术都存在能耗较高的问题，经济性有待提高[22-24]。

黏结剂是褐煤成型生产的关键。现有的黏结剂按化学组分可分为有机黏结剂、无机黏结剂和复合黏结剂三大类。其中复合型黏结剂是将两种或两种以上的黏结剂进行组合，通过互补各自优点来提升型煤性能从而达到最佳效果，现已成为各国研发的主要方向。煤主要由有机大分子结构单元组成，所以在选择主黏结剂时有机成分对煤的亲和力强，黏结剂能够很好地润湿到煤的微观孔隙中，干燥固化后可与煤料紧紧地黏结在一起。因此，与煤组成相似的淀粉类物质，能够增加煤粒间的黏合力，是理想的黏结剂。膨润土与聚乙烯醇（PVA）作为辅助黏结剂可进一步增强型煤机械强度。

目前，褐煤成型主要工艺有德国的褐煤无黏结剂冲压成型工艺、中国化学工程集团与德国泽玛克联合开发的褐煤间接干燥型煤工艺、中国矿业大学（北京）和神华国际贸易公司的热压成型 HPU 工艺、澳大利亚亚太煤钢公司的冷干工艺、澳大利亚 White 公司开发的热烟气直接干燥成型 BCB 工艺、日本神户制钢所将可回收油及重油作为黏结剂的 UBC 工艺等。

六、直接液化

低阶煤煤质年轻，反应活性较高，结构单元中有较多的亚甲基、羧基、羰基等活性基团，是较理想的直接液化煤种。低阶煤直接液化得到的油品中硫、芳烃含量都较高，燃烧和环保性能明显较差。我国科研人员认真吸收国外技术的优点，不断改进创新，开发出具有自主知识产权的直接液化技术，建立了世界首座煤直接液化示范工程——神华 100 万吨/年煤直接液化装置，经过不断的工艺优化和技术改造，该装置已实现稳定运行。但是低阶煤直接液化对煤质有严格要求[25-27]，如无水无灰基煤样氢含量不小于 5.2%，碳含量不大于 80%，氢碳原子比不小于 0.77%，氧碳原子比不小于 1.00%，灰分含量不大于 7.5% 等。

七、溶剂抽提

低阶煤的溶剂抽提是指利用相似相溶原理，从煤中萃取出有用有机质的过程。近年来科研人员相继开发出超临界流体萃取、超声波萃取等新技术[28-30]。抽提产物主要是腐殖酸和褐煤蜡。其中腐殖酸可以增进肥效、改良土壤、调节作物生长和增强作物的抗逆性等，还是锅炉防垢剂、钻井液添加剂、蓄电池阴极膨胀剂的生产原料。以碱溶液作溶剂氧化褐煤，提取小分子脂肪酸、苯多酸等有机酸近来引起了研究者的关注，成为低阶煤，尤其是褐煤抽提研究的新热点。

八、无灰煤技术

无灰煤技术最早由日本主持研发，主要考虑到炼焦煤资源短缺时，通过循环溶剂热萃取出来的无灰煤（HPC）水分低、无灰分、发热量高，可代替炼焦煤资源。科研人员研究了溶剂、煤预处理方法、萃取条件等对萃取过程的影响，但是萃取机理、萃取动力学等方面有待深入研究，与工业化应用差距还很大[31,32]。随着优质煤炭资源的减少，该技术具有良好的发展前景。

九、热溶催化转化工艺

肇庆市顺鑫煤化工科技有限公司基于低阶煤，尤其是褐煤的煤质特点开发了低阶煤热溶催化转化工艺，低阶煤在催化剂、富氢溶剂"伴随"下脱除煤中的羧基等含氧官能团，然后进行热溶催化反应，减压分离反应产物，油渣进入焦化炉进行焦化获得焦油和固体燃料。固体燃料、焦油、气体燃料收率分别约37%、33%、22%。该工艺具有条件温和、能源利用效率高的特点[33,34]。目前示范装置正在建设中。

十、制备吸附剂

低阶煤多孔，空隙率较高，同时含有羧基、羰基、甲氧基等活性基团，吸附性能好，是制备活性炭、炭分子筛等吸附剂的良好材料。低阶煤，尤其是褐煤经炭化后制备出的活性炭和活性焦，空隙发达，吸附能力强，广泛应用于食品、医药、废水净化等方面。褐煤制成的炭分子筛，微孔结构发达，具有与沸石分子筛类似的功能。在一定炭化条件下，褐煤的碳骨架结构容易朝着有利于吸附分离和孔隙较多的无定形碳结构方向发展——结构更加疏松，孔隙结构更加发达，使得褐煤成为制备炭分子筛的优质原料[35,36]。炭分子筛广泛用于气体吸附分离、催化、气体存储等领域。

目前，褐煤制备活性炭的研究被广泛关注，褐煤资源得到充分利用，同时褐煤基活性炭应用广泛，能很好地吸附煤炭燃烧排放的污染物，在处理废水和制备超级电容器方面均取得了研究进展。煤化程度较低的褐煤，含碳量较低，氢、氧含量较高，分子结构复杂，疏水性弱，属于较难分选、不易利用的煤种，在空气中极易吸水、氧化，作为燃料利用价值低。褐煤孔隙较多、官能团丰富，尤其具有良好的吸附、络合和交换性能，是天然有机离子吸附剂。褐煤属于反应性较高的煤种，能与许多化学试剂反应，生成反应活性高的新物质，具有活化时间短等特点。从炭化过程来讲，褐煤结构较松散，是敞开式无定形结构，且经炭化过程直接形成固态，不生成液体，炭化后仍可保持其自身结构，即无定形结构，这对生产高质量的碳素前躯体非常有利。因此以褐煤为原料制备活性炭具有诸多优势[37]。国内开展了许多利用褐煤制备活性炭的研究，但褐煤含碳量低、质地柔软、含水量高，给褐煤基活性炭生产带来困难。目前不同方法制备活性炭的应用方向不同，寻找褐煤制备活性炭的方法、生产满足不同要求的活性炭尤为重要，但工艺及产品质量上仍有缺陷，至今无褐煤活性炭产业化报道，进一步研究利用褐煤制备活性炭具有实际意义。

十一、制备水煤浆

褐煤变质程度低，因而呈现出与高阶煤不同的物化性质，例如内水含量高、含氧官能团丰富、孔隙结构发达、灰分含量高等。这导致褐煤成浆性能有限，通常表现为对分散剂适配性不佳、最大成浆浓度低、流动性差以及浆体稳定性差。因此，需要对褐煤进行提质改性并设计专用分散剂以提高其成浆性能。针对褐煤表面氧含量高、孔隙发达、灰分含量高的性质，主要开发了双子季铵盐、疏水有机成膜物乳液和含磷酸酯基的两性分散剂。煤炭科学研究总院北京煤化工研究分院等研究机构开发了水煤浆添加剂和粒度级配技术，可以对低阶烟煤的表面物化性质进行调控，达到减少褐煤的含水量、改善煤的表面性质、优化分散剂适配性，最终提高褐煤制备水煤浆性能的目的。水煤浆浓度提高到 67％左右，极大地改善了低阶烟煤作为水煤浆气化原料的适应性。目前，该技术正在积极推广，但是距大规模工业化运行还有一定距离。

第三节　低阶煤大规模开发利用的影响因素

我国在今后较长时期内能源消费结构将以煤为主，因此发展低阶煤洁净气化、洁净煤代油技术对我国的能源安全战略和环境保护具有重要意义。但是水资源短缺、气化技术对原料煤要求苛刻、能耗高、水耗大、环保技术滞后等一系列问题制约了我国低阶煤产业的快速发展。鉴于以上状况，近年来，我国一直高度重视煤炭清洁高效利用技术的研发，把煤气化技术的研发定位于"新型煤化工的龙头"，同时强调化工过程节能降耗的重要性，也大力支持节能降耗技术的研发。开发煤种适应性广、能量利用率高、碳转化率高的煤炭气化技术，开展煤化工工艺系统的集成节能研究成为改变我国煤炭利用方式单一、提高煤炭利用率、降低原料消耗、实现我国煤化工产业尤其是低阶煤产业可持续发展的必由之路。

一、国家政策

推动资源综合利用、发展循环经济是我国的一项重大战略决策，是落实党的十八大推进生态文明建设战略部署的重大举措。国家把发展循环经济作为一项重大任务纳入国民经济和社会发展规划，要求按照减量化、再利用、资源化，减量化优先的原则，推进生产、流通、消费各环节循环经济发展。《中华人民共和国循环经济促进法》于 2009 年 1 月 1 日起施行，标志着我国循环经济进入法制化管理轨道。

2013 年 1 月 23 日国务院下发《国务院关于印发循环经济发展战略及近期行动计划的通知》，指出：发展循环经济是我国的一项重大战略决策，是落实党的十八大推进生态文明建设战略部署的重大举措，是加快转变经济发展方式，建设资源节约型、环境友好型社会，实现可持续发展的必然选择。通知明确强调，国家鼓励煤炭行业推进煤矸石、洗中煤、煤泥的综合利用，变废为宝；在化学工业方面，国家重点推广先进煤气化、节能高效脱硫脱碳、低位能余热吸收制冷等技术；煤化工行业鼓励再生水、矿井水利用及余热回收发电。同时，国家推动"三废"资源化利用，煤化工行业重点推进废渣用于生产水泥等建材产品，推广煤制烯烃水循环利用、碎粉加压气化含酚废水治理、中水回用、高浓盐水处理、低温余热利用、高温气体热利用等技术。

国家发展和改革委员会（以下简称"发改委"）2023 年 12 月 1 日第 6 次委务会议审议通过的《产业结构调整指导目录（2024 年本）》鼓励煤矸石、煤泥、洗中煤等低热值燃料发电及综合利用，鼓励热电联产、热电冷多联产、燃煤耦合生物质发电；火电掺烧低碳燃料。

近几年，国务院、国家能源局、工业和信息化部、发改委等相继出台政策鼓励低热值煤清洁转化和技术攻关，具体如下。

鉴于我国资源禀赋特点及低阶煤产业现状，国家大力鼓励发展低阶煤洁净煤技术，先后出台了《关于加强煤化工项目建设管理促进产业健康发展的通知》（国家发改委，2006.7.7）和《煤化工产业中长期发展规划》（征求意见稿，2006.11）、《关于加强煤制油项目管理有关问题的通知》（国家发改委，2008.8.4）、《石化产业调整和振兴规划》（国务院办公厅，2009.5.18）等重要文件，2014 年 6 月国务院办公厅发布《能源发展战略行动计划（2014—2020 年）》鼓励煤矸石等低热值煤和劣质煤就地清洁转化利用。

国家能源局等发布的《关于促进煤炭安全绿色开发和清洁高效利用的意见》要求"大力推进科技创新。做好煤炭安全绿色开发和清洁高效利用科研工作顶层设计，加强相关科技计划（专项、基金）的统筹，着力推进新技术、新装备等研发。重点加大对煤矿安全绿色开采、煤矿区循环经济、煤层气开发及煤炭清洁高效利用、煤矸石和粉煤灰综合利用、矿山机械再制造等技术研发、示范及应用的支持，加快科技成果推广应用"。

国家能源局《关于促进低热值煤发电产业健康发展的通知》指出"用于发电的低热值煤资源主要包括煤泥、洗中煤和收到基热值不低于 5020 千焦（1200 千卡）/千克的煤矸石"，"加快发展低热值煤低阶煤发电产业，对多途径利用废弃资源，减少煤矸石、煤泥堆存，保护矿区生态环境具有重要作用"。

国家发改委发布的《中原经济区规划（2012—2020 年）》要求"积极发展高端石化和精细化工产品，突破现代煤化工关键技术"。

工业和信息化部、财政部发布的《工业领域煤炭清洁高效利用行动计划》将流化床煤气化技术推荐为煤炭清洁高效利用技术。

国家能源局发布的《关于促进煤炭工业科学发展的指导意见》中要求"有序开展煤炭加工转化为清洁能源产品项目的示范工作，抓紧建立项目示范工程标准体系"。

二、水资源

煤化工项目耗水严重成为制约我国煤化工产业快速发展的最大潜在因素。粗略统计，生产 1t 合成氨需耗新水约 $12\sim14m^3$，生产 1t 甲醇耗新水约 $15\sim18m^3$，生产 1t 乙二醇需耗新水约 $35\sim45m^3$，生产 1t 1,4-丁二醇需耗新水约 $20\sim23m^3$，直接液化吨油耗水约 $7m^3$，间接液化吨油耗水约 $12m^3$，而煤水逆向分布的基本区域特点造成我国煤化工产业的"先天不足"。山西省社会科学院的一项专题研究指出，目前我国大型煤炭基地水资源总体短缺，13 个大型煤炭基地规划总需水量为 $296\times10^4 m^3/d$，现有供水能力为 $152\times10^4 m^3/d$，缺水量为 $144\times10^4 m^3/d$。除云贵、两淮基地水资源丰富以外，其余 11 个基地均缺水[38,39]。

循环冷却水是煤化工项目最大的耗水用户，用量占到取水量的 60% 以上。减少循环冷却水用量与实施循环冷却水零排放是煤化工项目节水的重要途径。

与传统的水冷却相比，空气冷却具有明显的节水优势。例如，装机容量 $2\times600MJ$ 热电项目，如果整个工艺和机组均采用空气冷却，在总投资上比水冷需要的投资多 2 亿元，但是单位发电量取水量成倍减少，约为 $0.34m^3$，远远小于水冷电厂的 $1.57m^3$，每小时可以节约用水 $1476m^3$，每年可以节约水 1000 多万 t[40]。但是空冷系统占地面积大、投资多，许多项目业主为了节约建设投资，放弃采用空冷器和优化换热网络等节水措施，采用循环水冷却，导致实际生产中吨产品耗水量大幅上升，例如吨乙二醇耗水竟高达38t左右。经估算，如果煤化工项目能够全面应用空冷技术，其循环冷却水量将减少50%～70%，总取水量将减少30%～50%。

煤化工生产工艺和技术的选择对煤化工企业节水同样至关重要[41]。如新型高浓缩倍率循环水处理技术使工业循环冷却水以高浓缩倍数运行，补水量低于循环水量的1.2%。又如，煤制甲醇双效精馏比单效精馏节水效果明显，就系统的蒸汽消耗量和冷却水使用量而言，双效精馏系统比单效精馏系统低一半以上，应该优先采用双效精馏。

气化技术的选择和气化岛的优化设计也可以减少水耗[42,43]。水煤浆气化炉采用半封闭式供煤、湿法磨煤以及气流床气化，水煤浆气化1t煤掺水大约0.66t，完全可以利用系统产生的废水。如年产煤制天然气项目，可采用鲁奇气化＋水煤浆气化的方式，水煤浆气化制浆用水恰好消耗掉鲁奇气化的废水，这样不仅可以对水量进行平衡、循环利用，而且可以省去污水治理费用。

我国煤制天然气、煤制二甲醚、煤制油、煤制烯烃和煤制乙二醇等新型煤化工项目中，目前已建成的煤制油装置有5个，建成的煤制烯烃装置和煤制天然气项目也很多。在这些示范项目建设中，企业普遍注重吨产品的能耗和工艺设计降耗，普遍关注生产工艺指标，往往容易忽视水的消耗与节约，对从降低水耗的角度出发优化全局工艺流程、用水方式却不够重视。基本没有项目在设计之初就从全厂的水平衡出发，树立应用节水技术与设备的观念，考虑节水问题，项目验收之时更是无从谈起。至于企业开展节水和回用技术的研究工作，更是少之又少。

2011年，国家发改委发布了《关于规范煤化工产业有序发展的通知》，要求缺水地区严格控制高耗水煤化工项目的建设，示范项目建设要按照石化产业的布局原则，实现园区化，建在煤炭和水资源条件具备的地区。《中共中央 国务院 关于加快水利改革发展的决定》提出"最严格水资源管理制度，强调高耗水的煤化工行业将量水而行，加快确立水资源开发利用控制、用水效率控制、水功能区限制纳污三条红线，实施定量考核、定额外加倍收费，惩罚个别用水浪费严重的企业。用水定额制的实施，将限制煤化工等高耗水行业的发展速度。

目前我国化工行业用水状况与美国、德国等国家相比，吨成品耗水量明显较高，煤化工项目耗水严重更成为最大隐忧。"十三五"时期，通过节水技术研发和大量推广，新型煤化工项目建设尚有很大节水潜力。

三、煤气化技术

目前，常见的煤气化技术中，气流床气化的煤种适应范围较为广泛，但对原料煤的水分、灰含量也有一定要求[43-47]。总体上现有气化技术尚不能大规模高效地"消化"高水分含量的褐煤和高灰含量的高灰粉煤,导致我国大量的劣质煤资源长期未得到利用。

褐煤是一种高挥发分、高水分、高灰分、低热值、低灰熔点的煤炭资源,同时,褐煤氧含量高,活性高,易风化碎裂和氧化自燃,不适合远途运输和利用,导致其应用受到很大限制[48-50]。

除褐煤外,粉煤、高灰煤、高硫煤的气化深加工利用也基本处于空白状态。随着煤炭工业现代化的发展,综采设备的大量使用,原煤中含粉煤率达到70%～80%,块煤所占比例极少,随着原煤产量的增加,粒度小于10mm以下的粉煤、劣质煤所占的比例越来越大。也就是说优质煤炭资源不断减少,劣质煤炭资源增多。同时,我国灰分含量小于10%的煤炭仅占煤炭资源总量的15%～20%,大部分煤炭灰含量大于20%,硫含量大于2%的煤炭占煤炭资源总量的16.4%,煤炭"高灰、高硫、高灰熔点"特点显著。另外,我国泥炭的储量高达近50亿t。据统计,仅河南义马煤田在回采时原煤灰分可能达到40%以上的高灰煤炭资源约1.1亿t。如何高效利用这些劣质煤炭资源实现可持续发展已经成为一道重要的课题。

四、单位能耗

煤化工单位产品的能耗远远高于石油化工和天然气化工。以甲醇为例,均在最先进的技术条件下,天然气制甲醇的吨醇能耗为30GJ,而煤制甲醇的吨醇能耗为42GJ。一些能源专家认为煤制油资源代价太大,可以作为战略性技术储备,但不适宜做商业开发。

就我国煤化工技术发展现状而言,吨成品能耗较高[51-53]。煤炭直接液化3t煤转化1t油,间接液化5t煤转化1t油。能源转化效率低,大概为20%。在转化过程中,需要消耗大量水资源,1t油耗水7～11t;同时,二氧化碳排放量高。60万t/a煤制烯烃项目,所需投资180亿～190亿元,煤炭资源315万t,耗水2700万m^3,二氧化碳排放330万t;300万t/a煤炭直接液化项目,所需投资600亿～750亿元,煤炭量1420万t,耗水1975万m^3,二氧化碳排放870万t。常见煤化工产品的能耗及能量利用率见表1-2[51]。

从表1-2中看出随着煤加工程度加深、产品链加长,转化中的能量损失也增加,合成气、甲醇产品能源利用率为45%～55%,而加工成汽油、乙烯、丙烯时煤的能源利用效率较低,仅30%左右。从煤化工产品CO_2排放因子看,合成甲醇为2,而合成烯烃高达6,因此合成烯烃碳排放比甲醇等要高得多,碳利用率也较低。

表 1-2　常见煤化工产品的能耗及能量利用率

序号	生产工艺路线	产品	能耗/(GJ/t)	热值/(GJ/t)	能源损耗/(GJ/t)	能源利用率/%
1	机械焦炉	焦炭(180kg 标煤/t)	33.74	28.46	5	84.07
2	机械焦炉	焦炭(155 kg 标煤/t)	33	28.46	5	86.24
3	传统煤焦制氢	合成气(2.2 标煤/t)	64	19	45	29.72
4	高温脱硫陶瓷膜分离变换	煤制氢	70	41	28	59
5	水煤浆气化	合成气	42	23	19	54
6	水煤浆气化	甲醇	48	22	26	46
7	甲醇脱水	二甲醚	63	28	34	45
8	一步法	二甲醚	60	28	31	47
9	F-T 合成	柴油	118	42	75	36
10	直接液化	柴油	111	42	68	38
11	甲醇制汽油(MTG)	汽油	150	43	107	28
12	甲醇制烯烃(MTO)	乙烯、丙烯	150	47	102	31.5
13	甲醇制丙烯(MTP)	丙烯	150	46	104	31
14	煤气化联合发电(IGCC)	电力	9	4	6	38

五、其他

首先，煤化工项目投资巨大。例如煤制烯烃，投资强度大约 3×10^4 元/t，目前国家禁止建设 50 万 t 及以下煤经甲醇制烯烃项目。煤制烯烃，若上马 60 万 t/a 烯烃项目，总投资至少需要 190 亿元。煤制天然气，投资强度也较高，大约 6 元/m^3，目前国家禁止建设年产 20 亿 m^3 及以下煤制天然气项目。若新上煤制天然气项目，总投资至少需要 120 亿元。在煤化工项目建设时期应该统筹规划、着眼全局，从源头至系统做到"节流"，减少资金投入和消耗。

其次，随着工业化进程尤其是煤化工产业集聚区建设的加快，土地资源紧缺的矛盾日益突出，国土资源部一直强调严格建设项目批地供地审查。2009 年 10 月，国土资源部下发了《贯彻落实国务院批转发展改革委等部门关于抑制部分行业产能过剩和重复建设引导产业健康发展若干意见的通知》，要求各级国土资源管理部门加强土地规划和计划调控，严格建设项目批地供地审查，项目用地未达到《工业项目建设用地控制指标》或相关行业工程建设用地控制指标要求的，一律不予通过用地预审。

另外，煤化工产业带来的污染问题也非常严重[38,54,55]。不同的煤气化工艺、不同的产品路线、不同的原料，产生的污染物数量亦不同。例如以褐煤、烟煤为原料进行气化产生的污染程度远远高于以无烟煤和焦炭为原料的气化工艺。气化工艺不同，飞灰量差别大，废水水质也不同。

目前我国气化技术各有所长，但都存在炉底灰渣、过滤细粉这些常见的污染，部分气化技术存在严重的废水污染[45]。如壳牌干煤粉加压气化装置和流化床气化装置排出的飞灰量较大，性状类似面粉，装卸车都不方便，现场污染严重，若随意堆放，将对周围环境产生污染。气流床气化的粗渣，如壳牌干煤粉加压气化排渣量占煤中灰分总量的 60%，水煤浆加压气化及 GSP 气化的排渣量均占煤中灰分总量的 85%，都需要妥善堆放或做到综合利用。神华煤直接液化项目一直到 2015 年 12 月才通过了环保验收。山西潞安矿业 180 万 t 煤制油项目也在 2015 年 12 月再度进行环评，煤化工项目的环保要求之高可见一斑，也反映出目前新型煤化工项目在"三废"处理上需要下狠功夫。

第四节　本章小结

低阶煤包括褐煤、低变质烟煤（长焰煤、弱黏煤、不黏煤等）等低变质程度煤炭。我国低阶煤主要分布在内蒙古、新疆、云南、东北等西部和北部矿区，预测资源量 26118.16 亿 t（2000m 以浅），占煤炭预测资源量的 57.38%。我国低阶煤产量已超过 50%，其占比逐年增大。大部分低阶煤多具有碳含量低、挥发分含量高、水分含量高及反应活性高的特点。低阶煤常见加工利用方式有用作燃烧、热解提质（煤拔头）、干燥提质、用作气化和液化的原料、溶剂抽提、制备多孔碳材料等。根据低阶煤的煤质特点，结合国家战略需求，大力发展低阶煤高效清洁转化技术，尤其是低阶煤气化/热解技术，不但可以缓解我国的能源安全和环境污染问题，对我国的能源安全战略也具有显著的积极意义。国家大力提倡低阶煤的清洁转化，先后明确给出了多项鼓励政策和支持措施。目前除了技术成熟度外，低阶煤自身的高水高灰特点、项目水耗、项目能耗、土地资金是影响低阶煤大规模加工的主要因素。

参考文献

[1]　尚建选.低阶煤分质利用[M].北京：化学工业出版社，2021.
[2]　仲蕊.低阶煤清洁利用大有可为[N].中国能源报，2021-08-23(015).
[3]　张恒源，朱旭东，郎学聪，等.山西低阶煤分布特征分析和开发利用前景[J].矿产勘查，2020，83(11)：106-113.
[4]　中国煤炭工业协会，煤炭地质分会.中国煤炭工业壮丽七十年：煤炭地质篇(1949—2019)

[M].北京：应急管理出版社，2020.

[5] 程相龙.褐煤温和气化反应特性及灰行为研究[D].北京：中国矿业大学（北京），2017.

[6] 张夏.基于实验室中速磨模型机的褐煤破碎特性研究[D].徐州：中国矿业大学，2015.

[7] 郭煜，徐文翰，师建芝.一种褐煤生产工艺中烟气净化系统：CN202320019872.7[P].2023-08-22.

[8] 高志刚，陈福春，王家伟，等.600 MW褐煤机组烟气汞排放及灰特性研究[J].发电技术，2023，44(4)：543-549.

[9] 王延君，赵云飞，何润霞，等.褐煤显微组分及碱处理对其结构和燃烧性能的影响[J].煤炭学报，2023，48(4)：1736-1746.

[10] 张家宝，王泉海，卢啸风，等.准东褐煤与柳枝稷在循环流化床掺烧过程中积灰及烧结特性试验研究[J].热力发电，2022，51(1)：150-158.

[11] Bai Z J, Wang C P, Deng J, et al. Experimental investigation on using ionic liquid to control spontaneous combustion of lignite[J]. Process Safety and Environmental Protection，2020，142(1)：138-149.

[12] 韩基文，郭馨，王静杰，等.600MW烟煤锅炉掺烧褐煤问题分析及改造措施[J].电站系统工程，2021，37(2)：43-45.

[13] 张一昕，贾文科，郭旸，等.粒径对褐煤非薄层干燥及干燥褐煤自燃与复吸特性的影响[J].煤炭学报，2022，47(05)：2096-2105.

[14] Wu Y, Zhang S, Li Y, et al. Transformation of the reabsorption characteristics of lignite treated by low and high temperature drying process[J]. Drying Technology，2020，38：1857-1868.

[15] 吴渊默，张守玉，张华，等.高温干燥对褐煤孔隙结构及水分复吸的影响[J].化工学报，2019，70(1)：199-206.

[16] Cheng C, Gao M, Miao Z, et al. Structural changes mechanism of lignite during drying：Correlation between macroscopic and microscopic[J]. Fuel，2023，339(1)：1-11.

[17] Vogt C, Wild T, Bergins C, et al. Mechanical/thermal dewatering of lignite. Part 4：physico-chemical properties and pore structure during an acid treatment within the mteprocess[J]. Fuel，2012，93(1)：433-442.

[18] 王鹏云，王燕，王莲邦，等.褐煤提质分质分级利用技术及其产业化应用[J].中国煤炭，2021，47(03)：109-113.

[19] 白中华，赵玉冰，黄海东，等.中国褐煤提质技术现状及发展趋势[J].洁净煤技术，2013，19(6)：25-29.

[20] 程相龙，郭晋菊，辛坤涵，等.不同气氛下褐煤气化特性实验研究进展——新型反应器[J].煤炭转化，2022，45(01)：90-100.

[21] 张丽早.褐煤气化存在的问题及提质方向[J].煤炭加工与综合利用，2014(8)：62-64.

[22] 王岩，裴贤丰，张飏，等.褐煤成型技术研究现状[J].洁净煤技术，2013，19(1)：57-60.

[23] 王云山.秸秆与煤混合物冷压缩成型特性试验研究[D].呼和浩特：内蒙古农业大学，2020.

[24] 邵俊杰，何立新.褐煤提质工业性试验项目的总结和思考[J].中国煤炭，2014(5)：101-104.

[25] 李莉.润北褐煤和沙尔湖次烟煤的催化加氢转化[D].徐州：中国矿业大学，2023.

[26] 李良.胜利褐煤直接液化性能及其与其他物料共液化性能研究 [D].上海：华东理工大学，2015.

[27] Li Q, Chen Z, Zhou Q, et al. Shengli lignite liquefaction under syngas and complex solvent[J]. Journal of Fuel Chemistry & Technology, 2016, 44(3)：257-262.

[28] 冯友德，高志刚，单世君，等.直接抽提腐殖酸与氧化褐煤抽提腐殖酸性质对比[J].当代化工研究，2023（11）：27-29.

[29] 郭柱，李显，李致煜，等.低阶煤的热溶萃取提质研究进展[J].煤炭科学技术，2023，51(06)：286-303.

[30] 刘猛，段钰锋，马贵林，等.印尼褐煤经溶剂提质后理化特性的变化规律[J].工程热物理学报，2016，37(1)：194-197.

[31] 王蕾，樊丽华，侯彩霞，等.褐煤制备无灰煤的工艺研究[J].煤炭科学技术，2014(S1)：288-290.

[32] 杨建校，魏文杰，祁勇，等.无灰煤高效利用研究进展[J].煤炭学报，2020，45（09）：3301-3313.

[33] 赵欢，王鑫，焦忠泽，等.Mo-Ni 催化下褐煤热溶物的生成机理[J].沈阳航空航天大学学报，2020(3)：33-40.

[34] 吴克，吴春来，高晋生，等.褐煤清洁高效综合利用——热溶催化转化工艺的研究与开发：中国煤化工技术、市场、信息交流会暨"十二五"产业发展研讨会[C].2013.

[35] 解强，姚鑫，杨川，等.压块工艺条件下煤种对活性炭孔结构发育的影响[J].煤炭学报，2015，40(1)：196-202.

[36] Harvey K F, Johns R B, Anthony C D, et al. Process for the production of activated carbon：ca19860500234[P].2024.

[37] 董子龙，吴镇伸，李梦珂，等.褐煤基活性炭制备研究进展[J].洁净煤技术，2023，29(02)：55-66.

[38] 唐宏青.正确处理煤化工与水的关系[J].化工设计通讯，2014，40(1)：1-4.

[39] 安宏伟，李永华，薛斌.水煤浆气化装置节水减排措施浅析[J].西部煤化工，2013(2)：8-11.

[40] 王佩璋.2×600 MW 空冷与水冷电厂节水指标的计算和评价[J].发电设备，2007，21(3)：214-218.

[41] 霍华杰.现代煤化工中的能源利用技术分析[J].化工设计通讯，2023，49(06)：4-6，34.

[42] 胡四斌.煤制合成天然气项目工艺方案与技术经济比较[J].化肥设计，2012，50(4)：1-6.

[43] 王利峰.我国煤气化技术发展与展望[J].洁净煤技术，2022，28(02)：115-121.

[44] 王欢，范飞，李鹏飞，等.现代煤气化技术进展及产业现状分析[J].煤化工，2021，49(04)：52-56.

[45] 张云，杨倩鹏.煤气化技术发展现状及趋势[J].洁净煤技术，2019，25(S2)：7-13.

[46] Irfan M F, Usman M R, Kusakabe K. Coal gasification in CO_2 atmosphere and its kinetics since 1948：A brief review[J]. Energy, 2011, 36(1)：12-40.

[47] Vick G K. Review of coal gasification technologies for the production of methane[J]. Resources & Conservation, 1981, 7(4)：207-219.

[48] 王海宁.中国煤炭资源分布特征及其基础性作用新思考[J].中国煤炭地质，2018，30(07)：5-9.

[49] 王建国，赵晓红.低阶煤清洁高效梯级利用关键技术与示范[J].中国科学院院刊，2012，27(3)：382-388.

[50] 李义超.煤炭储量级别和储量分类研究[J].中国科技博览，2015(6)：21-21.

[51] 霍华杰.现代煤化工中的能源利用技术分析[J].化工设计通讯，2023，49(06)：4-6，34.

[52] 陈俊武，陈香生.煤化工应走跨行业联产的高效节能之路[J].煤化工，2009，37(1)：1-3.

[53] 杨学萍.碳中和背景下现代煤化工技术路径探索[J].化工进展，2022，41(07)：3402-3412.

[54] 胡山鹰，陈定江，金涌，等.化学工业绿色发展战略研究：基于化肥和煤化工行业的分析[J].化工学报，2014，65(7)：2704-2709.

[55] 张波涛，陈贵锋，彭万旺.煤气化废水处理研究进展[J].洁净煤技术，2023，29(10)：185-198.

第二章
低阶煤气化技术特点及工业化进程

随着优质煤炭资源的减少和煤气化技术的进步，利用低阶煤代替优质煤炭用作气化原料，具有显著的经济性和环保性。低阶煤流化床气化技术具有煤种适应性强、气化强度高、热效率高等特点，能够消化低热值的低阶煤。本章介绍了低阶煤用作气化原料的优势、低阶煤气化技术的分类和特点，进而以流化床为例介绍了低阶煤气化技术的开发历程。

第一节　低阶煤用作气化原料的优势

煤炭气化是指煤在特定的反应器内，在一定温度和压力下使煤中有机质与气化剂（如二氧化碳、蒸汽、氧气等）发生一系列化学反应，将固体煤转化为含有 CO、H_2、CH_4 等可燃气体和 CO_2 等非可燃气体的过程。主要反应如下：

不完全燃烧反应　　　　　$C + 1/2O_2 \Longrightarrow CO - 110.4kJ/mol$

完全燃烧反应　　　　　　$C + O_2 \Longrightarrow CO_2 - 393.8kJ/mol$

CO_2 还原反应　　　　　$C + CO_2 \Longrightarrow 2CO + 162.4kJ/mol$

水蒸气分解反应　　　　　$C + H_2O \Longrightarrow CO + H_2 + 131.5kJ/mol$

水蒸气分解反应　　　　　$C + 2H_2O \Longrightarrow CO_2 + 2H_2 + 90.0kJ/mol$

CO 变换反应　　　　　　$CO + H_2O \Longrightarrow CO_2 + H_2 - 41.5kJ/mol$

甲烷化反应　　　　　　　$C + 2H_2 \Longrightarrow CH_4 - 84.3kJ/mol$

由于资源品位低和利用技术的限制，目前低阶煤主要用于发电，少部分用于建材，大部分堆存。低阶煤发电是利用低热值煤的有效途径，但是从目前企业运行情况来看，存在并网/上网协议达成艰难、单位成本高（含原料成本、车间成本、折旧及利息等）、环保达标困难、技术不完善等问题。随着煤化工行业的兴起和煤气化技术的进步，利用低阶煤代替优质煤炭用作气化原料，经济性和环保性明显优于低阶煤发电。

（1）将低阶煤炭气化可得到价值更高的化工产品，相较于燃烧发电可得到更多回报。

（2）对于操作稳定性来说，低阶煤发电比气化面临的挑战更大。

（3）低阶煤气化的能量转化效率要高于燃烧发电，如表2-1和表2-2所示。

表 2-1　示范装置能量转化率最低标准

项目	能量转化率/%
煤间接液化制油	42
煤制天然气	52
煤制合成氨	42
低品质煤提质	75

表 2-2　我国历年供电标准煤耗与能量转化率

年份	供电标准煤耗 /[g/(kW·h)]	能量转化率 /%	年份	供电标准煤耗 /[g/(kW·h)]	能量转化率 /%
1999	380	32.33	2007	349	35.20
2001	376	32.67	2010	342	35.92
2003	370	33.20	2013	335	36.67
2004	366	33.58	2017	327	37.31
2005	357	34.41	2019	319	38.02

（4）煤制气在资源利用方面具有一定优势。低阶煤气化反应性高、黏结性弱、燃烧效率较低，将其用于煤制气，可以有效利用资源。如煤制天然气标煤耗水约3t，低于湿冷技术的煤电，后者吨标煤耗水约6.6t。相对于低阶煤的消耗水平来说，亦是如此。

（5）低阶煤气化在大气污染物排放方面优势明显。低阶煤气化采用还原条件下的纯氧气化，二氧化硫、氮氧化物、烟尘和重金属排放量很低，可有效回收硫黄资源，避免二次污染，且容易捕集封存高浓度的二氧化碳。目前，燃煤发电机组末端已有三级至四级的烟气处理设施，成为燃煤电厂能耗的主要来源。今后，如果相关政策进一步增加对脱碳、脱汞的要求，燃煤电厂的环保设施投入和能耗水平也将进一步提高。如不提前研判，有可能对煤电产业造成难以逆转的影响。

（6）低阶煤气化后煤气用于合成多种化工产品，附加值较高，同时合成化工产品过程中的余热、余压、尾气可以与化工企业已有工艺结合，综合利用，真正做到分级利用，实施多联产。目前多种化学品的生产原料以石油为主，国际原油价格的不稳定性对相关化工企业控制成本造成了很大的影响。采用煤转化技术，以低阶煤作为部分化学品生产的替代原料是未来化工产业发展的趋势之一。国内的煤制乙二醇技术、煤合成气直接转化制燃料和化学品技术及煤制天然气技术等，都可以依托低阶煤为原料。如大唐集团在赤峰和阜新分别进行的 40 亿 m³/a 煤制天然气项目、汇能集团在鄂尔多斯进行的 16 亿 m³/a 煤制天然气项目、庆华集团在新疆伊犁进行的 55 亿 m³/a 煤制天然气项目等。

第二节　低阶煤气化技术的分类与特点

与常规的煤炭气化技术一样，低阶煤气化技术是指低阶煤在特定的反应器内，在一定温度和压力下使煤中有机质与气化剂（如二氧化碳、蒸汽、氧气等）发生燃烧、热解、气化反应，将固体低阶煤转化为含有一氧化碳和氢气等气体的过程。煤炭气化工艺可按压力、气化剂、气化过程供热方式等分类，常用的是按气化炉内煤料与气化剂的接触方式区分，主要有固定床、流化床、气流床，三种床型的比较见表 2-3。在选择煤气化工艺时，气化用煤的特性极为重要。气化用煤的性质主要包括煤的反应性、黏结性、结渣性、热稳定性、机械强度、粒度组成以及水分、灰分和硫分含量等。

表 2-3　三种床层气化方法的特性比较表

对比项目	固定床	流化床	气流床
运行经验	较多	中等	中等
正产能力	较小	较大	最大
炉内煤的存有量	较大	中等	较少
适用煤种类型	弱黏结煤	黏结性小的煤种	所有煤种
适用煤种粒度	块煤	小颗粒	煤粉
产品煤气净度	较低	中等	较高
除灰方式	较易	较难	中等
炉温	中等	中等	较高
操作调节范围	最大	中等	小
煤料与气化剂接触方式	逆流	错流	并流
煤在气化炉内停留时间	几小时	几分钟	几秒钟
排灰方式	干灰、液态渣	干灰、灰团聚	液态渣
气化温度	900~1100℃	800~1100℃	1400~1600℃

续表

对比项目	固定床	流化床	气流床
煤种适应范围	较宽	较窄	很宽
单台气化炉生产能力	较小	较大	最大

一、固定床气化

煤由气化炉顶部加入，气化剂由气化炉底部加入，煤料与气化剂逆流接触，相对于气体的上升速度而言，煤料下降速度很慢，甚至可视为固定不动，因此称为固定床气化。固定床气化的煤气中甲烷含量较高（10%左右），同时含有焦油、酚、氨等有害物，不宜作为合成气；采用固定床气化时，若块煤量不足，则大量的碎煤难以充分利用。因此，低阶煤固定床气化只能以优质的块煤为原料，并且对低阶煤的热稳定性、含水量、机械强度等要求严格。低阶煤的热稳定性不高，含有大量水分，会造成煤气带粉严重，后续净化系统负荷加重，严重时出现堵塞；热稳定性差也会导致床层内煤块分布不均匀，严重时出现短路[1]。例如，义马煤田煤的挥发分较高，如跃进煤为24%，远远高于固定床气化煤种挥发分不高于6%的一般要求，易造成粗煤气中焦油堵塞管道和后续净化系统；义马煤田煤的固定碳含量较低，如跃进煤只有30%，固定床气化时要求煤种固定碳含量在60%以上。

二、流化床气化

流化床气化以粒度为0~10mm的小颗粒煤为气化原料，在气化炉内煤粒悬浮分散在垂直上升的气流中，并在沸腾状态下进行气化反应，从而使得煤料层内温度均一，易于控制，提高气化效率。流化床气化煤气中甲烷含量低，无焦油、酚、氨等有害物，煤气质量好，可以用作合成气；流化床气化炉炉型较多，煤种适应性较广。针对高灰、高硫、高灰熔点的"三高"煤，中国科学院山西煤炭化学研究所自主研发了灰熔聚流化床气化技术，已经在中试装置上成功气化了褐煤、气煤、焦煤、瘦煤等多个煤种，这些煤种灰含量最高达到42%，水含量最高达到14%，经流化床气化后碳转化率在85%左右，产气率为2.3~4.5m³/kg。

三、气流床气化

气流床气化用气化剂将粒度为100μm以下的煤粉带入气化炉内，也可将煤粉先制成水煤浆，然后用泵打入气化炉内。煤料在高于其灰熔点的温度下与气化剂发生燃烧反应和气化反应，灰渣以液态形式排出气化炉。气流床气化（德士古和壳牌）煤气中有效组分含量高，无焦油、酚、氨等有害物，煤气质量很好，最适合生产合成气，但对煤炭灰分含量、发热量和水分含量等煤质特性要求较高，同时投资金额巨大。低阶煤含水量高，用于干煤粉气流床气化时，必须先进行预干燥处理，造成投资增加。由于低阶煤含水量高，难以制备出高浓度水煤浆[2]。例如，采用德士古水煤浆气流床气化，义马煤田煤的含水量和含灰量较高，如跃进煤含灰30%以上，难以制出高浓度、性能良好的浆体，碳含量较低，热值低，气化炉内气化温度难以达到设定值；用于壳牌气化则因灰分高、热值低，只能掺杂到其他煤种中，且热损失较大，系统的热效率明显较低，且无备炉，影响化工过程的连续运行。

第三节　低阶煤气化技术工业化进程

一、低阶煤气化技术工业化开发概况

低阶煤煤化程度较低，碳含量较低，挥发分含量高，反应活性高，空隙裂隙大，如褐煤的含水量高达35%~50%，这也就导致其热值相对较低。这些煤质特点决定了低阶煤对气化技术"挑三拣四"。

（一）低阶煤固定床气化技术

低阶煤固定床气化只能选用优质的块煤，同时要求煤炭具有优异的热稳定性。一般地，低阶煤的热稳定性差、水分多，煤气中粉尘含量高、难净化、容易出现堵塞。另外，褐煤含有较高的挥发分，导致煤气中焦油含量较多，虽然可以获得一定量的副产品，但是焦化废水的量明显增多，其净化处理始终是固定床气化工艺的一个难题[1,3]。

近年来，经过我国科研工作者的不断努力，褐煤的固定床气化研究获得一定成果，但是距离实现工业化装置的连续稳定长周期运行还有一定的距离，如我国首个煤制天然气项目——大唐克旗40亿 m³ 煤制气项目，采用48台加压固定床，以内蒙古褐煤为原料，由于气化炉对蒙东褐煤煤质不适应，导致气化炉内壁腐蚀以及内夹套件等出现问题，运行不足一月便停车。阜新煤制气项目采用鲁奇（Lurgi）碎煤加压气化技术，也出现了同样的问题，这意味着煤质与气化炉不适应情况普遍存在，气化炉内壁腐蚀使这两个项目的直接经济损失超过2亿元，加上停产造成的损失更是不可想象。2012年，新疆广汇新能源有限公司的120万 t甲醇项目采用鲁奇加压气化炉，也曾因气化炉对褐煤煤质不适应问题反复开车试验近一年才正常运行。

（二）低阶煤气流床气化技术

气流床的煤种适应范围较为广泛，即便如此，对原料煤的水分、热值、灰含量也有一定要求，尤其是热值、灰含量。由于低阶煤含水量高，难以制备出高浓度水煤浆，采用水煤浆气流床气化时，经济性较差[2]。同时，目前工业化的气流床都在高温高压下运行，对设备加工和安全性要求较高。在低阶煤气流床加压气化技术方面，一些专家认为，我国自主开发并已有工业化运行装置的干粉气流床气化航天炉和两段炉，目前仍然缺乏气化低阶煤经验，航天炉虽然有过试燃烧低阶煤的试验，但还未达到"安、稳、长、满、优"的工业化运行要求。

另外，研究表明，挥发分对半焦的气化具有显著的抑制作用[4-7]，传统的气化炉中该抑制作用明显，尤其是固定床和气流床气化炉。目前，无论是固定床气化炉，还是流化床和气流床气化炉，都是连续进料、连续排渣的连续操作的稳定态气化过程，原料煤不断被送入气化炉内，连续地生成挥发分，"充斥"炉内的各个部位。原料煤进入炉内后，快速热解，形成半焦，可以说炉内的物料是不同"年龄"的半焦混合组成的，这些半焦被挥发分"包围"，直到被完全气化或被带出。半焦在挥发分的"包围"下，气化反应受到极大抑制。

（三）低阶煤流化床气化技术

流化床粉煤气化以空气（氧气或富氧）和蒸汽为气化剂，在适当的煤粒度和气速下，使床层中粉煤沸腾，气固两相充分混合，在部分燃烧产生的高温下进行煤的气化。煤在床内一次实现破黏、脱挥发分、气化、灰团聚及分离、焦油及酚类的裂解等过程。流化床反应器的混合特性有利于传热、传质及粉状原料的使用，但也造成了排灰和飞灰中的碳损失较高。根据射流原理，设计了特殊的气体分布器和灰团聚分离装置，形成床内局部高温区，使灰渣团聚成球，借助重量的差异实现灰团与半焦的分离，提高了碳的利用效率。另外，常规的流化床为降低排渣的碳含量，维持稳定的不结渣操作，必须保持床层低碳灰比和低操作温度，而灰熔聚流化床是在非结渣情况下连续有选择地排出低碳含量的灰渣，因此床内碳含量高，床温高，从而拓宽了煤种。

低阶煤流化床气化技术的开发单位主要包括美国气体技术研究所（U-gas气化技术）和中国科学院山西煤炭化学研究所（灰熔聚气化技术），目前均建有工业装置。两家研发单位均采用灰团聚技术，实现了高的碳转化率和较广的原料范围，这是气化炉排渣技术的重大发展，也是该技术与其他流化床不同之处。首先，该技术能够采用低成本的高灰煤、高硫煤、石油焦、褐煤和其他低价值的碳氢化合物作为原料，有利于劣质资源的利用，提高资源利用率和利用范围，具有良好的经济和社会效益。其次，该技术将流化床固有的优点与能从气化炉中排出含碳量低的灰的技术结合起来，以得到高的碳转化率。常规的流化床不能从床中选择性排出含碳量低的灰。这是由于流化床要保持床层内碳对灰的高比值，以得到高反应速率和稳定的、不结渣的操作。流化床具有混合均匀的性质，所以排出的灰渣具有与炉料相同的组成，即灰中含碳量很高。然而，使用灰团聚技术，实现焦和灰的选择性分离，就可以在不结渣的条件下，连续有选择性地排出低含碳量的灰渣，降低灰渣的碳含量（2%～9%），大大提高了碳转化率，使气化炉达到熔渣型固定床和气流床气化炉那样高的碳转化率。采取灰团聚排灰方式是煤气化炉排渣技术的重大发展。最后，该技术进行了炉内脱硫试验，脱硫效率可达80%～90%，完全可以作为洁净煤技术生产煤气供联合循环发电（IGCC）作为燃料使用。

二、中国科学院灰熔聚气化技术

（一）灰熔聚气化技术的特点

中国科学院山西煤炭化学研究所（以下简称山西煤化所）自20世纪80年代初开始，在中国科学院、国家科委、国家计委支持下展开了流化床粉煤气化的研发，在理论研究的同时，先后建立了 ϕ1000mm 冷态、ϕ145mm 煤种评价、ϕ300mm（煤 1t/d）小型、ϕ1000mm（煤 24t/d）中型、ϕ200mm（1.0～1.5MPa）加压等灰熔聚流化床粉煤气化试验装置。在基础理论研究、冷态模试、实验室小型和中试试验基础上，系统地完成了灰熔聚流化床粉煤气化过程中的理论和工程放大特性研究，取得了较完整的工业放大数据和实际运行经验。通过对气化过程中煤灰化学与气固流体力学的研究，研制了特殊结构的射流分布器，构成了特殊的气流分布和温度场分布，实现了灰熔聚，创造性地解决了强烈混合状态下煤灰团聚物与半焦选择性分离以及煤种适应性等重大技术难题；通过设计出独特的"飞灰"可控循环新工艺，保证了气化系统的稳定运行；通过对工艺过程的系统集成和优化，提高了煤的转化效率。在大量的实验验证基础上，成功开发了灰熔聚流化床粉煤气化工业技术，"灰熔聚流化床粉煤直接气化技术"和"氧/蒸汽鼓风灰熔聚流化床粉煤气化制合成气工艺"分别获得中国科学院科学技术进步一等奖和国家"八五"科技攻关重大科技成果奖。2001年6月在陕西城化股份有限公司实施的工业示范项目取得了成功，山西煤化所承担并完成了煤种试验、工程放大基础设计、工艺设计软件包、核心设备气化炉和一级旋风分离器料腿施工图设计、DCS（分布式控制系统）软件设计、工艺操作规程编制、气化系统投料试车和运行调试、操作人员理论和现场操作培训等核心技术工作。

灰熔聚流化床可以实现有选择地排出低碳含量的灰渣，煤种适应性强。灰熔聚流化床气化具有以下特点：

① 煤种适应性广（已试验过褐煤、冶金焦、无烟煤、贫煤、瘦煤、气煤、石油焦及多种高灰煤），可用当地煤种，降低成本。

② 操作温度适中，气化炉结构简单，为单段流化床，造价低。

③ 灰团聚成球，借助重量的差异与半焦有效分离，排灰碳含量低（<10%）。

④ 炉内形成局部高温区，气化强度高（是固定床发生炉的 3～10 倍）。

⑤ 飞灰经旋风除尘器捕集后返回气化炉，循环气化，碳利用率高。

⑥ 产品气中不含焦油，洗涤废水含酚量低，净化简单。

⑦ 中国自主专利，设备完全可以国产，同等规模下，投资仅为已引进气化技术的 50%。

在灰熔聚流化床中试试验装置上已进行过冶金焦、太原东山瘦煤、太原西山焦煤、太原王封贫瘦煤、陕西神木弱黏结性长焰烟煤、焦煤洗中煤、陕西彬县烟煤、埃塞俄比亚褐煤等八个煤种及石油焦试验，累计试验时间达 4000h。

（二）灰熔聚气化技术工业化装置

经过 20 余年的研发和工程化放大，低压气化技术已日趋成熟，并用于氮肥企业原料气改造和新建甲醇合成厂。该气化技术可使用不同灰含量和灰熔融性温度的煤，过程效率也较高，符合我国资源特点。为此在山西省发展和改革委员会的支持下，山西煤化所和山西晋煤集团合作成立的山西省粉煤气化工程研究中心建设了 3.0MPa 加压灰熔聚流化床粉煤气化中试平台，2006 年年底已建成，2007 年 3 月进行加压气化试验，并完成 1.0MPa 压力下的 72h 考核试验；2007 年完成加压灰熔聚流化床煤气化工业装置设计软件包的编制，形成具有我国自主知识产权、适应中国煤炭特点的大规模加压灰熔聚流化床粉煤气化技术。

2001 年 6 月，灰熔聚流化床技术首套工业示范装置在陕西城化股份有限公司取得了成功。气化炉直径为 2.4m，高 15.3m，用富氧气和水蒸气作为气化剂，进煤量为 4.2～4.5t，每小时生产合成气 9000m³（CO＋H₂ 体积分数为 68%～78%），设计气化温度为 1000～1100℃，压力为 0.03～0.05MPa。2002 年 3 月通过了陕西省科学技术厅组织的鉴定验收。至 2003 年 6 月累计运行 8000 多小时，其中，不间断连续运行 3700h，先后对陕西彬县煤、甘肃华亭煤、山西大同煤等多个煤种进行了实验，取得了工业示范的成果。这标志着我国具有独立知识产权的煤气化技术及其工业示范装置的建设获得成功，使我国自主开发的煤气化技术跨入了世界先进行列。

灰熔聚流化床粉煤气化技术是我国自主开发的洁净煤气化技术，借助气化剂空气（氧气或富氧）和蒸汽的吹入，使床层中的煤粒沸腾起来，在燃烧产生的高温条件下使两相充分混合接触，发生煤的热解和碳还原反应，最终达到煤的完全气化。

2008 年 9 月 5 日，我国第一套加压灰熔聚流化床粉煤气化工业示范装置在石家庄金石化肥有限公司顺利完成 76h 投料试车，气化装置运行平稳，合格煤气并入合成氨生产系统。其核心装置气化炉内径为 2.4m，操作压力为 0.6MPa，单炉日处理晋城无烟煤 324t，干煤气产量 26000m³/h，配套 6 万 t/a 合成氨。这标志着我国自主研发的灰熔聚流化床煤气化技术进入大型商业化示范阶段，将为蓬勃发展的煤化工产业提供可靠的技术支撑。

2012 年 5 月，文山项目投料试车。该项目采用灰熔聚流化床粉煤气化技术制备用于铝矿石焙烧的燃料气，共建立了 3 台灰熔聚流化床气化炉，设计压力为 0.4MPa，单台气化炉日处理煤 440t，产气量 32500m³/h，煤气热值 5858kJ/m³。其工艺特色体现在：①加压气化与压力煤气能量回收相结合，既提高了单炉生产能力，又提高了煤气净化效率和煤气输送能力；②以云南当地的褐煤为原料，降低了原料成本；③生产环境友好，废水处理简单，工艺过程所产生的含氨废水用于公用系统锅炉烟气的脱硫脱氮。

文山项目连续运行多年后，其单台气化炉最长连续运转时间达 88d 以上（因全厂检修要求气化炉主动停车），各项运行指标均达到或优于设计指标：单炉处理能力达 500t/d（设计值为 440t/d），煤气热值 5860~7116kJ/m³（设计值为 5860kJ/m³），气化炉排渣碳含量小于 10%（最低控制到 2%~3%）。这是灰熔聚流化床粉煤气化技术继 2001 年成功应用于陕西城固化肥厂合成氨造气示范项目和 2009 年成功应用于晋煤集团天溪煤制油工厂合成甲醇造气工业生产以来，在有色冶金行业的首次应用，其推广利用将对我国冶金行业燃气制备技术的创新和提升具有重要意义。

三、U-gas 气化技术

U-gas 气化技术属流化床气化技术的范畴，其由美国气体技术研究所（IGT）开发，具有 800 多项自主研究专利。U-gas 气化采用灰团聚技术，实现高的碳转化率和较广的原料范围，这是气化炉排渣技术的重大发展，也是与其他流化床的不同之处。一般流化床具有混合均匀的性质，所以排出的灰渣具有与炉料相同的组成，即灰中含碳量很高。然而，使用灰团聚技术，可实现焦和灰的选择性分离，从而可以在不结渣的条件下，连续地、有选择性地排出低含碳量的灰分，降低灰渣中碳含量（2%~9%），大大提高了碳转化率，使气化炉达到熔渣型固定床和气流床气化炉那样高的碳转化率。采取灰团聚排灰方式是煤气化炉排渣技术的重大发展。该技术进行了炉内脱硫试验，脱硫效率 80%~90%，可作为 IGCC 的燃料使用。

U-gas 流化床气化技术具有转化效率高、生产能力大的优点，特别适合低热值煤的气化。U-gas 气化技术的工艺过程是利用劣质煤经气化后，产生 CO、H_2、CO_2

为主的粗煤气，然后经过余热回收、除尘、净化等工艺制成净合成气。该合成气具有氢含量高、燃烧性能好、经变换后 CO 含量低于 20％、净化程度高等特点，是合成甲醇的理想原料气，也是城市煤气的理想燃料气。

1993 年上海焦化厂引进 U-gas 气化技术及设备，共有 8 台气化炉，全套装置于 1995 年 4 月建成投产。这是 U-gas 在世界上的第一套工业化装置。该装置由煤的破碎、干燥、加煤、气化炉、余热回收、排渣、灰粉仓、DCS、空压站、污水处理以及公用工程（水、电、气）等部分组成。以空气和蒸汽为气化剂，以神府烟煤为原料，每台气化炉设计生产能力为煤气 $20000m^3/h$，6 开 2 备，总生产能力为 $288 \times 10^4 m^3/d$，煤气的高位发热量 HHV＝5400～5800kJ/m^3，供炼焦炉加热燃气，把焦炉煤气替换出来供城市煤气。整个装置投资约 4 亿元（人民币）。1995 年 4 月试生产至 1996 年 10 月共运行 15000 台，气化原料煤 5 万 t，生产煤气 2.05 亿 m^3 煤气，平均产气率为 $4.04m^3/kg$。

2007 年，山东海化集团与美国综合能源系统（SES）公司共同组建了埃新斯（枣庄）新气体有限公司，用 U-gas 技术气化当地的高灰劣质煤，装置于 2008 年 1 月正式产出合成气；2008 年 11 月，又成功试烧了 5000t 河南义马高灰长焰煤；2009 年 10 月，SES 公司又对内蒙古运来的褐煤成功地进行了气化。

为了进一步了解义马低热值煤在 U-gas 流化床气化过程中的特性，义马煤业（义煤）集团针对义马低热值煤在山东枣庄进行了试烧，结果表明气化系统可以实现稳定运行，煤气成分和气化效率达到预期指标，气化过程产生的"三废"完全可以处理达标排放或者有效利用，气化过程的能源效率也较高。

该技术在义煤集团成功进行全球首套 1MPa 压力下工业装置的建设和运行，气化系统可以基本实现稳定运行，煤气成分和气化效率达到设计值，但是长周期运行有待检验。义煤集团采用煤种适应广泛的 U-gas 气化技术，可以说是既消化吸收国外先进技术，又不对之盲目追随和依赖，而是大胆探索、不断完善创新的过程。

总之，我国在流化床气化技术开发方面做了大量工作，积累了一定的经验，基本满足低阶煤高效大规模气化的需要，但是由于低阶煤的固有特点，在低阶煤气化的基础研究和工程应用方面有待进一步深化，从而真正实现长周期稳定高效运行，大规模高效地"消化"低阶煤资源。从工业化运行来看，常压流化床煤气化技术比较成熟，而加压流化床技术正在进行长周期运行试验开发，尚未达到工业化，但是两种技术对原料煤的黏结性、水分都有较为严格的要求。义煤集团建设的首套国际加压流化床装置的运行结果表明，低阶煤热稳定性不高，含有大量水分，造成流化床煤气带粉严重，大量飞灰不但造成现场粉尘污染，而且飞灰中含有约 40％～60％的碳，造成资源浪费，导致单位生产成本飙升。另外，在加压条件下，低阶煤的高灰分会导致排渣系统冷渣机的高负荷运转以及磨损、密封圈泄漏等，严重干扰设备的稳定运行。

第四节　低阶煤气化技术的前景分析

一、较高的能量利用效率

根据义马矿区低阶煤（长焰煤）工业化试烧结果，将 U-gas、多元料浆、GSP 及 SHELL 气化技术相比较，如表 2-4 所示。固定床气化主要以优质块煤为原料，此处未进行比较。

表 2-4　U-gas、多元料浆、GSP 及 SHELL 技术节能点比较

项目	U-gas	多元料浆	SHELL	GSP
炉型	循环流化床	气流床	气流床	气流床
炉材	耐火浇铸料	耐火砖	水冷壁	水冷壁
气化炉特点	粉煤进料，炉内耐火浇铸料，废锅流程，充分回收废热副产中压过热蒸汽，合成气含有大量的水	水煤浆供料（65%），承压外壳内有耐火砖，激冷流程，合成气含大量水	承压外壳内有水冷壁，废锅流程，充分回收废热副产中压过热蒸汽	承压外壳内有水冷壁，由水冷壁回收少量低压蒸汽，同时合成气含大量的水
操作弹性/%	70~110	80~110	50~120	75~110
氧气消耗/$[m^3/m^3(CO+H_2)]$	0.360	0.380~0.430	0.330~0.360	0.340~0.380
气化公用工程能耗/$[g(标煤)/m^3(CO+H_2)]$	−127.13	40.343	−50.756	—
变换公用工程能耗/$[g(标煤)/m^3(CO+H_2)]$	−22.55	−111.3	21.65	−111.3
合计/$[g(标煤)/m^3(CO+H_2)]$	−149.68	−70.957	−29.106	

　　U-gas 与多元料浆和 GSP（或 SHELL）这类气流床煤气化技术以及其他的煤气化技术（如固定床等）相比，能耗更低，环境污染更小。但这几种技术又有各自的适用场合和优缺点。

　　多元料浆是以水煤浆形式进料，高温煤气用水激冷，产生高水汽比的煤气，符合煤气变换要求；GSP 是以粉煤进料，采用水冷壁副产低压蒸汽，GSP 的高温煤气用水激冷，产生较高水汽比的煤气，符合煤气变换要求，但生产合成氨（或制氢）时还需要补充部分中压蒸汽；SHELL 的高温煤气采用废锅副产中压蒸汽，产生较低水汽比的煤气，不符合煤气变换要求，变换时需要补充大量的中压蒸汽，或者说，副产的中压蒸汽基本上全部补充到变换过程中，因此变换工段的能耗远远高于多元

料浆工艺，而气化工段的能耗要比多元料浆工艺低。所以比较气化工段的能耗先进性时，要将变换工段纳入比较范围。

流化床气化技术煤种适应性广，可以粉煤为原料，特别是对高灰分、高水分的年轻煤种，更能体现它的优势：气化炉温度适中（900～1100℃），渣中残碳量低，碳转化率高（96%）；气化炉膛内温度相对均匀，有机物分解效果较好，产品煤气中焦油和酚等有机物含量低，污水处理相对简单；气化炉结构简单，炉膛内无转动部件，操作控制方便可靠，操作弹性大；生产的合成气含有饱和水蒸气，可以满足变换工段蒸汽需要，减少变换对高压蒸汽的消耗；气化炉排灰排渣采用干法，不存在水处理工序，简化了流程，减轻了污水处理的负担，且安全环保。

二、巨大应用市场

流化床气化技术的工业化开发不仅可以消化义煤集团的劣质低阶煤，也为世界范围内褐煤的高效利用开辟了一条全新的道路，变废为宝，具有巨大的应用市场和节能潜力。

就义煤集团综能公司煤化工项目建设现状而言，年产30万t甲醇项目即将建成投产，采用U-gas技术设计每年消耗义马本地高灰劣质煤140万t，实现了劣质煤的高效清洁利用，大大节约了煤炭资源。

就义煤集团而言，作为河南省四大国有煤矿集团之一，拥有丰富的煤炭资源，其中义马矿区年产量为1800万～2000万t，保有资源储量21.26亿t，可采量13.52亿t。各煤田拥有的保有量与可采量见表2-5。

表 2-5 各煤田煤炭资源保有量和可采量

单位	保有量/万t	可采量/万t
义马煤田	53716.8	33255.4
陕渑煤田	8266.1	3650
新安煤田	76001.4	44205.2
宜洛煤田	3390.7	2001.8
偃龙煤田	13967.92	8566.78
义海公司	25164.14	21392
义鸣公司	17590	12443.4
豫新公司	14412	9708

随着煤炭资源的开采，优质煤炭资源越来越少，大量的劣质煤资源，尤其是低阶煤的利用越来越重要。义煤集团多个煤田已探明煤炭储量中杂质含量较高的褐煤、长焰煤等劣质高灰煤占有较大比重。因为在实际回采过程中，由于夹矸、顶底板岩

石的混入，外在灰分难以剔除，原煤灰分就会增加。另外，在矿井生产后期，复采浅部煤炭资源时，由于当时没有考虑分层开采，原煤灰分也较高。据统计，义马煤田在回采时原煤灰分可能达到 40% 以上的高灰煤炭资源约 1.1 亿 t（1.1 亿 t 高灰劣质煤约相当于 0.6 亿 t 标准煤），多以长焰煤为主，灰分含量高、水含量高，热值低，为 3500～4000kcal（1kcal＝4.184kJ），不能作为燃料用煤进行开采。其中义马跃进煤很具代表性，灰含量高达 40%，水含量 7%，易风化，易碎裂，造成块煤量少，细粒煤和粉煤多，导致这些劣质煤炭资源难以被有效利用。

就我国低阶煤的利用而言，开发流化床气化技术也具有重要意义。煤炭具有"三高"特点：高灰、高硫、高灰熔点。灰含量小于 10% 的煤炭仅占全国煤炭资源总量的 15%～20%，大部分煤炭灰含量大于 20%。硫含量大于 2% 的煤炭占全国煤炭资源总量的 16.4%。保守估计，世界范围内，高灰煤、粉煤的储量占世界煤炭可采储量的 5%～10%，相当于约 350 亿 t 标准煤。

在世界范围内，褐煤的可采储量约为 3283 亿 t，相当于约 1900 亿 t 标准煤。另外，我国褐煤探明保有资源量约 1300 亿 t，泥炭的储量近 50 亿 t；全世界泥炭储量为 4808 亿 t，相当于约 1800 亿 t 标准煤。粗略估算，高灰劣质煤、褐煤及泥炭在世界范围内的储量相当于约 4000 亿 t 标准煤。

可以看出，开发流化床气化技术，加紧其大规模工业化步伐，实现高灰劣质煤、褐煤及泥炭等大规模高效利用，变废为宝，具有巨大的节能空间。

另外，开发流化床气化技术，消化低阶煤也有巨大的社会效益、经济效益。义煤集团大力发展煤化工，拓展煤基下游产品，增长产业链实现产业多元化，不仅不能抛弃这部分劣质煤，而且要把这些劣质煤作为重要的原料源，挖掘其中的潜在价值。义马煤田有将近 1.1 亿 t 灰分大于 40% 的高灰劣质煤，不能作为燃料用煤进行开采，但是这种煤化学活性好，适合作为煤化工用煤，这样既消化了现有生产矿井的呆滞煤，又可以实现资源的就地转化，有效降低矿井生产原煤的成本，延长矿井的寿命，并能保证矿井的接续和职工队伍的稳定。通过对高灰劣质煤的转化利用，还可实现企业经济效益、社会效益、环境效益的同步增长，完全符合国家倡导的可持续发展战略和节能减排政策。同时对于全国其他地区劣质煤的利用及全国中小型化肥企业而言，探索出一条利用这些低阶煤的有效途径，具有明显的开创性、示范性、先进性、指导性。

第五节　本章小结

与低阶煤发电相比，低阶煤气化优势明显：①低阶煤气化的能量转化效率要高于燃烧发电，将低阶煤炭气化可得到价值更高的化工产品，相较于燃烧发电可得到更多的投入回报；②低阶煤气化后的煤气可用于合成多种化工产品，生产过程中的余热、余压、尾气可以与发电、供热等项目结合，实施多联产，分级利用，提高能量利用效率；③低阶煤气化得到的煤气中有效气含量高，二氧化硫、氮氧化物、烟尘和重金属回收技术先进，污染物排放量很低，可避免二次污染，且容易捕集二氧化碳。固定床、流化床及气流床低阶煤气化技术在我国均有所开发，其中流化床气化技术在煤种适用范围广、气化效率高，投资较低。国外的U-gas气化技术和国内山西煤化所的灰熔聚气化技术均利用灰团聚原理进行排渣，均有常压和加压工业化装置运行，常压下工业装置实现了稳定运行，但是高压长周期稳定运行尚未实现。

参考文献

[1] 贺永德.现代煤化工技术手册[M].2版.北京：化学工业出版社，2011.
[2] 楚天成，王雅佳，韩志鹏，等.煤气化分离废水制备褐煤水煤浆的试验研究[J].煤炭技术，2016，35(8)：291-293.
[3] 钱宇，杨思宇，马东辉，等.煤气化高浓酚氨废水处理技术研究进展[J].化工进展，2016，35(6)：1884-1893.
[4] Bayarsaikhan B, Sonoyama N, Hosokai S, et al. Inhibition of steam gasification of char by volatiles in a fluidized bed under continuous feeding of a brown coal[J]. Fuel, 2006, 85(3): 340-349.
[5] Zhang S, Min Z H, Tay H L, et al. Effects of volatile-char interactions on the evolution of char structure during the gasification of Victorian brown coal in steam[J]. Fuel, 2011, 90(4): 1529-1535.
[6] Zhang S, Hayashi J I, Li C Z. Volatilization and catalytic effects of alkali and alkaline earth metallic species during the pyrolysis and gasification of Victorian brown coal. Part IX. Effects of volatile-charinteractions on char-H_2O and char-O_2 reactivities [J]. Fuel, 2011, 90(4): 1655-1661.
[7] Li X, Wu H, Hayashi J, Li C Z. Volatilisation and catalytic effects of alkali and alkaline earth metallic species during the pyrolysis and gasification of Victorian brown coal. Part VI. Further investigation into the effects ofvolatile-char interactions. Fuel, 2004, 83: 1273-1279.

第三章
低阶煤气化过程的影响因素

水蒸气气化反应和氧化反应是煤气化的核心反应，氧化反应为水蒸气气化反应提供热量，气化反应的速率不但反映了低阶煤的活性，也对反应器和大型气化炉的处理能力有重大影响，对气化炉的设计和优化至关重要。本章围绕两个核心反应介绍了影响低阶煤气化过程的因素，主要有反应气氛、温度、压力、挥发分-半焦相互作用以及碱金属催化作用等。

第一节　H_2O/O_2 反应气氛

反应气氛主要指气化剂及其平衡气或煤炭挥发分。常用的气化剂有还原剂 H_2O/H_2、氧化剂 O_2/空气/CO_2，平衡气是惰性组分 $N_2/CO_2/Ar$，用来调节气化剂浓度。

反应气氛中不同气化剂自身的反应活性会影响褐煤的气化速率。其中，O_2/空气与褐煤的氧化反应速率最快，H_2O 与褐煤的气化反应速率次之，CO_2 与褐煤的气化反应速率再次之，H_2 与褐煤的气化反应速率最慢。

不同气氛下褐煤半焦的微观空隙结构不同，导致半焦反应性和气化过程有差异。国内外的学者对不同气氛下褐煤半焦的物理化学结构进行了大量研究。Li 等[1]研究了分别在 100%CO_2、15% H_2O+Ar、15%H_2O+CO_2 气氛下所得半焦的结构变化，发现 H_2O 和 CO_2 明显降低了半焦反应性，其中 H_2O 是半焦结构变化的决定因素。Tay 等[2]以维多利亚褐煤为原料，利用新型的流化床/固定床反应器研究了 800℃时 15%H_2O+Ar、0.4%O_2+15%H_2O+CO_2、0.4%O_2+CO_2 气氛下，褐煤半焦的结构和反应性变化，发现 15%H_2O+Ar 气氛下所得半焦的小芳香环结构含量与大环含量的相对比率降低，半焦芳香化结构增强，水蒸气对半焦空隙特征影响显著，而 0.4%O_2+CO_2 气氛下所得半焦的反应性却增强。这在一定程度上证明了焦-H_2O 反应与焦-CO_2 反应的气化机理不同。Tay 等[3]也研究了 $0.4\%O_2+Ar$ 和 $100\%CO_2$ 气氛下维多利亚褐煤 800℃时气化半焦的反应性，发现 $100\%CO_2$ 气氛下褐煤半焦的反应性比 $0.4\%O_2+Ar$ 气氛下的高，这说明 $0.4\%O_2+Ar$ 气氛下 O_2 含量较少，氧化反应微弱，对半焦结构的影响不如 $100\%CO_2$ 对半焦结构的影响显著；同时也发现 $100\%CO_2$ 气氛下所得焦中的 Na 含量比 $0.4\%O_2+Ar$ 气氛下的高。Bayarsaikhan 等[4]利用流化床反应器研究了反应气氛（挥发分气氛）对半焦气化过程的影响，发现挥发分和 H_2 抑制半焦水蒸气气化反应。Tay 等[5]研究了 $15\%H_2+Ar$、$15\%H_2O+Ar$、$15\%H_2+15\%H_2O+Ar$ 三种气氛对褐煤气化半焦结构的影响，实验结果表明，氢气不利于褐煤气化反应的发生，具有显著的抑制作用，通过脱氧反应影响半焦的结构，$15\%H_2+15\%H_2O+Ar$ 气氛下所得半焦的缩合程度大于 $15\%H_2O+Ar$ 气氛下所得半焦，同时发现在 $15\%H_2O+Ar$ 气氛下半焦也可以通过氧化作用形成含氧结构，其形成机理有待进一步研究。这与 Bayarsaikhan 等[4]的研究结果一致。

反应气氛对半焦的官能团变化也有影响，进而影响半焦反应性和气化过程。王永刚等[6]利用下行气流床研究了 $H_2O/O_2/H_2O+O_2$ 气氛下褐煤半焦官能团的变化，发现向水蒸气中添加氧气后半焦芳香甲基（2921cm^{-1}）和亚甲基（2854cm^{-1}）吸收强度降低，说明添加的氧气加速了这些基团的断裂，有利于水蒸气气化反应进行，进而提高褐煤转化率。芳香环（1057cm^{-1}）和芳香环上碳氢单键（1080cm^{-1}）吸收强度升高，说明添加氧气促进了半焦芳香环缩合，芳香度增加。许修强等[7,8]和孙加亮等[9]也发现，O_2 大幅降低了半焦中小芳环体系（≤5 环）与大芳环体系（≥6 环）的比值，尤其在高温情况下，这主要是由于加速了煤炭中小芳环体系（≤5 环）的消耗，另外水蒸气气化反应产生的大量尺度较小的自由基，在煤炭内部自由穿梭，诱使小芳环体系（≤5 环）发生缩合。

另外，反应气氛也影响气化产物分布及煤气组成。Crnomarkovic 等[10]在 $\phi0.09m×1.5m$ 的气流床中研究了褐煤水蒸气气化过程，发现在水煤比为 $0.287kg/kg$ 和 $0.024kg/kg$（代表无水蒸气状况）两种情况下煤气中有效成分体积分数与过量 O_2 系数变化曲线呈明显相反趋势；随着水煤比增加，有效成分体积分数增加，CO_2 体积分数下降。Lee 等[11]在沉降管式气流床反应器中研究了操作条件对煤炭气化的影响，发现增加 O_2 含量，CO、H_2 含量先增大后减小，CO/H_2 摩尔比随着反应温度增加而升高，CO、H_2 含量之和及 CO/H_2 摩尔比约在灰熔点达到最大值；增加 H_2O 含量，CO_2 含量增加，H_2 含量明显增加，CO 含量减少。Zeng 等[12]在流化床中研究了 $N_2/N_2+O_2/N_2+O_2+H_2O$ 气氛下 O_2 量、H_2O 量及温度对褐煤气化的影响。

第二节 气化温度

根据褐煤煤质的差异,褐煤温和气化的温度约在 $700\sim1200°C$ 之间,明显低于干法或湿法气流床气化,大大降低对设备材质的要求和设备加工难度,也提高了气化过程的安全性。与常见的气化过程一样,温度是影响褐煤温和气化过程的重要因素。从宏观上看,温度可以改变气化过程的速率控制步骤(速控步),相同条件下,温度越高,反应过程越趋于扩散控制,温度越低,反应过程越趋向化学反应控制,此时,随着温度升高,气化速率快速变大,褐煤转化率明显升高。从微观上看,温度升高,可以激活炭颗粒表面一些低活性的反应点,使其活化,同时增强处于活化状态反应点的活性,使其更加活泼,反应能力更强。从而改变气化反应的动力学参数活化能[13,14]。

褐煤温和气化过程主要涉及 O_2-半焦氧化反应、H_2O-半焦气化反应、CO_2-半焦气化反应。O_2-半焦氧化反应的速率很快,在 $1400\sim1500°C$ 时反应时间仅约几十毫秒,在 $1000\sim1200°C$ 时不足 1s,而 H_2O/CO_2-半焦气化反应速率较慢,因此,研究者对 H_2O/CO_2-半焦气化反应与温度的关系研究较多。王芳等[15]以新疆吉木萨尔县次烟煤为原料,在扩散影响最小化条件下利用自制的分析仪研究了 H_2O-半焦等温气化特性,发现相对于 $850°C$,$1000°C$ 时 H_2O-半焦气化速率明显较大,煤气中 $CO+H_2$ 含量急剧升高,气化反应时间缩短;同时发现,在 $750\sim950°C$,化学反应为速控步,在反应开始时速率最快,而温度升高至 $950\sim1100°C$ 时,气化过程受反应-扩散共同控制。Liu 等[16]在常压条件下研究了 $1000\sim1300°C$ 温度范围内煤焦的 CO_2 气化,发现温度升高可以加快气化速率。王明敏等[17]研究了澳大利亚褐煤的水蒸气气化,结果发现,在 $850\sim1000°C$ 范围内,温度越高,气化速率越大;温度小于 $900°C$ 时,气化反应为速控步,而 $900°C$ 以上扩散作用明显增强。Ye 等[18]以南澳大利亚低阶煤为原料,研究了常压条件下温度对 CO_2-煤焦气化反应和 H_2O-煤焦气化反应的影响,发现在 $633°C$ 时,H_2O-煤焦气化反应速率大于 CO_2-煤焦气化反应速率,温度越高它们的反应速率差异越大;在 $714\sim892°C$ 温度范围内,CO_2-煤焦气化反应和 H_2O-煤焦气化反应均受化学反应控制;当温度升高到 $900°C$ 及以上时,气化速率增大,扩散过程相对较弱,温度对气化过程影响明显增强。杨小凤等[19]以神府煤、榆林煤和淄博煤为原料,运用等温热重法,研究了反应温度为 $900\sim1200°C$ 时 CO_2/H_2O-煤焦气化反应特性,发现前者速率远远大于后者,随着温度升高,在相同反应时间下,半焦转化率升高,并且达到极值的时间变短。三种半焦气化速率均呈开口向下的抛物线状，温度越高，抛物线越窄，说明半焦的最大反应速率随温度升高而增大。Lee 等[11]利用沉降管反应器研究了温度对煤气组成的影响，发现温度越高，有效气含量越高；当气化温度升高至灰熔点（软化温度）附近时，有效气含量最大。

第三节　气化压力

在气化过程中，压力对褐煤温和气化过程的影响仅次于温度，压力可以改变气化剂浓度（分压）和分子扩散传质速率，进而影响气化速率。关于压力与 CO_2/H_2O-半焦气化过程的关系，目前普遍认为在压力较低时影响较大，随着压力的升高，压力对气化过程的影响变弱，直至可以忽略[17,20-22]，如图 3-1 表示。实际上，这与 H_2O/CO_2-半焦反应的氧交换机理[13,23]相一致。该机理认为水蒸气或二氧化碳分子被高温碳层中的自由碳位 C(f) 吸附，并使水蒸气变形，碳与水分子中的氧形成碳氧表面复合物 C(O) 作为中间络合物。氢气析出后碳氧络合物在不同温度下形成不同量的 CO 和自由碳位 C (f)，可以表示为

$$XO + C(f) \rightleftharpoons Y + C(O)$$
$$C(O) \longrightarrow CO$$

其中，XO 表示 CO_2 或 H_2O，Y 表示 CO 或 H_2。

Ergun 和 Johnson 等[23,24]利用冶金焦在小型流化床上研究了常压下水蒸气气化反应机理，Walker 和 Pilcher 等[25,26]也研究了水蒸气气化反应的机理，一致认为氧交换机理是正确的。按照以上机理，根据稳态平衡原理，推导出气化反应的速率方程［式(3-1)］，当压力较高时或反应初期，反应气氛中 XO 含量较高，Y 含量趋近于 0，可以得到式(3-2)，该式与图 3-1 吻合较好。

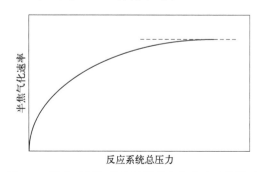

图 3-1　压力对温和气化过程半焦气化速率的影响

$$r = \frac{k_1 P_{XO}}{1 + k_2 P_Y + k_3 P_{XO}} \tag{3-1}$$

$$r = \frac{k_1 P_{XO}}{1 + k_3 P_{XO}} \tag{3-2}$$

式中，r 为气化速率；k 为反应速率常数；P 为某组分分压。

王明敏等[17]以澳大利亚褐煤为原料，在热重分析仪上研究发现，气化速率随水蒸气分压线性增加（对数坐标绘图），故采用 n 次级数的方法计算气化速率，得到的水蒸气浓度级数为 0.34。进一步分析得到速率方程，发现随着压力的增大，反应速率增大，但压力增至某值后，速率不再增大。向银花等[20]以神木煤、彬县煤、王封煤为原料，用加压热天平研究了煤焦 CO_2 气化。结果表明，以 1.6MPa 为分界点，在低压区时，反应速率随压力升高快速增大；在高压区时，反应速率增速明显变小，当压力很大时，其影响基本可以忽略。陈义恭等[27]利用加压热天平研究了小龙潭褐煤等 8 种中国煤在 900℃制成的煤焦于 CO_2 气氛下的气化反应特性，发现以 1.0MPa 为分界点，得到与向银花等[20]的研究一致的结果，仅压力分界值不一样，这可能是煤种不同造成的。

邓一英[28]在高压管式炉中研究了宝一褐煤 CO_2 气化，发现不同温度下压力对气化过程的影响不一样。在 800～950℃，压力（2.0～2.5MPa）变化对 CO_2 气化反应影响很小，几乎可以忽略；当温度升高到 1000℃时，压力升高开始不利于煤焦气化。如果对褐煤 H_2O 气化，发现在 900℃时，压力的影响很小，在 950℃时，高压的利好作用开始显现。

Messenbock 等[21]利用高压丝网研究了 0.1～3.0MPa 范围内的煤焦 CO_2 气化，结果发现，在反应初期（大约 20s），压力增大，煤焦转化率线性增加，随后，压力影响开始逐渐减弱。曹敏等[29]利用加压热分析仪，研究了义马煤焦的 CO_2 反应性，发现压力（0.2～1.5MPa）的影响不明显。

Kajitani 等[22]指出，一般地，煤焦的水蒸气气化反应速率与煤焦的二氧化碳气化反应速率比值约为 5。Fermoso 等[30]选择 4 种不同变质程度的煤为原料，在 $H_2O + O_2$ 气氛下研究了压力对气化过程的影响，结果发现，压力升高不利于提高有效气（$H_2 + CO$）产量和碳转化率，该现象对低阶煤更加显著，随煤阶升高而略有减弱，也就是说提高压力对气化过程具有负面影响。

第四节　挥发分-半焦相互作用

目前，工业化的气化过程是连续过程，原料煤入炉快速热解生成挥发分，并扩散至不同"年龄"的半焦周围。半焦在挥发分的"包围"下，反应性和组成都会发生变化，也就是说，挥发分与半焦之间存在相互作用。在固定床和流化床中，气固接触更加紧密，挥发分-半焦相互作用更显著。

挥发分-半焦作用会导致半焦活性降低，这主要是 H 自由基对碱金属和碱土金属（AAEM）的影响。首先，相互作用所产生的 H 自由基进入半焦的骨架结构中，影响 AAEM 的挥发，尤其是 Na 的挥发，无论是游离形式的 Na 还是化合态的 Na 都会受到影响，从而降低 Na 的浓度，继而影响半焦的反应性[31,32]。其次，相互作用所产生的 H 自由基在小芳香环间自由穿梭，诱导小芳香环结构的缩聚，致使半焦的反应性降低[7-9]。Wu 等[33,34]采用自制的新型反应器研究了挥发分-半焦的作用对 Loy Yang 褐煤半焦的影响，发现该相互作用下半焦的芳香度增加，Na 挥发，半焦活性降低；还发现，这种相互作用对 Mg 和 Ca 的挥发的影响较小。Zhang 等[31,32]采用自制的新型流化床反应器比较了挥发分-半焦相互作用存在和不存在时的气化结果，发现挥发分-焦的相互作用促使小芳香环向大芳香环系统的转化，挥发分抑制气化反应。挥发分-半焦相互作用还会影响半焦的微观结构，降低半焦的反应性[35]。Bayarsaikhan 等[4]研究表明，在鼓泡流化床中挥发分对水蒸气气化反应具有抑制作用，在 850～900℃，挥发分存在的条件下煤炭转化率约为 62%～85% 时气化反应基本停止，Bayarsaikhan 等[4]也发现，挥发分和气体组分 H₂ 均可以抑制半焦的水蒸气气化反应。在 Zhang[31,32]、Li[36]、Wu 等[33,34]的研究中均发现，挥发分可以加快煤炭中 AAEM 的挥发，改变其分布形态，尤其是钠元素，从而降低其对气化等热转化过程的催化作用。在流化床中，挥发分-半焦的相互作用比较显著，会抑制半焦的气化反应，碳转化率在 62%～85% 之间时，甚至会终止半焦和水蒸气的反应。

可见，挥发分-半焦的相互反应能够导致 AAEM 的挥发，增强芳香环的缩聚反应，降低半焦的反应性。以褐煤作为气化原料时，现有的气化工艺均不同程度地受到挥发分-半焦相互作用的不利影响，尤其是在气固近似逆流接触的固定床和流化床中。中国矿业大学（北京）提出的温和气化工艺采用下行气流床形式，尽量减弱挥发分-半焦的相互作用，增大气化半焦活性和气化速率。

第五节　其他因素

褐煤富含 AAEM（主要是 Na、Mg、Ca），研究表明，它们可以催化褐煤气化过程，催化作用的大小主要取决于 AAEM 赋存形态。如 NaCl 的催化活性就远不如 Na₂CO₃，这是由于 Na⁺ 与 Cl⁻ 结合紧密，限制了 Na⁺ 和半焦的反应，不能形成催化活性位。温度较低时，NaCl 和 Na_2CO_3 的活性差异更大[37]。齐学军等[38]通过添加纯化学物质代替煤灰中的 AAEM、酸洗脱灰、低温灰化等预处理方式，发现高活性的 AAEM 才有催化作用，可以与半焦官能团等发生离子交换，改变炭颗粒表面的电荷分布，形成活性位，如以羧酸盐（COONa）形式存在的 Na。同时指出，以硅酸盐形式存在的 Na 没有催化作用。Masek 等[39]研究发现，挥发性 Na 对水蒸气重整没有催化作用，因此对气化过程也没有催化作用，只有半焦颗粒表面的 Na 或 Ca 才能够催化焦油转化为 CO 和 H_2。

褐煤本身的物理和化学结构对气化也有很大影响。褐煤的孔结构和变质程度会影响褐煤及其煤焦的活性。许多学者认为，变质程度高的煤，反应性差。向银花等[20]以神木煤、彬县煤、王封煤为原料，用加压热天平研究了三种煤焦 CO_2 气化特性，发现彬县煤、神木煤、王封煤的活化能依次降低，即煤阶高的王封煤活化能比煤阶低的神木煤、彬县煤活化能低。这说明煤炭的微观孔隙结构也可能是导致煤反应性较低的原因，不一定是活化能的缘故。陈路等[40]利用下行床进行了 $800 \sim 1400℃$ 下煤炭的快速热解实验，发现不同煤阶煤的反应性明显不同。Yang 等[41]研究发现，高阶煤反应性比低阶煤差。

但是，也有学者[37,42,43]认为煤炭的反应性不仅仅受变质程度影响，还受到含氧官能团、矿物质等因素影响，因此，变质程度高的煤有可能反应性较好。景旭亮等[43]研究发现，孔隙结构不是影响碳转化率/反应性的主要因素，石墨化结构是转化率/反应性变化的决定因素。

第六节　本章小结

（1）反应气氛影响低阶煤半焦的微观空隙结构和半焦的官能团变化，导致半焦反应性和气化过程的差异，进而导致气化产物分布及煤气组成的不同。

（2）不同温度下气化过程的速率控制步骤不同，温度越高，反应过程越趋于扩散控制；温度越低，反应过程越趋向化学反应控制，此时，随着温度升高，气化速率快速变大，褐煤转化率明显变大。

（3）关于压力与半焦 CO_2/H_2O 气化过程的关系，目前普遍认为在压力较低时影响较大，随着压力的升高，压力对气化过程的影响变弱，直至可以忽略，这与 H_2O/CO_2-半焦反应的氧交换机理相一致。

（4）流化床内的物料是由不同"年龄"的半焦混合组成的，这些半焦被挥发分"包围"，直到被完全气化或被带出。挥发分会影响半焦反应性，同时半焦也影响挥发分组成，挥发分-半焦之间存在相互作用。在固定床和流化床中，气固近似逆流接触，这种相互作用较为明显。挥发分-半焦作用会导致半焦活性降低，这主要是作用过程中所产生的小自由基的影响。

（5）低阶煤富含碱金属和碱土金属（AAEM），主要是 Na、Mg、Ca，它们催化褐煤气化作用的大小主要取决于这些金属的赋存形态。以羧酸盐和碳酸盐存在的 AAEM，催化作用显著大于其他形态的 AAEM。

参考文献

［1］ Li T T，Zhang L，Dong L，et al. Effects of gasification atmosphere and temperature on char structural evolution during the gasification of Collie sub-bituminous coal[J]. Fuel, 2014, 117: 1190-1195.

［2］ Tay H L，Kajitani S，Zhang S，et al. Effects of gasifying agent on the evolution of char structure during the gasification of Victorian brown coal[J]. Fuel, 2013, 103(1): 22-28.

［3］ Tay H L，Li C Z. Changes in char reactivity and structure during the gasification of a Victorian brown coal: Comparison between gasification in O_2 and CO_2[J]. Fuel Processing Technology, 2010, 91(8): 800-804.

［4］ Bayarsaikhan B，Sonoyama N，Hosokai S，et al. Inhibition of steam gasification of char by volatiles in a fluidized bed under continuous feeding of a brown coal[J]. Fuel, 2006, 85(3): 340-349.

［5］ Tay H L，Kajitani S，Zhang S，et al. Inhibiting and other effects of hydrogen during gasification: Further insights from FT-Raman spectroscopy[J]. Fuel, 2014, 116: 1-6.

［6］ 王永刚，孙加亮，张书.反应气氛对褐煤气化反应性及半焦结构的影响[J].煤炭学报, 2014, 39(8): 1765-1771.

［7］ 许修强，王永刚，陈宗定，等.胜利褐煤半焦冷却处理对其微观结构及反应性能的影响[J].燃料化学学报, 2015, 43(01): 1-8.

［8］ 许修强，王永刚，张书，等.褐煤原位气化半焦反应性及微观结构的演化行为[J].燃料化学学报, 2015, 43(03): 273-280.

［9］ Sun J L，Chen X J，Wang F，et al. Effects of oxygen on the structure and reactivity of char during steam gasification of Shengli brown coal[J]. J Fuel Chem Technol, 2015, 43(7): 769-778.

［10］ Crnomarkovic N，Repic B，Mladenovic R，et al. Experimental investigation of role of steam in entrained flow coal gasification[J]. Fuel, 2007, 86(1): 194-202.

［11］ Lee J G，Kim J H and Lee H G. Characteristics of entrained flow coal gasification in a drop tube reactor[J]. Fuel, 1996, 75(9): 1035-1042.

［12］ Zeng X，Wang Y，Yu J，et al. Coal pyrolysis in a fluidized bed for adapting to a two-stage gasification process[J]. Energy & Fuels, 2011, 25(3): 1092-1098.

[13]   贺永德. 现代煤化工技术手册[M]. 2版. 北京：化学工业出版社，2011：445-450.

[14]   臧雅茹. 化学反应动力学[M]. 天津：南开大学出版社，1995.

[15]   王芳，曾玺，余剑，等. 微型流化床中煤焦水蒸气气化反应动力学研究[J]. 沈阳化工大学学报，2014，28(3)：213-219.

[16]   Liu T F, Fang Y T, Wang Y. An experimental investigation into the gasification reactivity of chars prepared at high temperatures[J]. Fuel, 2008, 87(4)：460-466.

[17]   王明敏，张建胜，岳光溪，等. 煤焦与水蒸气的气化实验及表观反应动力学分析[J]. 中国电机工程学报，2008，28(5)：34-38.

[18]   Ye D P, Agnew J B, Zhang D K. Gasification of a South Australian low-rank coal with carbon dioxide and steam：kinetics and reactivity studies[J]. Fuel, 1998, 77(11)：1209-1219.

[19]   杨小风，周静，龚欣，等. 煤焦水蒸气气化特性及动力学研究[J]. 煤炭转化，2003，26(4)：46-50.

[20]   向银花，王洋，张建民，等. 加压条件下中国典型煤二氧化碳气化反应的热重研究[J]. 燃料化学学报，2002，30(5)：398-402.

[21]   Messenbock R C, Dugwell D R, Kandiyoti R. Coal gasification in CO_2 and steam：Development of a steam injection facility for high-pressure wire-mesh reactors[J]. Energy & Fuels, 1999, 13(1)：122-129.

[22]   Kajitani S, Hara S, Matsuda H. Gasification rate analysis of coal char with a pressurized drop tube furnace[J]. Fuel, 2002, 81(5)：539-546.

[23]   Ergun S. Kinetics of the reactions of carbon dioxide and steam with coke(No. Bulletin 598)[R]. Washington：United States Government Printing Office, 1962.

[24]   Johnson J L. Kinetics of coal Gasification[M]. New York：John Willy and Sons, 1979.

[25]   Walker P L, Rusinko F, Austin L G. Gas reactions of carbon[J]. Adv Catal, 1959, 11：133-221.

[26]   Pilcher J M, Walker P L, Wright C C. Kinetic study of the steam-carbon reaction-influence of temperature, partial pressure of water vapor, and nature of carbon on gasification rates[J]. Ind Eng Chem, 1955, 47(9)：1742-1749.

[27]   陈义恭，沙兴中，任德庆，等. 加压下煤焦与二氧化碳反应的动力学研究[J]. 华东理工大学学报，1984，1(1)：42-53.

[28]   邓一英. 煤焦在加压条件下的气化反应性研究[J]. 煤炭科学技术，2008，36(8)：106-109.

[29]   曹敏，王敏，谷小虎，等. 煤焦加压气化反应性研究[J]. 化学工程，2010，38(12)：85-88.

[30]   Fermoso J, Arias B, Gil M V, et al. Co-gasification of different rank coals with biomass and petroleum coke in a high-pressure reactor for HZ-rich gas production[J]. Bioresource Technology, 2010, 101(9)：3230-3235.

[31]   Zhang S, Min Z H, Tay H L, et al. Effects of volatile-char interactions on the evolution of char structure during the gasification of Victorian brown coal in steam[J]. Fuel, 2011, 90(4)：1529-1535.

[32]   Zhang S, Hayashi J I, Li C Z. Volatilization and catalytic effects of alkali and alkaline earth metallic species during the pyrolysis and gasification of Victorian brown coal. Part IX. Effects of

volatile-charinteractions on char-H$_2$O and char-O$_2$ reactivities ［J］. Fuel，2011，90（4）：1655-1661.

[33]　Wu H W，Li X J，Hayashi J I，et al. Effects of volatile-char interactions on the reactivity of chars from NaCl-loaded Loy Yang brown coal [J]. Fuel，2005，84(10)：1221-1228.

[34]　Wu H W，Quyn D M，Li C Z. Volatilisation catalytic effects of alkali，alkaline earth metallic species during the pyrolysis，gasification of Victorian brown coal. Part Ⅲ. The importance of the interactions between volatiles and char at high temperature ［J］. Fuel，2002，81（1）：1033-1039.

[35]　Kajitani S，Tay H L，Zhang S，et al. Mechanisms and kinetic modeling of steam gasification of brown coal in the presence of volatile-char interactions[J]. Fuel，2013，103：7-13.

[36]　Li X，Wu H，Hayashi J-i，Li C-Z. Volatilisation and catalytic effects of alkali and alkaline earth metallic species during the pyrolysis and gasification of Victorian brown coal. Part VI. Further investigation into the effects ofvolatile-char interactions[J]. Fuel，2004，83(1)：1273-1279.

[37]　Quyn D M，Wu H W，Bhattacharya S P，et al. Volatilisation and catalytic effects of alkali and alkaline earth metallic species during the pyrolysis and gasification of Victorian brown coal. Part Ⅱ. Effects of chemical form and valence[J]. Fuel，2002，81：151-158.

[38]　齐学军，郭欣，郑楚光. 矿物质对小龙潭褐煤气化反应性的影响[J]. 华中科技大学学报(自然科学版)，2012，40(11)：115-118.

[39]　Masek O，Sonoyama N，Ohtsubo E，et al. Examination of catalytic roles of inherent metallic species in steam reforming of nascent volatiles from the rapid pyrolysis of a brown coal[J]. Fuel Processing Technology，2007，88(2)：179-185.

[40]　陈路，周志杰，刘鑫，等. 煤快速热解焦的微观结构对其气化活性的影响[J]. 燃料化学学报，2012，40(6)：648-654.

[41]　Yang Y，Watkinson A P. Gasification reactivity of some western canadian coals[J]. Fuel，1994，73(11)：1786-1791.

[42]　Takarada T，Tamai Y，Tomita A. Reactivies of 34 coals under steam gasification ［J］. Fuel，1995，64(10)：1438-1442.

[43]　景旭亮，王志青，余钟亮，等. 半焦多循环气化活性及微观结构分析[J]. 燃料化学学报，2013，41(8)：917-921.

第四章
低阶煤气化过程中H_2O/O_2协同作用宏观特征

氧化反应与水蒸气气化反应是低阶煤气化过程最重要的两个反应，第三章介绍了反应气氛、温度和压力等不同因素对两个反应的影响。由于不同研究者关注的焦点不同，也许是氧化反应与水蒸气气化反应速率差异较大的缘故，多数研究者将褐煤温和气化过程中的氧化反应与水蒸气气化反应分别独立研究，但实际的气化反应过程要复杂很多。关于在褐煤气化过程中氧化反应与水蒸气气化反应是否存在协同作用（单向或相互的促进作用）仍不清楚，至于协同作用的发生机理、方向性、影响因素更是有待研究。考虑到挥发分-半焦相互作用，实验时将煤粉和气化剂并流从气流床气化炉上部进入，快速下行通过反应器，模拟无挥发分-半焦作用状态。本章分析了添加氧气前后褐煤转化率和水蒸气气化宏观动力学参数的变化，探究了氧化反应与水蒸气气化反应的相互关系，结果表明，添加氧气后褐煤转化率明显大于 O_2 和 H_2O 气氛下褐煤转化率之和，即向水蒸气气氛添加氧气后褐煤转化率的增幅大于氧气氧化作用导致的褐煤转化率的增幅，随着 H_2O 含量增大以及温度的升高，此现象愈加明显。该协同作用主要是氧化反应对水蒸气气化反应的促进作用造成的。

第一节　气化过程及褐煤转化率增幅

一、原料特性

胜利褐煤属于典型的低阶煤，化学活性高，挥发分高，是优良的煤化工原料，尤其适合作为气化原料。以内蒙古胜利褐煤为原料，研磨，筛分，得到粒径为 96～

150μm 和 150～180μm 的煤样，然后在真空干燥箱内 60℃烘 24h。干燥后煤样的工业分析和元素分析见表 4-1，灰成分分析见表 4-2。

表 4-1　胜利褐煤的工业分析及元素分析

原料	工业分析 w_d/%				元素分析 w_{daf}/%				
	水分(M)	灰分(A)	挥发分(V)	固定碳(FC)	C	H	S	O	N
胜利褐煤	5.89	9.87	36.23	53.90	62.26	6.12	0.66	29.85	1.11

注：下标 d 表示干燥基，daf 表示干燥无灰基。

表 4-2　胜利褐煤的灰成分分析

原料	灰分组成/%							
	SiO_2	Al_2O_3	Fe_2O_3	CaO	MgO	Na_2O	K_2O	TiO_2
胜利褐煤	41.98	28.91	3.13	6.80	4.72	4.92	1.22	0.68

实验装置见图 4-1，气流床反应器主体是 $\phi80mm\times3000mm$ 耐高温不锈钢管，其上部有一缩颈和套管，载气和煤粉走内管（$\phi10mm$），气化剂走外管（$\phi32mm$）；保温区约为 2400mm，由 3 段独立管式电炉加热，等间距设置 3 个 K 型热电偶。流化床反应器主体是 $\phi40mm\times200mm$ 石英圆筒，内部有上下 2 层平板分布器（石英筛板）。气化剂为流化气，经下平板分布器进入石英砂（流化介质，355～300μm）

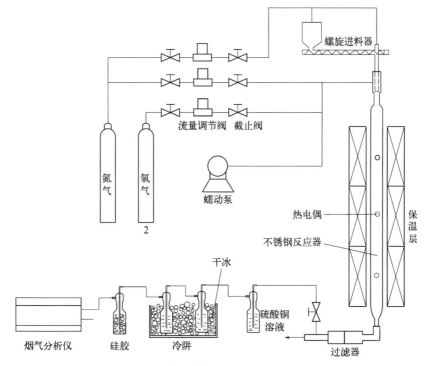

图 4-1　气流床气化实验装置示意图

流化床，载气夹带煤粒从下平板分布器上面床层下部进入石英砂流化床。供气系统包括氮气、氧气和水蒸气，其规格见表 4-3。其中氧气用合成空气（20％高纯氧和80％高纯氮）代替，水蒸气是去离子水经蠕动泵加入反应器内形成。

表 4-3　实验气体及试剂规格

名称	分子式	规格
氮气	N_2	高纯
合成空气	N_2/O_2	高纯
去离子水	H_2O	
硫酸铜	$CuSO_4 \cdot 5H_2O$	分析纯
三氯甲烷	$CHCl_3$	分析纯
甲醇	CH_3OH	分析纯

煤气净化系统采用硫酸铜溶液吸收硫化氢，用甲醇和三氯甲烷混合溶液吸收焦油，混合溶液按照 $CHCl_3 ：CH_3OH = 3：1$ 的体积比配置，并且用干冰进行冷却。然后，用变色硅胶干燥煤气。最后，利用德国 MRU VARIO PLUS 烟气分析仪进行在线检测。净化试剂规格见表 4-3。

二、气化过程

1. 实验系统气密性

实验时，先进行气密性检查等准备工作，然后开始实验。气流床反应器系统良好的气密性是保证实验顺利进行和准确测试分析的基础，包括供气管路、反应器及煤气管路的气密性。

（1）供气管路。在实验前，用肥皂水对管路中的流量计、减压表、三通、阀门、供气管路与反应器连接处等进行检漏，仔细观察是否有气泡出现，确保各连接处的密封性良好。

（2）反应器和煤气管路。将高纯氮（含少量氧气）通入反应器系统 20～30min，然后接入经氮气清零后的烟气分析仪，若分析仪检测的氧气浓度与高纯氮的氧浓度一致，则认为系统的气密性良好。

在每次正式实验前都要对实验系统的气密性进行测试。

2. 温度测量准确性

气流床反应器放置在电加热炉内，电加热炉分为多段，每段可以独立加热，每个加热段设有 3 个热电偶用来控温，以确保整个反应器温度恒定。同时在反应器上等间距设置多个 K 型热电偶，以检测内部温度。

3.进料系统稳定性

进料过程中存在质量误差，尤其是螺旋进料系统，因此，在实验前需要对进料系统进行测试。气流床实验采用螺旋进料，测试时开启载气，使煤粉进入密闭的过滤瓶，每隔1min测量1次煤粉质量，其差值即为每分钟给料量。对3种不同粒径分布的原料煤进行进料测试，不同的电机频率下重复测试结果见图4-2。可以看出，煤粉的进料速率随着电机频率和煤粉粒径的增加而增加。这说明，调节电机频率可以准确控制煤粉进料速率。

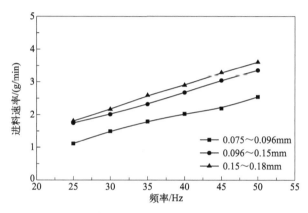

图 4-2　电机控制频率与进料速率的关系

开始实验时，首先将反应器加热到设定温度800℃，从反应器上部通入设定气氛100%N_2，总的气体流量为36.2L/min（工况），恒温数分钟。然后开启螺旋进料机，载气和进料速率均为0.6g/min。煤粉从反应器顶部进入，气相产物经过滤器、净化系统，由分析仪在线检测；固相产物停留在过滤器中，收集并测定半焦的孔容、孔半径、比表面积、灰含量。以 N_2 为平衡气，改变设定气氛（1%O_2、2%O_2、3%O_2；10%H_2O、15%H_2O、20%H_2O、35%H_2O；1%O_2+15% H_2O、2%O_2+15% H_2O、3%O_2+15%），重复上述实验。改变设定温度为900℃，重复所有设定气氛下的实验。

褐煤转化率按照灰平衡法求取，公式如下：

$$X = \frac{1 - \dfrac{A_0}{A_x}}{1 - A_0} \tag{4-1}$$

式中，X 为褐煤转化率；A_0 为原煤中的灰分含量；A_x 为气化后半焦的灰分含量。

三、褐煤转化率及其增幅

添加氧气前后，褐煤转化率的增幅不包含褐煤热解产生的挥发分，主要来自热解半焦的热化学转化。

褐煤转化率是根据灰平衡计算得到的，见式(4-1)。可以看出，分子表示反应消耗的褐煤有机质（含水分），分母表示褐煤中原有的有机质（含水分），因此转化率反映了褐煤气化过程中热解反应和氧化/气化反应造成的有机质的消耗。因此，向水蒸气气氛中添加氧气后褐煤转化率的增幅可以表示为

$$X_{增幅} = (X_{热解} + X_{氧化/气化})_{氧气+水蒸气气氛} - (X_{热解} + X_{氧化/气化})_{水蒸气气氛}$$

本实验中褐煤的停留时间仅有几秒，可以认为

$$(X_{热解})_{氧气+水蒸气气氛} \cong (X_{热解})_{水蒸气气氛}$$

所以

$$X_{增幅} = (X_{氧化/气化})_{氧气+水蒸气气氛} - (X_{氧化/气化})_{水蒸气气氛}$$

因此，褐煤转化率的增幅来自氧化反应和水蒸气气化反应造成的有机质消耗，不包括热解反应生成的挥发分。

第二节   氧化反应对水蒸气气化反应协同作用宏观特征

一、氧化反应对水蒸气气化反应协同作用的发现及方向分析

图4-3和图4-4为不同温度下向水蒸气中添加1%氧气前后褐煤转化率的变化曲线。由图4-3和图4-4可知，在800℃和900℃下，添加氧气前，随着反应气氛中水蒸气含量的增加，胜利褐煤转化率变化平缓，波动较小。添加氧气后，随着反应气氛中水蒸气含量的增加，胜利褐煤转化率明显增加，尤其是900℃时，褐煤转化率随着水蒸气含量的增加呈线性增加。同一水蒸气浓度下，添加氧气后，褐煤转化率

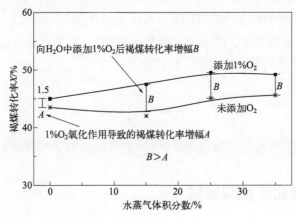

图4-3   800℃时向水蒸气气氛中添加1%氧气前后褐煤转化率的变化曲线

大幅增加，在 800℃ 时增幅为 $3.6\%\sim5.5\%$，在 900℃ 时，增幅更加明显，最大增幅达 12.7%（见图 4-4）。

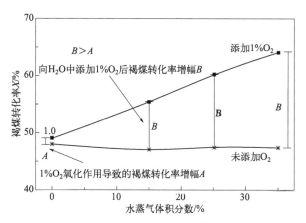

图 4-4 900℃ 时向水蒸气气氛中添加 1% 氧气前后褐煤转化率的变化曲线

分析增幅原因，首先考虑添加的 $1\%O_2$ 与煤焦发生氧化反应导致褐煤转化率提高。由图 4-3 可知，在 800℃ 时水蒸气含量为 0 时的褐煤转化率分别为 43.51% 和 45.06%，分别对应 O_2 含量为 0 和 1% 时褐煤的转化率，800℃ 时 1% O_2 的氧化作用导致的转化率增幅约 1.5%（见图 4-3 中标注）；同样可以看出，在 900℃ 时氧化作用导致的褐煤转化率增幅约 1.0%（见图 4-4 中标注），说明在 800℃ 和 900℃ 时 $1\%O_2$ 的氧化作用导致转化率的增幅约 $1.0\%\sim1.5\%$，明显小于图 4-3 和图 4-4 中添加 1% O_2 后褐煤转化率的增幅。也就是说，$1\%O_2+H_2O$ 复合气氛下褐煤的转化率明显大于 $1\%O_2$ 气氛和 H_2O 气氛下褐煤转化率之和，添加氧气后，氧化反应和水蒸气气化反应之间存在着显著的协同作用。

由于氧化反应活化能约为水蒸气气化反应的 60%，反应速率显著大于水蒸气气化反应，故水蒸气气化反应对氧化作用存在促进作用的可能性较小或较微弱。同时，由于本实验中 O_2 的加入量是固定的，在反应器出口已经检测不到 O_2 的存在，那么 O_2 所导致的褐煤转化率是一定的，即使水蒸气气化反应对氧化作用存在较强的促进作用，也仅仅加快了氧化反应的速率，而不是增加褐煤转化率。这说明本实验中协同作用主要是氧化反应对水蒸气气化反应的促进作用造成的，从而提高了煤炭的转化率。

另外，由图 4-3 和图 4-4 还可知，在 800℃ 和 900℃ 气化温度下，添加氧气前，随着反应气氛中水蒸气含量的增加，胜利褐煤转化率基本保持不变，仅小幅波动。这主要是由于较低的反应温度和较高的活化能共同导致水蒸气气化反应速率较小。因为水蒸气气化反应的活化能大约是煤炭颗粒燃烧氧化反应的 1.6 倍[1,2]，并且在工业化的流化床气化炉中，气化温度一般不低于 950℃。另外，在一般的工业化温和气化装置中，煤炭颗粒的停留时间大约 30min，在本实验装置中，不考虑温度、新生成气体产物对气体流速的影响，也不考虑煤炭颗粒重力对自身流速的影响，煤炭颗粒的停留时间约为几秒，如果考虑上述因素，其停留时间将更短。因此，本实验中，水蒸气与煤炭颗粒间气化反应对煤炭颗粒的转化率影响是比较小的，导致转化率曲线变化平缓，近似呈水平线。

二、氧化反应对水蒸气气化反应协同作用的进一步验证

为了进一步验证氧化反应对水蒸气气化反应的促进作用，在流化床反应器中研究了 800℃时 $O_2/H_2O/H_2O+O_2$ 气氛下胜利褐煤的气化特性。该流化床反应器结

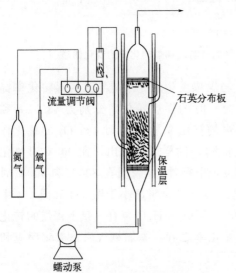

构见图 4-5，主体是 $\phi40mm\times200mm$ 石英圆筒，内部有平板分布器，采用电加热控制反应温度，并且可以根据实验需要及时将反应器提出加热装置。

类似于气流床气化试验过程，实验时首先进行准备工作：①检查实验系统气密性；②确保温度测量准确性；③检查进料系统稳定性，在流化床实验中，褐煤/半焦转化率通过比较反应前后反应器质量变化和原料煤质量变化求得，不存在进料不稳定性误差。

开始试验时，在设定的温度和气氛下，胜利褐煤煤粉开始加入流化床，保持气化剂流量不变，连续加入煤粉 20min，然后迅速关闭气源，提出反应器在 N_2 保护下

图 4-5 流化床气化实验装置示意图

冷却至室温。通过比较反应前后反应器的质量变化和原料煤的质量变化计算褐煤的转化率。具体过程如下：

（1）褐煤气化实验：试验前开启进料管冷却水，将反应器置入电热炉中，待温度（800℃±3℃）稳定后通气吹扫系统 5min，然后启动蠕动泵，保持床层气流速为 0.8L/min（标况），进料气流速为 1L/min。分别调节 N_2、O_2/N_2 二元气流量控制气化剂中水蒸气和氧气的含量。在设定气氛100% N_2 下，进料速率为 95mg/min，煤粉（96~150μm）开始加入反应器，进料时间为20min。当进料结束时提出反应器，关闭蠕动泵和 O_2/N_2 二元气，在 N_2 保护下冷却至室温，称重。改变设定气氛（0.6% O_2、1.5% O_2；10% H_2O、20% H_2O、30% H_2O、32.5% H_2O、35% H_2O；0.6% O_2+

10％H_2O、0.6％O_2＋20％H_2O、0.6％O_2＋30％H_2O、0.6％O_2＋32.5％H_2O、0.6％O_2＋35％H_2O；1.5％O_2＋10％H_2O、1.5％O_2＋20％H_2O、1.5％O_2＋30％H_2O、1.5％O_2＋32.5％H_2O、1.5％O_2＋35％H_2O），重复上述实验。

（2）半焦原位气化：进行褐煤气化试验时，反应20min后停止进料，保持气化气氛不变，反应5min后提出反应器，关闭蠕动泵和 O_2/N_2 二元气，在 N_2 保护下冷却至室温，称重。改变停止进料后的反应时间（10min、15min、20min、30min、40min），重复上述步骤。

（3）半焦完全气化：在32.5％H_2O 气氛下进行较长反应时间（10～60 min）的半焦气化实验，步骤同半焦原位气化。连续2次反应后反应器质量变化小于0.1％时，认为半焦气化完全，停止实验。

图4-6、图4-7和图4-8分别是800℃时向水蒸气气氛中添加不同体积分数的氧气后褐煤转化率的变化。由图4-6、图4-7和图4-8可知，添加氧气后褐煤转化率明

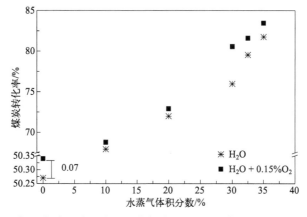

图 4-6　在 800℃流化床反应器中向水蒸气中添加 0.15％O_2 前后褐煤转化率的变化

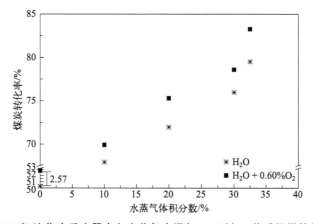

图 4-7　在 800℃流化床反应器中向水蒸气中添加 0.60％O_2 前后褐煤转化率的变化

显增高，除个别实验点（见图 4-8 中圆圈标注）外，其增幅大于氧气氧化作用导致的褐煤转化率增幅（左下角标注）。

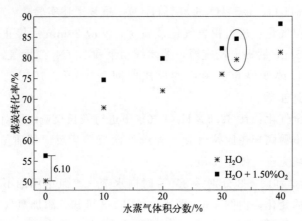

图 4-8　在 800℃ 流化床反应器中向水蒸气中添加 1.50%O₂ 前后褐煤转化率的变化

具体来看，添加 0.15%O₂、0.60%O₂、1.50%O₂ 氧气后褐煤转化率的增幅范围分别为 0.86%～4.58%、1.99%～3.75%、6.36%～7.83%，尤其是添加 0.60% O₂、1.50% O₂ 后褐煤转化率增加明显。氧气的氧化作用导致的褐煤转化率的增幅用图中水蒸气含量为 0 时对应的转化率差值表示，即 N_2 和 O_2+N_2 气氛下褐煤转化率的差值，0.15%O₂、0.60%O₂、1.50%O₂ 的氧化作用导致的转化率增幅分别为0.07%、2.57%、6.10%，明显小于添加氧气后褐煤转化率的增幅。说明在流化床中氧化反应对水蒸气气化反应也存在促进作用，该促进作用具有一定的普遍性。

第三节　氧化反应对水蒸气气化反应协同作用的宏观动力学特征

一、气流床中水蒸气气化反应宏观动力学

水蒸气气化反应发生在焦颗粒表面。研究表明，对于粒径小于 0.5mm 的焦颗粒，在 1000～1200℃ 下，水蒸气气化反应属化学动力学控制，在水蒸气分压较低时，反应为一级反应，较高时反应为零级[1,3,4]。在本研究的气流床实验中，水蒸气分压和反应温度均较低，因此，该反应过程可以视为化学动力学控制的一级反应过程。另外，考虑到该反应速率较慢，假定水蒸气浓度沿反应器长度方向不发生明显变化。关于水蒸气气化反应的机理比较普遍的解释为水蒸气被高温碳层吸附并变形，

碳与水分子中的氧形成中间络合物，氢气离解析出，然后碳氧络合物依据温度等条件的不同形成不同比例的 CO 和 CO_2，水蒸气气化反应的方程式如下[1,5,6]：

$$H_2O+\beta C \xrightleftharpoons{\quad\quad} H_2+\beta_1 CO+\beta_2 CO_2$$

$$\beta=\beta_1+\beta_2$$

根据上述反应式的化学计量关系，以单位时间单位内核反应面积（S_I）为计量单位，可知消耗的碳量等于反应的水蒸气量的 β 倍，即

$$\frac{-\mathrm{d}M_C}{S_I \mathrm{d}t}=\beta k_{H_2O}\phi_{H_2O}$$

其中，k_{H_2O} 是按照水蒸气体积分数 ϕ_{H_2O} 定义的单位时间单位内核反应面积水蒸气分解系数。

考虑到反应起始点为褐煤热解的半焦，积分初始条件为

$$t=0 \text{ 时},R_x=R_0 Z$$

定义褐煤颗粒的转化率为

$$X=\frac{V_0-V_x}{V_0}=1-\left(\frac{R_x}{R_0}\right)^3$$

积分可得

$$R\rho_C\left[Z-(1-X)^{\frac{1}{3}}\right]=\beta k_{H_2O}\phi_{H_2O}t$$

式中，Z 为半焦无量纲半径；t 为反应时间；R 为半焦半径；ρ_C 为半焦密度。

在本实验中，反应器视为积分反应器，褐煤粒度、摩尔密度、反应时间等不变，即

$$Z-(1-X)^{\frac{1}{3}}=\frac{t\beta k_{H_2O}}{R\rho_C}\phi_{H_2O}=K_{H_2O}\phi_{H_2O}$$

其中，$K_{H_2O}=\frac{t\beta}{R\rho_C}k_{H_2O}=\left[Z-(1-X)^{\frac{1}{3}}\right]/\phi_{H_2O}$，表示水蒸气气化反应的表观速率常数，是温度的函数。即在褐煤粒度、摩尔密度、反应时间等不变的情况下，某一温度下的 K_{H_2O} 值不随气化剂中水蒸气浓度变化而变化，与水蒸气浓度呈水平线关系。

利用水蒸气气氛下实验数据计算水蒸气气化反应的表观速率常数 K_{H_2O}，结果见图 4-9。由图 4-9 可知，在水蒸气气氛下，800℃ 和 900℃ 时 K_{H_2O} 与水蒸气浓度近似成水平线关系，集中在 0 附近小幅度波动，均小于 0.03，这说明了实验条件下水蒸气气化反应速率较小。同时 800℃ 时半焦颗粒反应速率稍大于 900℃，这可能是由于高温焦炭反应性较差[7]，也侧面说明了可以把水蒸气气化反应视为煤炭快速热解后半焦缓慢气化的过程。

利用 $1\%O_2+H_2O$ 气氛下实验数据计算添加氧气后水蒸气气化反应的表观速率常数 K_{H_2O}，具体过程为：从总的转化率中去除 1% 氧气氧化作用导致的转化率，其余转化率作为水蒸气气化反应对应的转化率，分别取图 4-3 和图 4-4 中不同温度下

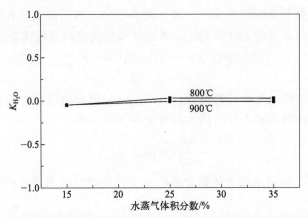

图 4-9　利用实验数据计算的水蒸气气氛下水蒸气气化反应表观速率常数K_{H_2O}值

1%氧气气氛煤炭转化率为积分初始条件，利用推导的动力学速率公式计算K_{H_2O}值，结果见图 4-10。由图 4-10 可知，添加氧气后水蒸气气化反应的表观速率常数K_{H_2O}值增加，800℃时该值为 0.061~0.096，在 900℃时，K_{H_2O}值增加更加明显，为0.226~0.256，大于未添加氧气时的值（0~0.031）。说明添加氧气后，水蒸气气化反应速率明显增加，这是氧化反应对水蒸气气化反应促进作用的动力学表现，与图 4-6、图 4-7、图 4-8 中添加氧气前后褐煤转化率的变化相一致。

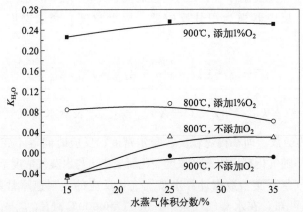

图 4-10　向水蒸气气氛中添加氧气前后水蒸气气化反应表观速率常数K_{H_2O}值的变化

二、流化床中水蒸气气化反应宏观动力学

在流化床气化实验中，胜利褐煤被不断加入反应器中，但是整个实验过程中没有半焦和灰分排出，是半连续过程。反应器中的物料为连续的不同停留时间的半焦颗粒混合物，选取某一停留时间的单个半焦颗粒为对象，采用未反应收缩核模型，

研究其动力学，求取该颗粒转化率与时间的关系，然后在反应时间范围内利用积分中值定理进行定积分，求取不同停留时间颗粒的平均转化率与时间的积分关系式。

气化过程中气化剂源源不断地从分布板进入反应器中，然后与煤炭颗粒进行"简短"的接触，近似平推流流动，气相停留时间较短，并且气化温度较低，可以粗略认为水蒸气浓度保持不变。实际上，在工业化的大型流化床中，气化温度达到 $1000\sim1150℃$ 时，水蒸气的分解率也仅仅有 $30\%\sim40\%$，大量的蒸汽用于维持床层的流化。

类似气流床气化时水蒸气气化动力学的推导过程，将水蒸气气化反应过程视为化学动力学控制的一级反应过程，可以得到单颗粒气化动力学积分方程式如下。

$$R\rho_C\left[Z-(1-X)^{\frac{1}{3}}\right]=\beta k_{H_2O}(\phi_{H_2O})t$$

即

$$Z-(1-X)^{\frac{1}{3}}=\frac{t\beta k_{H_2O}}{R\rho_C}(\phi_{H_2O})$$

即

$$X=1-\left(Z-\frac{t\beta k_{H_2O}}{R\rho_C}\phi_{H_2O}\right)^3 \tag{4-2}$$

流化床实验中，物料为连续的不同停留时间的煤炭颗粒混合物，利用定积分中值定理对式(4-2) 在 $0\sim20min$ 内积分，求取混合颗粒的平均转化率。

$$\overline{X}=\int_0^{20}\left[1-(Z-\frac{t\beta k_{H_2O}}{R\rho_C}\phi_{H_2O})^3\right]dt/(20-0)$$

即

$$\overline{X}=\frac{3Z^2t}{2\tau}-\frac{Zt^2}{4\tau^2}+\frac{t^3}{4\tau^3}-Z^3+1$$

即

$$\overline{X}+Z^3-1=\frac{3Z^2t}{2}\frac{1}{\tau}-\frac{Zt^2}{4\tau^2}\left(\frac{1}{\tau}\right)^2+\frac{t^3}{4}\left(\frac{1}{\tau}\right)^3 \tag{4-3}$$

式中，$\frac{1}{\tau}=\frac{\beta k_{H_2O}}{R\rho_C}\phi_{H_2O}$；$\beta$ 为反应系数；t 为反应时间；R 是气化反应开始时半焦与褐煤颗粒的直径之比。在一定的温度和操作条件下，R、ρ_C、β、t、Z 均为定值，于是可以将式(4-3) 写成下列形式：

$$\overline{X}+Z^3-1=K_2\phi_{H_2O}-K_3\phi_{H_2O}^2+K_4\phi_{H_2O}^3$$

观察图 4-6、图 4-7、图 4-8 可以发现，在水蒸气气氛下，褐煤转化率随着水蒸气浓度的增加近似线性增加，且考虑到水蒸气浓度 ϕ_{H_2O} 的值小于 0.4，$\phi_{H_2O}^2$ 和 $\phi_{H_2O}^3$ 的值较小，忽略高次方的影响时，可以粗略认为

$$\overline{X}+Z^3-1\approx K_2\phi_{H_2O}$$

同样地，$K_2=\dfrac{3}{2/60}\dfrac{Z^2 t}{R\rho_C}\dfrac{\beta}{k_{H_2O}}=(\overline{X}+Z^3-1)/\phi_{H_2O}$，表示水蒸气气化反应的表观速率常数，是温度的函数。即在褐煤粒度、摩尔密度、反应时间等不变的情况下，某一温度下的 K_2 值不随气化剂中水蒸气浓度变化而变化，与水蒸气浓度成水平线关系。

利用流化床实验中水蒸气气氛下的实验数据按照式(4-3)计算水蒸气气化反应的表观速率常数 K_2，结果见图 4-11。由图 4-11 可以看出，在水蒸气气氛下，800℃时 K_2 在 0.015～0.029 之间小幅变化，变化曲线与水蒸气浓度近似成水平线关系，集中在 0 附近，意味着该实验条件下水蒸气气化反应速率较小。

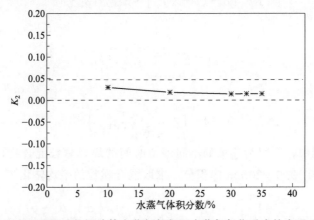

图 4-11　流化床中利用实验数据计算水蒸气气氛下水蒸气气化反应的表观速率常数 K_2 值

同样地，分别取图 4-6、图 4-7、图 4-8 中 0.15%、0.60%、1.50% 氧气气氛煤炭转化率为积分初始条件，利用推导的动力学速率式(3-4)计算向水蒸气气氛添加氧气后即 O_2+H_2O 气氛下水蒸气气化反应的表观速率常数 K_2，并与 H_2O 气氛下水蒸气气化反应的表观速率常数进行比较，结果见图 4-12。由图 4-12 可知，添加氧气后水蒸气气化反应的表观速率常数 K_2 值增大，其增幅随着添加氧气量的增多逐渐增大，在 0.15% O_2+H_2O 气氛下 [图 4-12(a)]，K_2 为 0.016～0.030；在 0.60% O_2+H_2O 气氛下 [图 4-12(b)]，K_2 为 0.016～0.033；在 1.50% O_2+H_2O 气氛下 [图 4-12(c)]，K_2 为 0.018～0.041，这些值均大于未添加氧气时 H_2O 气氛下水蒸气气化反应的表观速率常数（0.015～0.029）。这与气流床气化实验结果一致，也说明添加氧气后，水蒸气气化反应速率明显增加，这主要是气化过程中氧化反应对水蒸气气化反应的促进作用造成的。

当然，在气流床和流化床中气化反应的速率控制步骤也有可能是膜扩散控制，或者是化学反应控制和膜扩散控制共同作用，这需要对各种情况分别进行假定，结

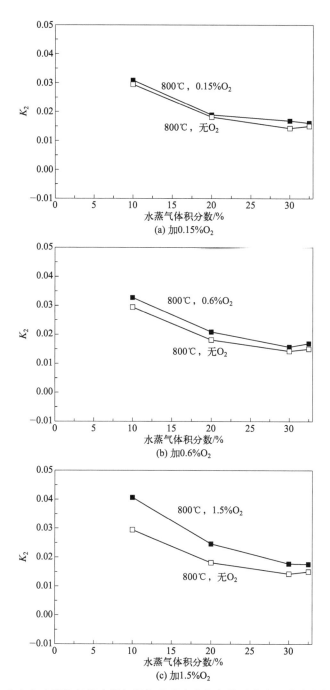

图 4-12　流化床中向水蒸气气氛中添加氧气前后水蒸气气化反应表观速率常数K_2值的变化

合实验条件分别推导不同速率控制步骤下的动力学方程，然后与实验值比较，进而确定速率控制步骤。然而，即使水蒸气气化反应的速率控制步骤不同，氧化反应对水蒸气气化反应的促进作用也会在动力学上有所体现，导致向水蒸气气氛中添加氧气后，水蒸气气化反应速率增加，O_2+H_2O 气氛下水蒸气气化反应的表观速率常数大于 H_2O 气氛下水蒸气气化反应的表观速率常数。

第四节　本章小结

在气流床中，向水蒸气气氛添加氧气后褐煤转化率增大，并且明显大于 O_2 和 H_2O 气氛下褐煤转化率之和，即向水蒸气气氛添加氧气后褐煤转化率的增幅大于氧气氧化作用导致的褐煤转化率的增幅，并且随着 H_2O 含量增大以及温度升高此现象愈加明显。流化床实验中也发现了该现象。该协同作用主要是氧气对水蒸气气化反应的促进作用造成的。

借鉴收缩核模型并结合气流床气化实验条件推导了水蒸气气化宏观动力学方程，得到的速率方程 $Z-(1-X)^{\frac{1}{3}}=\dfrac{t\beta k_{H_2O}}{R\rho_C}\phi_{H_2O}=K_{H_2O}\phi_{H_2O}$ 与实验值吻合较好，添加氧气后水蒸气气化反应速率和水蒸气气化反应表观速率常数 K_{H_2O} 明显增大，这是氧气对水蒸气气化反应促进作用的动力学特征。流化床实验的动力学研究也表明，添加氧气后水蒸气气化反应速率和水蒸气气化反应表观速率常数明显增大，并且增幅随着氧气添加量的增加而增加。

参考文献

[1]　贺永德. 现代煤化工技术手册[M]. 2 版. 北京：化学工业出版社，2011：445-450.

[2]　Long F J, Sykes K W. The mechanism of the steam-carbon reaction[J]. Proc Roy Soc，1948，A193：377-399.

[3]　Wen C Y, Lee E S. Coal Conversion Technology[M]. Boston：Addison-Wesley，1979.

[4]　Kwon T W, Kim J R, Kim S D, et al. Catalytic steam gasification of lignite char[J]. Fuel，1988，68(4)：416-421.

[5]　Ergun S. Kinetics of reaction of carbon dioxide with carbon[J]. Journal of Physical Chemistry，1956，60(4)：480-485.

[6]　Matsui I, Kunii D, Furusawa T. Study of fluidized bed steam gasification of char by thermogravimetrically obtained kinetics [J]. JCEJ，1985，18(2)：105-113.

[7]　Tay H L, Kajitani S, Zhang S, et al. Inhibiting and other effects of hydrogen during gasification：Further insights from FT-Raman spectroscopy[J]. Fuel，2014，116：1-6.

第五章

低阶煤气化过程中H₂O/O₂协同作用机制

第四章研究表明,氧化反应与水蒸气气化反应存在协同作用,该协同作用主要是由氧化反应对水蒸气气化反应的促进作用造成的,导致在气流床反应器中 O_2+H_2O 气氛下褐煤转化率明显大于 O_2 和 H_2O 气氛下褐煤转化率之和,O_2+H_2O 气氛下水蒸气气化反应速率和水蒸气气化反应表观速率常数明显大于 H_2O 气氛下的值。然而,关于褐煤气化过程中氧化反应对水蒸气气化反应促进作用的发生机理、方向性、影响因素仍不清楚,该促进作用对气固动力学和反应器模型的影响更是有待研究。本章在第四章的基础上进一步探讨氧化反应对水蒸气气化反应的促进作用的作用机理。采用红外光谱、X 射线光电子能谱、拉曼光谱和烟气在线分析等研究了向水蒸气气氛中添加氧气前后气流床/流化床气化半焦的物理结构、官能团及煤气组成的变化,同时结合水蒸气气化反应解离吸附机理,从半焦微观结构变化和水蒸气气化反应机理角度探讨发生促进作用的作用机理。

第一节 氧化反应对水蒸气气化半焦物理结构的影响

一、气化半焦物理结构的表征测试条件

为了研究 H_2O/O_2 协同作用机制,采用热重分析、红外光谱、拉曼光谱等测试方法对气化半焦进行表征,具体如下。

1. 热重分析仪

Tay 等[1]采用热重分析仪(TGA)评价了气化半焦反应活性,具体过程为:将

8～10mg 半焦放在 TGA 的铂金盘上，在惰性气氛下加热到 110℃，保持 20～30min；然后，在惰性气氛下加热升温到 300℃，将惰性气切换为空气（由 N_2 和 O_2 配制），此时开始样品的反应性评价；当失重趋于平稳后，将温度升至 600℃，保持 30min，充分灰化，此灰化条件可以确保含碳成分完全燃尽，而碱金属和碱土金属的挥发量非常小。半焦的反应活性用下式表示：

$$x_t = (m_0 - m_t)/(m_0 - m_\infty)$$
$$R_{0.5} = 0.5/\tau_{0.5}$$

式中，x_t、m_0、m_t、m_∞ 分别为反应时间 t 时半焦的转化率和反应时间为 0、t、∞ 时的半焦质量；$R_{0.5}$ 为半焦的反应性指数，其值越大，表示半焦气化活性越好；$\tau_{0.5}$ 为反应过程中半焦转化率达到 50% 所用的时间。

2. 比表面积及孔径分析仪

半焦样品的物理结构用比表面积及孔径分析仪（测试范围：比表面积 $\geqslant 0.1 m^2/g$，粒径 0.35～400nm）来进行测试。以高纯 N_2 作为吸附介质，在 -196℃，氮低温吸附平衡压力和饱和压力比值在 0.010～0.995 时进行吸附、脱附测试。比表面积通过 Brunauer-Emmett-Teller 方程计算，孔径分布由 Barrett-Johner-Halenda 方法获得。

3. 傅里叶变换红外光谱仪

利用傅里叶变换红外光谱仪（FTIR）对半焦的官能团和结构变化进行分析。FTIR 采用溴化钾压片，溴化钾与半焦样品的质量比为 1：100，在 400～4000cm^{-1} 扫描，分辨率 4cm^{-1}。

4. 高分辨率微型拉曼分光仪

利用高分辨率微型拉曼分光仪（MRS）对半焦的结构变化进行分析。MRS 的光谱分辨率为 0～0.65cm^{-1}，记录范围为 800～1800cm^{-1}。拉曼光谱对晶体结构和分子结构敏感，便于对无定形碳结构进行分析[2-4]。

5. X 射线光电子能谱仪

利用 X 射线光电子能谱仪（XPS）对半焦的官能团和结构变化进行分析。XPS 以 150W 的单色 AlKα(1486.6eV) 为激发源，采用 C1s(284.8eV) 作内标进行校正，利用 Gauss-Lorentzian 混合函数分峰拟合。

6. X 射线粉末衍射仪

采用 X 射线粉末衍射仪对煤灰样品测试，用 Cu 靶 Kα 射线，工作电压为 40kV，工作电流为 150mA。

二、添加氧气前后气化半焦物理结构的变化

图 5-1 为 900℃时向水蒸气气氛中添加 1% 氧气前后半焦的孔容和孔半径变化。

由图 5-1 可知，25%水蒸气气氛下半焦的孔径主要以中孔（2～50nm）为主，微孔只占孔容的 10%左右；而添加 1%氧气后，半焦微孔和中孔数量均大大增加，且孔径分布以微孔（<2nm）为主，在 0.6～0.8nm 处出现尖峰，占孔容的 75%左右，这说明氧化反应具有打开微孔和扩孔作用，可使半焦表面产生更发达的孔隙。Zeng 等[5]、Shu 等[6]的研究表明，在含氧气氛下，煤经部分氧化后，半焦表面的孔洞变大变深，孔壁上出现大量的小孔，形成了新的微孔结构；同时，煤中原有的封闭微孔被打开，这些都造成微孔数目的大量增加。

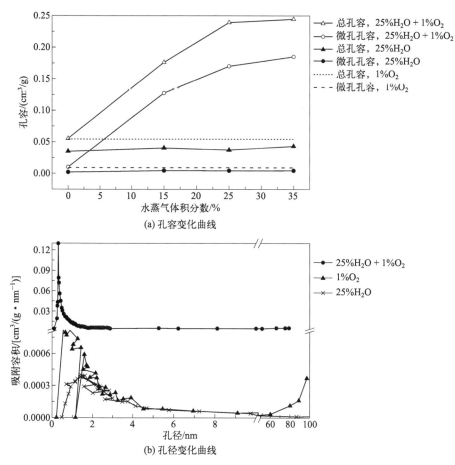

图 5-1　900℃时向水蒸气气氛中添加 1%氧气前后半焦孔容及孔径变化曲线

图 5-2 和图 5-3 为 900℃时向水蒸气气氛中添加 1%氧气前后半焦的吸附量、比表面积变化。由图 5-2 和图 5-3 可知，添加氧气后，半焦的吸附量急剧增大，远远大于水蒸气和 1%氧气气氛下吸附量之和。如图 5-2(b) 所示，25%水蒸气气氛下半焦的吸附量为 5cm³/g，添加氧气后，半焦吸附量陡增至 121cm³/g（相对压力 0.6），约是 25%水蒸气气氛下半焦吸附量的 24 倍。添加氧气后，半焦的孔容和比表面积

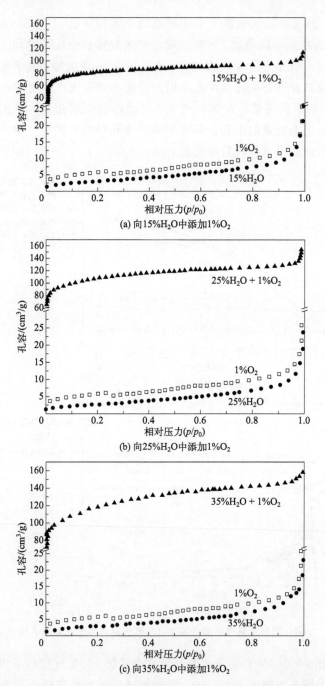

图 5-2　900℃时向水蒸气气氛中添加 1％氧气前后半焦吸附等温线

（图 5-1 和图 5-3）变化也表现出同样的规律。添加 1％氧气前后半焦的吸附量、比表面积的变化与图 5-1 中半焦的孔容和孔径变化相一致，进一步说明了氧化反应具有打开微孔和扩孔作用，使半焦表面产生更发达的空隙，碳颗粒的比表面积、吸附量大大增加，进而促进水蒸气气化反应进行。

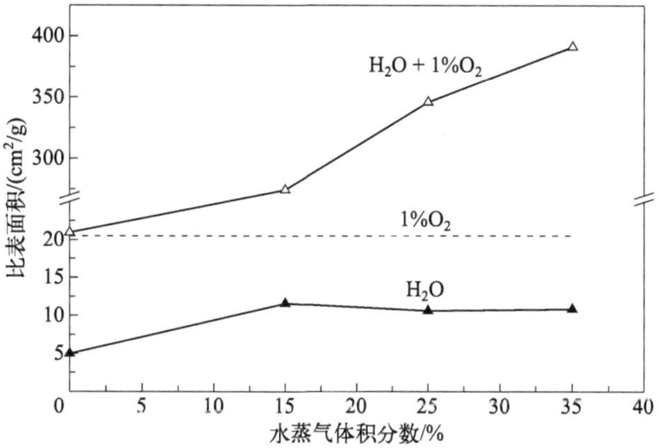

图 5-3　900℃时向水蒸气气氛中添加 1%氧气前后半焦比表面积变化曲线

为了进一步说明氧化反应对水蒸气气化半焦结构的影响，作者对流化床反应器中 800℃时 25%H_2O 和 25%H_2O+0.6%O_2 气氛下胜利褐煤气化半焦进行了微观结构分析，也发现添加氧气后半焦孔容、比表面积等的增幅大于氧气氧化反应导致的增幅。如，添加氧气后半焦的孔容由 0.34cm^3/g 增加至 0.45cm^3/g，增加幅度为 0.11cm^3/g，大于氧气氧化反应导致的孔容增幅 0.05cm^3/g（100%N_2 和 0.6%O_2+N_2 气氛下孔容分别为 0.11cm^3/g 和 0.16cm^3/g）。Zeng[5]、Shu[6]、吴仕生[7]、Jochen[8] 及 Alessandra 等[9] 的研究也表明，氧气的添加使碳颗粒的微孔增多，比表面积和孔体积显著增大，与本研究的结果相一致。因此，添加 1%氧气后，氧化反应显著增加了半焦的微孔数量、吸附量、比表面积、孔容，促进了水蒸气气化反应的进行。

第二节　氧化反应对水蒸气气化半焦官能团的影响

一、不同气氛下半焦的傅里叶红外光谱

图 5-4 为 800℃和 900℃不同气氛下半焦的傅里叶红外光谱。由图 5-4 可知，向水蒸气中添加氧气后半焦芳香甲基（2921cm^{-1}）和亚甲基（2854cm^{-1}）吸收强度降低，说明添加的氧气加速了这些基团的断裂，有利于水蒸气气化反应的进行，进而提高褐煤转化率。芳香环（1057cm^{-1}）和芳香环上碳氢单键（1080cm^{-1}）吸收强度升高，说明添加氧气促进了半焦中芳香环的缩合，芳香程度增加。

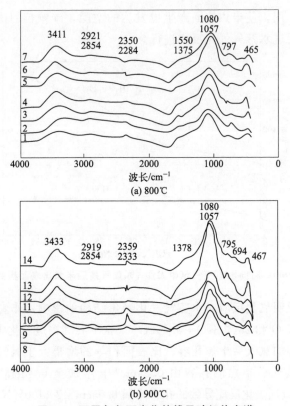

图 5-4　不同气氛下半焦的傅里叶红外光谱

1—100N$_2$；2—15％H$_2$O；3—25％H$_2$O；4—35％H$_2$O；5—15％H$_2$O+1％O$_2$；

6—25％H$_2$O+1％O$_2$；7—35％H$_2$O+1％O$_2$；8—100N$_2$；9—15％H$_2$O；10—25％H$_2$O；

11—35％H$_2$O；12—15％H$_2$O+1％O$_2$；13—25％H$_2$O+1％O$_2$；14—35％H$_2$O+1％O$_2$

二、不同气氛下半焦的拉曼分析

为了进一步研究半焦中芳香环的缩合情况，采用高分辨率微型拉曼光谱仪（分辨率为 $0 \sim 0.65\mathrm{cm}^{-1}$，光谱范围为 $800 \sim 1800\mathrm{cm}^{-1}$）对半焦化学结构进行分析。借鉴文献中的分析方法[2-4]，采用 GRAMS/32 AI 6.0 软件对拉曼光谱进行拟合，得到 10 个高斯峰：G$_L$-1700cm^{-1}、G-1590cm^{-1}、G$_R$-1540cm^{-1}、V$_L$-1465cm^{-1}、V$_R$-1380cm^{-1}、D-1300cm^{-1}、S$_L$-1230cm^{-1}、S-1185cm^{-1}、S$_R$-1060cm^{-1}、R-960 $\sim$ 800cm^{-1}，见图 5-5，每个峰表示半焦中不同的官能团或化合物，具体见表 5-1。

表 5-1　拉曼光谱峰归属

谱峰	峰位置/cm^{-1}	归属
G$_L$	1700	羰基 C═O

续表

谱峰	峰位置/cm⁻¹	归属
G	1590	芳香烃四分之一分子环呼吸振动，烯烃 C=C
G_R	1540	3~5 环芳香族化合物，无定形碳结构
V_L	1465	甲基或亚甲基；芳香环的二分之一呼吸振动；无定形碳结构
V_R	1380	甲基；芳香环的二分之一呼吸振动；无定形碳结构
D	1300	高规则的碳结构；芳环的 C—C；不少于 6 环的芳香化合物
S_L	1230	芳基-烷基乙醚；对位芳族化合物
S	1185	芳香环、烷基上的 C—C；脂肪族醚；六边形钻石 C；芳香环上的 C—H
S_R	1060	芳香环上的 C—H；苯环
R	960~800	链烷和环烷烃 C—C；芳香环上 C—H 振动

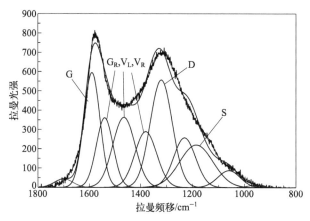

图 5-5 煤焦拉曼光谱曲线拟合示例

一般认为，在 10 个峰中有 4 个峰（G_R、V_L、V_R、D）的峰面积相对比率可以作为研究半焦结构的重要参数，其他峰对半焦结构的表征关系不大，如位于 1230cm⁻¹ 处的 S_L 峰主要代表芳基-烷基乙醚和对位芳族化合物。D 峰（1300cm⁻¹）代表高度规则碳材料中的缺陷结构，特别是不少于 6 个环的芳香结构化合物。在 D 峰和 G 峰之间可拟合得到 G_R（1540cm⁻¹）、V_L（1465cm⁻¹）和 V_R（1380cm⁻¹），这三个谱带代表无定形碳中典型的结构（特别是较小的芳香环系统，如 3~5 环芳香环系统）和半呼吸芳香环。V_L（1465cm⁻¹）和 V_R（1380cm⁻¹）也包含脂肪族和羰基基团的贡献，所以 G_R（1540cm⁻¹）相对更接近于小环体系。因此，可以用峰面积比值 $I_{G_R+V_L+V_R}/I_D$ 反映半焦中小环系统（3~5 个芳环）和大环系统（大于 6 个芳环）的相对含量。

借鉴文献[10,11]中判断半焦中芳香环聚合程度的方法，用不同峰面积比值 $I_{G_R+V_L+V_R}/I_D$ 反映 900℃不同气氛下的半焦中大小环系统相对含量，见图 5-6。由

图 5-6 可知，添加氧气后 $I_{G_R+V_L+V_R}/I_D$ 比值减小，也就是说小芳香环系统含量减少，大芳香环系统含量增多，芳香环聚合程度增加，这与半焦的傅里叶红外光谱分析结果一致。添加氧气后半焦芳香程度的增加可能与水蒸气气化反应产生的小尺度自由基有关。课题前期研究[12-15]也发现，O_2 的加入大幅降低了半焦中小芳环体系（≤5环）与大芳环体系（≥6环）含量的比值，尤其在温度较高的情况下，这主要是由于氧气加入后，氧化反应促进了水蒸气气化反应等气化过程的进行，一方面氧化反应加速了煤炭中小芳环体系（≤5环）的消耗，另一方面煤炭在气化过程中产生了大量尺度较小的自由基，如甲基和亚甲基，这些自由基在煤炭内部自由穿梭，诱使小芳环体系（≤5环）发生缩合。Zeng[5]、Shu[6]、吴仕生[7]、Jochen[8] 及 Alessandra 等[9]的研究也表明，氧气的添加可以通过多种途径促进小尺度自由基的生成。因此，添加 1% 氧气加速了甲基和亚甲基等小基团的断裂，利于水蒸气气化反应的进行。

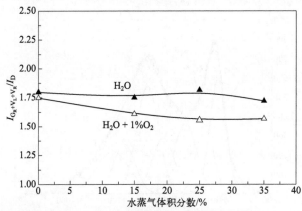

图 5-6　900℃ 时向水蒸气气氛中添加 1% 氧气前后褐煤半焦 $I_{G_R+V_L+V_R}/I_D$ 比值变化曲线

三、不同气氛下半焦的窄谱扫描 XPS-O1s 谱图

图 5-7 为 800℃ 和 900℃ 时向 25% 水蒸气气氛中添加 1% 氧气前后半焦的窄谱扫描 XPS-O1s 谱图。借鉴文献[16-21]的峰值拟合方法，根据结合能的不同，可得 4 个峰，分别为无机氧（530.7±0.3）eV、羰基（531.6±0.5）eV、羧基（533±0.6）eV、羟基或醚键（534.1±0.4）eV。由图 5-7 可知，在 800℃ 和 900℃ 时，添加氧气后，羰基 C═O 减少，羟基或醚键也减少，说明添加氧气促进了半焦中 C═O 键和 C—O 键的断裂，有利于气化反应的进行。事实上，随着气化反应的加速，煤气中氢气含量增大，进而又加快氢气与 C═O 键和 C—O 键发生脱氧反应的速率，使 C═O 键和 C—O 键断裂，如此形成一个良性循环。由图 5-7 还可知，添加氧气后，羧基增多，这可能是由于添加的 O_2 主要形成碱金属和碱土金属氧化物，这些物质与半焦发生氧化反应形成较多活性较高的 COO— 基团。为了进一步说明 XPS-O1s 谱图拟合的

可靠性，借鉴文献[22]中判断半焦中 C═O 键含量的方法，对 800℃ 和 900℃ 不同气氛下的半焦进行了拉曼分析，用不同谱带面积比值 I_{G_L}/I_T 反映半焦中 C═O 键相对含量，其中 I_T 代表总峰面积，不同气氛下 I_{G_L}/I_T 比值的变化见图 5-8。由图 5-8 可知，添加氧气后，半焦中 C═O 键明显减少，与 XPS-O1s 图谱分析结果一致。

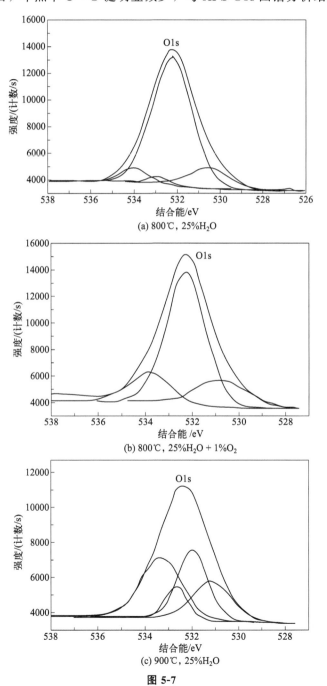

(a) 800℃，25%H_2O

(b) 800℃，25%H_2O + 1%O_2

(c) 900℃，25%H_2O

图 5-7

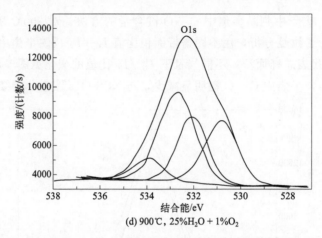

(d) 900℃, 25%H₂O + 1%O₂

图 5-7　800℃/900℃ 时 25%H₂O 和 H₂O+1%O₂ 气氛下褐煤半焦的 XPS-O1s 图谱

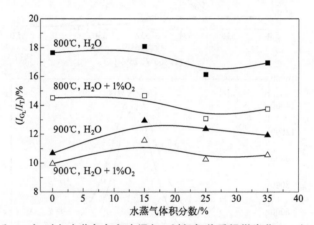

图 5-8　800℃ 和 900℃ 时向水蒸气气氛中添加 1%氧气前后褐煤半焦 I_{G_L}/I_T 比值变化曲线

第三节　氧化反应对水蒸气气化反应机理的影响

一、氧交换机理和水蒸气解离吸附机理的一致性

关于水蒸气气化反应的机理，前人进行了大量的研究，提出了多种气化反应机理，其中氧交换机理和水蒸气解离吸附机理逐渐被验证和广泛接受，两个机理具体过程见表 5-2。

Ergun 和 Johnson 等[23-25]利用冶金焦在小型流化床上研究了常压下水蒸气分解反应，给出了氧交换机理正确性的证据，Walker 和 Pilcher 等[26,27]也研究了水蒸气气化反应的机理，通过分析实验数据，也认为氧交换机理是正确的，只是提出的具体机理过程与 Ergun 和 Johnson 等提出的机理相比，存在反应生成的 CO 是否再次被 C(O) 吸附的差异。Long 等[28]以椰子壳木炭为原料研究了 $10\sim760mmHg$（1mmHg＝133.3224Pa）下 $680\sim800℃$ 的水蒸气气化反应机理，从键能的角度提出并验证了水蒸气解离吸附机理的正确性。Tay 等[29]研究了澳大利亚褐煤的水蒸气气化过程，分析半焦结构发现，小尺度自由基加强了芳香环的缩聚，水蒸气存在条件下半焦中的含氧基团才会大量增多，很好地支持了水蒸气解离吸附机理，并利用该机理推导了澳大利亚褐煤的动力学方程，与实验值吻合较好。实际上，水蒸气解离吸附机理可以看作是氧交换机理的进一步细化，见表 5-2，两个机理本质上是一致的。

表 5-2　氧交换机理和水蒸气解离吸附机理具体过程

反应步骤	氧交换机理	水蒸气解离吸附机理
H_2O 的吸附和 H_2 的形成	$H_2O+C_f \rightleftharpoons H_2+C(O)$	$H_2O+2C_f \rightleftharpoons C(H)+C(OH)$
		$C(OH)+C_f \longrightarrow C(H)+C(O)$
		$C(H) \rightleftharpoons 1/2H_2+C_f$
CO 的形成	$C(O) \longrightarrow CO$	$C(O) \longrightarrow CO$
CO_2 的形成	$CO+C(O) \rightleftharpoons CO_2+C_f$	$CO+C(O) \rightleftharpoons CO_2+C_f$

二、协同作用下的氧交换机理和水蒸气解离吸附机理

本实验中原料为胜利褐煤，煤质年轻，挥发分含量较高，与 Long 等[28]和 Tay 等[29]的实验原料性质更接近，采用水蒸气解离吸附机理解释氧化反应对水蒸气气化反应的促进作用。水蒸气解离吸附机理认为具有一定内能的水蒸气分子和炭颗粒表面活性碳原子发生有效碰撞，水蒸气被吸附并解离，生成 C(H) 和 C(OH)，C(OH) 二次解离，C(H)迅速蒸发生成 H_2，反应生成的 H_2 以一定形式的稳态存在于煤炭颗粒表面，占据吸附水蒸气分子的活性位，阻碍水蒸气气化反应的进行，H_2 对反应的阻滞作用已经被 Tay 等[29]和 Bayarsaikhan 等[30]的研究证实；反应气氛中的 CO_2 可以被有别于吸附水蒸气分子活性位的另一种更"细小"的活性位吸附，生成 CO 和 C(O)，增加 CO 的含量，间接促进了水蒸气气化反应的进行，该促进作用被 Ergun 和 Johnson 等[23-25]的研究证实。解离吸附机理认为 $C(O) \longrightarrow CO$ 过程的速率相对于 $C(H) \rightleftharpoons 1/2H_2+C_f$ 过程明显较慢，反应生成的 CO 可以自由离开煤炭颗粒表面，不占据吸附水蒸气分子的活性位，不影响水蒸气气化反应的进行，但是会占据吸附 CO_2 分子的活性位，这一点与 Ergun 和 Johnson 等[23-25]的研究结果存在差异。可见，CO 对机理反应 $CO+C(O) \rightleftharpoons CO_2+C_f$ 既有促进作用，也有阻碍作用，过程较为复杂。同时，考虑到本实验中添加氧气前后 CO 含量变化不大（见图 5-9 和

图 5-10)，因此，暂不考虑 CO 对水蒸气气化反应的影响。实际上，由图 5-9 和图 5-10 可知，本实验中不同气氛不同温度下 CO 含量随水蒸气含量增加的变化比较平缓，曲线斜率较小，而 H_2 含量随水蒸气含量增加快速增加，尤其在高温和水蒸气含量较大时更加显著，这在一定程度上支持了解离吸附机理"$C(O) \longrightarrow CO$ 过程速率相对于 $C(H) \rightleftharpoons 1/2H_2 + C_f$ 过程明显较慢"的说法。

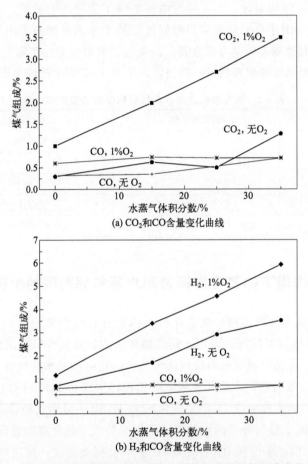

(a) CO_2 和 CO 含量变化曲线

(b) H_2 和 CO 含量变化曲线

图 5-9　800℃ 时向水蒸气气氛中添加 1% 氧气前后煤气组成变化曲线

氧化反应为何可以促进水蒸气气化反应？首先，添加的氧气与气氛中 H_2 发生氧化反应，可以降低反应气氛中 H_2 的相对含量，减弱 H_2 对水蒸气气化反应的阻碍作用。其次，加入的 O_2 与煤炭发生氧化反应，提高气氛中 CO_2 浓度，可以促进水蒸气气化反应进行。由图 5-9 和图 5-10 可知，添加氧气后整体上 CO_2 含量明显增加，而且随着水蒸气含量增大以及温度升高增加愈加显著。再次，氧气与焦炭、H_2、CO 等发生氧化反应，释放出热量，提高水蒸气和煤炭颗粒表面活性碳原子的内能，增大两者有效碰撞概率，提高气氛中 CO_2 和 H_2 含量，促进水蒸气气化反应

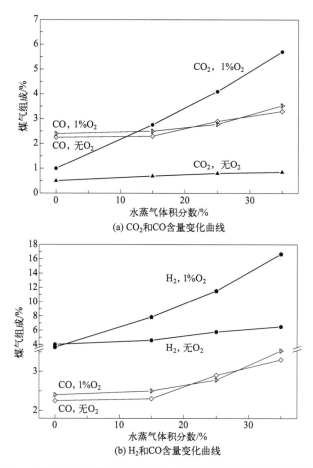

图 5-10　900℃时向水蒸气气氛中添加 1％氧气前后煤气组成变化曲线

进行。研究表明[28]，水蒸气分子和煤炭颗粒表面的活性碳原子的能量之和大于 75kJ，才可能发生有效碰撞。另外，从活性位角度看[24,25,28]，O_2、H_2O 和 CO_2 在煤炭颗粒表面发生吸附时的活性位是不同的，因此，氧气的加入不会与水蒸气形成吸附竞争，反而可以通过氧化作用，提高煤炭颗粒表面温度，抑制碳的沉积，增大煤炭颗粒的比表面积和微孔，使更多煤炭颗粒表面的各种活性位暴露出来，增加水蒸气吸附速率和概率，从而利于水蒸气气化反应的进行。

第四节　本章小结

（1）向水蒸气气氛添加氧气后，氧化反应的开孔和扩孔作用显著，使炭颗粒微孔数量、比表面积、孔容、吸附量大大增加，更多的碳表面活性位暴露出来，促进了气化反应的进行。

(2) 向水蒸气气氛添加氧气后，氧化反应促使半焦中甲基、亚甲基、C=O 键、C—O 键的断裂和高活性羧基的生成，这些都有利于水蒸气气化反应的进行。

(3) 向水蒸气气氛添加氧气后，氧化作用改变了反应气氛中 CO_2、CO、H_2 含量和水蒸气分子/活性碳原子内能，也有利于水蒸气气化反应的进行，这与水蒸气解离吸附机理相吻合。

参考文献

[1] Tay H L，Kajitani S，Zhang S，et al. Effects of gasifying agent on the evolution of char structure during the gasification of Victorian brown coal[J]. Fuel，2013，103(1)：22-28.

[2] Tuinstra F，Koenig J L. Raman spectrum of graphite[J]. J Chem Phys，1970，53：1126-1130.

[3] Wang Y，Hu X，Mourant D，et al. Evolution of aromatic structures during the reforming of bio-oil：Importance of the interactions among bio-oil components[J]. Fuel，2013，111：805-812.

[4] Tay H L，Kajitani S，Wang S，et al. A preliminary Raman spectroscopic perspective for the roles of catalysts during char gasification[J]. Fuel，2014，121：165-172.

[5] Zeng X，Wang Y，Yu J，et al. Coal pyrolysis in a fluidized bed for adapting to a two-stage gasification process[J]. Energy & Fuels，2011，25(3)：1092-1098.

[6] Shu X Q，Xu X C. Study on morphology of chars from coal pyrolysis[J]. Energy & Fuels，2001，15(6)：1347-1353.

[7] 吴仕生，曾玺，任明威，等.含氧/蒸气气氛中煤高温分解产物分布及反应性[J].燃料化学学报，2012，40(06)：660-665.

[8] Jochen S，Tore M. Reduction of a detailed reaction mechanism for hydrogen combustion under gas turbine conditions [J]. Combust Flame，2006，144(3)：545-557.

[9] Alessandra B，Pio F，Eliseo R. Production of olefins via oxidative dehydrogenation of propane in autothermalconditions[J]. J Catal，1999，184(2)：469-478.

[10] Zhang S，Min Z H，Tay H L，et al. Effects of volatile-char interactions on the evolution of char structure during the gasification of Victorian brown coal in steam[J]. Fuel，2011，90(4)：1529-1535.

[11] Zhang S，Hayashi J I，Li C Z. Volatilization and catalytic effects of alkali and alkaline earth metallic species during the pyrolysis and gasification of Victorian brown coal. Part IX. Effects of volatile-charinteractions on char-H_2O and char-O_2 reactivities ［J］. Fuel，2011，90 (4)：1655-1661.

[12] 王永刚，孙加亮，张书.反应气氛对褐煤气化反应性及半焦结构的影响[J].煤炭学报，2014，39(8)：1765-1771.

[13] 许修强，王永刚，陈宗定，等.胜利褐煤半焦冷却处理对其微观结构及反应性能的影响[J].燃

料化学学报，2015，43（01）：1-8.

[14]　许修强，王永刚，张书，等.褐煤原位气化半焦反应性及微观结构的演化行为[J].燃料化学学报，2015，43（03）：273-280.

[15]　Sun J L，Chen X J，Wang F，et al. Effects of oxygen on the structure and reactivity of char during steam gasification of Shengli brown coal[J]. J Fuel Chem Technol，2015，43（7）：769-778.

[16]　Perry D L，Grint A. Application of XPS to coal characterization [J]. Fuel，1983，62（9）：1024-1033.

[17]　Kelemen S R，Afeworki A M，Gorbaty M L，et al. Characterization of organically bound oxygen forms in lignites，peats，and pyrolyzed peats by X-ray photoelectron spectroscopy（XPS）and solid-state ^{13}C NMR methods[J]. Energy & Fuels，2002，16（6）：1450-1462.

[18]　Grzybek T，Kreiner K. Surface changes in coals after oxidation. 1. X-ray photoelectron spectroscopy studies[J]. Langmuir，1997，13（5）：909-912.

[19]　Faure P，Vilmin F，Michels R，et al. Application of thermodesorption and pyrolysis-GC-AED to the analysis of river sediments and sewage sludges for environmental purpose[J]. J Anal Appl Pyrol，2002，62（2）：297-318.

[20]　常海洲，王传格，曾凡桂，等.不同还原程度煤显微组分组表面结构 XPS 对比分析[J].燃料化学学报，2006，34（4）：389-394.

[21]　向军，胡松，孙路石，等.煤燃烧过程中碳、氧官能团演化行为[J].化工学报，2006，57（9）：2180-2184.

[22]　Liu T F，Fang Y T，Wang Y. An experimental investigation into the gasification reactivity of chars prepared at high temperatures[J]. Fuel，2008，87（4）：460-466.

[23]　贺永德.现代煤化工技术手册[M]. 2 版.北京：化学工业出版社，2011：445-450.

[24]　Ergun S. Kinetics of the reactions of carbon dioxide and steam with coke（No. Bulletin 598）[R]. Washington：United States Government Printing Office，1962.

[25]　Johnson J L. Kinetics of coal Gasification[M]. New York：John Wiley and Sons，1979.

[26]　Walker P L，Rusinko F，Austin L G. Gas reactions of carbon[J]. Adv Catal，1959，11：133-221.

[27]　Pilcher J M，Walker P L，Wright C C. Kinetic study of the steam-carbon reaction-influence of temperature，partial pressure of water vapor，and nature of carbon on gasification rates[J]. Ind Eng Chem，1955，47（9）：1742-1749.

[28]　Long F J，Sykes K W. The mechanism of the steam-carbon reaction[J]. Proc Roy Soc，1948，A193：377-399.

[29]　Tay H L，Kajitani S，Zhang S，et al. Inhibiting and other effects of hydrogen during gasification：Further insights from FT-Raman spectroscopy[J]. Fuel，2014，116：1-6.

[30]　Bayarsaikhan B，Sonoyama N，Hosokai S，et al. Inhibition of steam gasification of char by volatiles in a fluidized bed under continuous feeding of a brown coal[J]. Fuel，2006，85（3）：340-349.

第六章

低阶煤气化过程中H_2O/O_2协同作用的规律

第四章和第五章利用气流床反应器和流化床反应器研究了褐煤温和气化过程中氧化反应对水蒸气气化反应促进作用的宏观特征和发生机理，结果表明，氧化反应对水蒸气气化反应具有促进作用，该促进作用是由于氧化反应的开孔和扩孔作用使碳颗粒微孔数量、比表面积、孔容、吸附量大大增加，更多的碳表面活性位暴露出来，也促进了半焦中甲基、亚甲基、$C=O$键、$C—O$键的断裂和高活性羧基的生成，这些都有利于水蒸气气化反应的进行，尤其在高温和水蒸气含量较高时。同时，添加氧气后，煤气中CO_2、CO、H_2相对含量和水蒸气分子/活性碳原子内能均发生了变化，促进了水蒸气气化反应，这与水蒸气气化解离吸附机理相吻合。

本章在前两章基础上进一步探讨氧化反应对水蒸气气化反应促进作用（简称促进作用）的影响因素，如温度、水蒸气浓度、氧气浓度及反应器类型，进一步验证促进作用的发生机理。本章在气流床和流化床反应器中进行了常压800℃和900℃时$N_2/O_2/H_2O/H_2O+O_2$气氛下胜利褐煤的气化实验，用不同实验条件下添加氧气前后褐煤转化率增幅大小反映协同作用的强弱，研究了温度、水蒸气浓度、氧气浓度及反应器类型对促进作用的影响，尝试性地利用前文提出的促进作用的作用机理来解释不同实验条件下促进作用存在差异的原因，以期为气化反应器的设计/优化及操作条件的优化提供参考。

第一节　反应器类型对促进作用的影响及分析

一、不同反应器中添加氧气前后胜利褐煤转化率的变化

以内蒙古胜利褐煤为原料，研磨，筛分，得到粒径为 $96\sim150\mu m$ 和 $150\sim180\mu m$

的煤样，空气干燥基煤样的工业分析和元素分析见表 4-1，灰成分分析见表 4-2。实验装置见图 6-1，气流床是耐高温不锈钢管（$\phi80mm\times3000mm$），其上部有一缩颈和套管（$\phi32mm$，$\phi10mm$），分别走气化剂和煤粉；恒温区等间距设置 3 个 K 型热电偶测

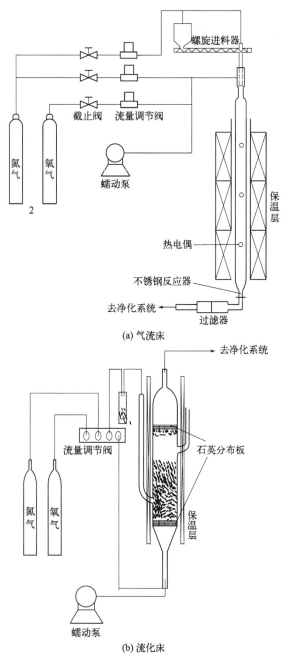

(a) 气流床

(b) 流化床

图 6-1　气化实验装置示意图

量 3 段独立控温的管式电炉。流化床反应器主体是 $\phi 40mm \times 200mm$ 石英圆筒，内部有上下两层石英筛板。气化剂为流化气，经下平板分布器进入石英砂（流化介质，$355 \sim 300 \mu m$）流化床，载气夹带煤粒从下平板分布器上面床层下部进入石英砂流化床。

气流床实验时首先将反应器加热到设定温度，从反应器上部通入设定气氛，控制总的气体流量，煤粉从反应器顶部进入，气相产物经过滤器、净化系统，由分析仪在线检测，固相产物停留在过滤器中，收集并测定半焦的孔容、孔半径、比表面积、灰含量。以 N_2 为平衡气，改变设定气氛和设定温度（$1\%O_2$、$2\%O_2$、$3\%O_2$；$10\%H_2O$、$15\%H_2O$、$20\%H_2O$、$35\%H_2O$；$1\%O_2 + 15\%H_2O$、$2\%O_2 + 15\%H_2O$、$3\%O_2 + 15\%H_2O$），重复上述实验。

流化床实验分为褐煤气化实验和半焦原位气化实验，前者类似于气流床实验，不同的地方在于，当进料结束时提出反应器，关闭蠕动泵和 O_2/N_2 二元气，在 N_2 保护下冷却至室温，称重。改变设定气氛（$0.6\%O_2$、$1.5\%O_2$；$10\%H_2O$、$20\%H_2O$、$30\%H_2O$、$32.5\%H_2O$、$35\%H_2O$；$0.6\%O_2 + 10\%H_2O$、$0.6\%O_2 + 20\%H_2O$、$0.6\%O_2 + 30\%H_2O$、$0.6\%O_2 + 32.5\%H_2O$、$0.6\%O_2 + 35\%H_2O$；$1.5\%O_2 + 10\%H_2O$、$1.5\%O_2 + 20\%H_2O$、$1.5\%O_2 + 30\%H_2O$、$1.5\%O_2 + 32.5\%H_2O$、$1.5\%O_2 + 35\%H_2O$），重复上述实验。半焦原位气化实验是进行褐煤气化实验时，反应 20min 后，停止进料，保持气化气氛不变，反应 5min 后，提出反应器，关闭蠕动泵和 O_2/N_2 二元气，在 N_2 保护下冷却至室温，称重。改变反应时间（10min、15min、20min、30min、40min），重复上述步骤。褐煤/半焦转化率通过比较反应前后反应器质量变化和原料煤质量变化求得。

图 6-2 和图 6-3 显示了在气流床和流化床中 800℃ 时向不同体积分数的水蒸气气氛中添加氧气前后褐煤转化率的变化。由图 6-2 和图 6-3 可以看出，在两种反应器中，氧气的添加都增加了褐煤的转化率。在气流床中褐煤转化率增幅在 $1.49\% \sim 5.5\%$。分析增加原因，首先考虑 $1\%O_2$ 与煤焦发生氧化反应导致煤炭转化率提高。在 800℃ 时褐煤在 N_2 气氛下和 $1\%O_2$ 气氛下转化率分别为 43.57% 和 45.06%，说明 $1\%O_2$ 的氧化作用导致转化率仅能提高约 1.49%（见标注），明显小于水蒸气气氛添加氧气后褐煤转化率增幅 $3.6\% \sim 5.5\%$，两者的差值稳定在 $2.11\% \sim 4.01\%$ 之间。同样，分析图 6-3 中流化床反应器的气化过程，可以看出，在氧气浓度为 0.6%、1.5% 时氧气氧化作用导致的褐煤转化率增幅分别为 2.57%、6.10%，也小于向水蒸气中添加氧气后褐煤转化率的增幅，但是两者的差值大多数小于 0.75%，并且个别试验点出现差值小于等于零的现象（见圆圈标注）。这说明，在气流床和流化床中均存在氧化反应和水蒸气气化反应之间的协同作用，这与课题组[1-5]发现的"向 H_2O 气氛中添加 O_2 后褐煤转化率明显大于 O_2 和 H_2O 气氛下褐煤转化率之和，即向水蒸气气氛添加氧气后褐煤转化率的增幅大于氧气氧化作用导致的褐煤转化率

的增幅"一致。但是相对流化床而言，气流床中氧化反应和水蒸气气化反应之间的协同作用更加稳定和显著。

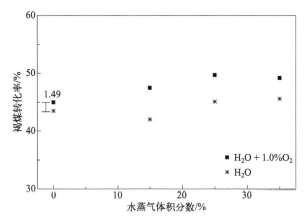

图 6-2　气流床中 800℃ 时向蒸汽气氛中添加 1% 氧气前后褐煤转化率的变化

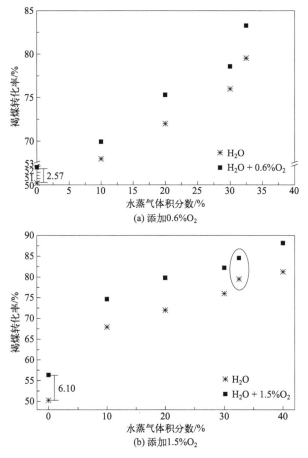

图 6-3　在 800℃ 流化床反应器中向水蒸气中添加氧气前后褐煤转化率的变化

　　第四章研究表明，氧化反应对煤炭颗粒具有显著的开孔和扩孔作用，向水蒸气气氛中添加氧气后，煤炭颗粒的微孔、比表面积、孔容急剧增加，增加幅度远远超过氧气所导致的半焦微孔、比表面积、孔容的增幅，进而促进煤炭颗粒与其他气化剂间的反应。由于本实验中在反应器出口已经检测不到 O_2 的存在，那么一定量 O_2 所导致的褐煤转化率是一定的，即使水蒸气气化反应对氧化反应存在促进作用，也只是加快了氧化反应的速率，而不是增加褐煤转化率；同时氧化反应也加快了水蒸气气化反应速率，从而提高了煤炭的转化率，造成了协同作用

二、不同反应器中水蒸气传质速率分析

　　初步分析，气流床中氧化反应对水蒸气气化反应的促进作用比较显著，这可能是由于气流床中气固相对速度大，煤炭颗粒表面滞留层薄，水蒸气扩散阻力较小，煤炭颗粒表面水蒸气浓度大，使氧化反应的扩孔和开孔作用导致的微孔结构得以充分利用。

　　在气固相反应中，尤其在非催化气固相反应中，经常用单位时间单位面积通过的反应物的物质的量表示扩散速率，水蒸气向煤炭颗粒表面的扩散通量可以表示为

$$N_{H_2O} = k_{H_2O} \Delta x_{H_2O}$$

式中，Δx_{H_2O} 为水蒸气的浓度差。

　　扩散传质系数 k_{H_2O} 与流场分布（如流速）、分子特性（如几何形状、当量直径、运动黏度）、体系环境（如温度、压力）等许多因素有关，目前进行准确的理论预测比较困难，多与无量纲数或传质因子相关联。扩散传质系数与传质因子的关联式多用在固定床中，本文采用与无量纲数关联的形式求解扩散传质系数，主要无量纲数和关联形式如下：

$$\text{舍伍德数 } Sh = \frac{k_{H_2O}d}{D} \tag{6-1}$$

$$\text{雷诺数 } Re = \frac{Gd}{\mu} \tag{6-2}$$

$$\text{施密特数 } Sc = \frac{\mu}{\rho D} \tag{6-3}$$

$$Sh = 0.0395 Re^{0.75} Sc^{1/3} \text{（流体在圆管中受迫流动）} \tag{6-4}$$

　　式中，d 为特征尺寸；ρ 为流体密度；D 为扩散系数；G 为质量流率；μ 为 800℃时水蒸气和氮气混合物的黏度系数。根据现有黏度计算公式的精准度和适用范围，单组分的黏度系数采用 Lennard-Jones 势能式计算，见式(6-5)，混合物的黏度系数采用 Wilke 法进行计算，见式(6-6) 和式(6-7)，计算过程中的参数见表 6-1。

$$\mu = 2.6693(MT)^{0.5} \sigma^{-2} \Omega^{-1} \times 10^{-5} \tag{6-5}$$

$$\mu_{\mathrm{m}} = \sum_{i=1}^{n} \frac{\mu_i}{1 + \sum_{j=1}^{n} \phi_{ij} \dfrac{y_j}{y_i}} \tag{6-6}$$

$$\phi_{ij} = \frac{1}{4} \left(\frac{M_{ij}}{M_j}\right)^{-0.5} \cdot \left[1 + \left(\frac{\mu_i}{\mu_j}\right)^{0.5} \left(\frac{M_j}{M_i}\right)^{0.25}\right]^2 \tag{6-7}$$

式中，T 为温度；σ 为分子硬球直径；Ω 为碰撞积分，是对比温度函数；M 为组分分子量；i、j 分别表示不同的组分；ϕ 为某组分浓度；y 为混合气体中某组分的体积分数。

表 6-1　黏度系数计算过程参数值

气氛	σ/nm	$\dfrac{\varepsilon}{\kappa}/\mathrm{K}$	$\dfrac{\kappa T}{\varepsilon}$	Ω	$M/(\mathrm{g/mol})$	$\kappa/(\times 10^{-23}\mathrm{J/K})$
水蒸气	26.41	356	3.01	1.039	18.0	1.3806505
氮气	36.80	91.5	11.72	0.800	28.0	1.3806505

注：κ 为玻尔兹曼常数；ε 为分子势能为零时的势能阱深度。

扩散系数 D 主要受分子自扩散和流体整体流动（包括返混）的影响。假定煤炭颗粒球形度为 1，受气流冲击的球体半面的扩散系数受到流体流动的影响，而另半面球体的气流速度在传质方向的分速度趋近于零，故可以忽略流体流动对扩散系数的贡献，见图 6-4。分子自扩散存在于整个球体周围，在一定温度下自扩散系数是扩散物质和扩散介质的物性常数[6]。

流体流动对扩散系数影响的计算方法可查阅相关文献[6,7]。分子自扩散系数可用 Chapman-Enskog公式计算，见式(6-8)。首先，查表可得 40℃时水蒸气在空气中的自扩散系数，利用自扩散系数与温度的 1.5 次方成线性关系计算出 800℃时水蒸气在氮气气氛中的扩散系数。或者查阅相关参数的值，直接利用 Chapman-Enskog 公式进行计算。

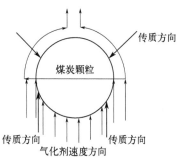

图 6-4　流体流动对扩散系数影响示意图

$$D_{\mathrm{self}} = \frac{1.85 \times 10^{-4} T^{1.5} \left(\dfrac{1}{M_1} + \dfrac{1}{M_2}\right)^{0.5}}{P (\bar{\sigma})^2 \Omega} \tag{6-8}$$

然后根据式(6-2) 和式(6-3) 计算雷诺数、施密特数的值，并利用式(6-4) 关联求出舍伍德数，再利用式(6-1) 计算出传质系数。经过计算发现，800℃时流化床中水蒸气的传质系数约为气流床的 11%～25%，说明在同样水蒸气浓度下气流床中水蒸气的传质速率约为流化床中水蒸气传质速率的 4～9 倍，如果计算扩散系数时假定整个球面都存在流体流动的影响，那么两者的传质速率的差距将更大。在相同的化学反应速率情况下，传质速率的差异有可能导致水蒸气在煤炭颗粒表面浓度的差异，进而影响水蒸气对氧气开孔和扩孔作用的利用。在流化床中，传质速率较慢，水蒸气一旦扩散到煤炭颗粒表面就会被化学反应消耗，没有多余水蒸气利用氧气的开孔和扩孔作用创造的良好条件，导致氧化反应对水蒸气气化反应的促进作用不明显。

三、不同反应器中水蒸气气化反应动力学分析

为了进一步验证扩散传质速率对促进作用的影响，我们利用未反应收缩核模型，结合两种反应器的实验条件，推导了不同速率控制步骤下气化剂浓度与转化率的关系，利用半焦完全气化实验数据求解方程参数，进而与实验数据比较，以期判断气化过程的主要控制步骤。

1. 流化床中水蒸气气化反应速率控制步骤分析

（1）假定水蒸气气化反应处于气膜扩散控制。考虑到气化反应速率相对较慢，并且流化床中气固接触时间较短，故水蒸气浓度沿流化床高度不变。

关于水蒸气分解反应的机理，比较普遍的解释为：水蒸气被高温碳层吸附后变形，碳与水分子中的氧形成中间络合物，氢气离解析出，然后碳氧络合物依据温度等条件的不同形成不同比例的 CO 和 CO_2 [8,9,10]。反应方程式如下：

$$H_2O + \beta C \Longrightarrow H_2 + \beta_1 CO + \beta_2 CO_2$$

$$\beta = \beta_1 + \beta_2$$

$$\beta = f(t) = \begin{cases} 1/1.50, T = 1073K \\ 1/1.25, T = 1173K \\ 1/1.00, T = 1273K \end{cases}$$

根据上述反应式的化学计量关系，以单位时间单位外表面（S_O）为计量单位，可知消耗的碳量等于反应的水蒸气量的 β 倍，即

$$\frac{-dM_C}{dtS_O} = \beta k_{H_2O} x_{H_2O}$$

式中，k_{H_2O} 是按照水蒸气浓度 x_{H_2O} 定义的单位时间单位面积水蒸气的气膜扩散系数。

$$M_C = \rho_C V$$

$$S_O = 4\pi R^2$$

热解反应瞬间完成，然后开始水蒸气的气化反应。按照气化反应起始点为褐煤热解的半焦考虑，积分初始条件为

$$t = 0 \text{ 时}, r_C = RZ$$

积分整理得

$$\frac{R\rho_C}{3}\times\frac{1}{\beta k_{H_2O}}\left[Z^3-\left(\frac{r_C}{R}\right)^3\right]=tx_{H_2O}$$

定义褐煤颗粒的转化率

$$X=\frac{V_0-V_x}{V_0}=1-\left(\frac{r_C}{R}\right)^3$$

可得

$$\frac{R\rho_C}{3}\times\frac{1}{\beta k_{H_2O}}(Z^3-1+X)=tx_{H_2O}$$

即转化率

$$X=tx_{H_2O}\times\frac{1}{\dfrac{R\rho_C}{3}\times\dfrac{1}{\beta r_{H_2O}k_{H_2O}}}-Z^3+1 \tag{6-9}$$

流化床实验中，物料为连续的不同停留时间的煤炭颗粒混合物，利用定积分中值定理对式(6-9) 在 $0\sim20\min$ 内积分，并求取混合颗粒的平均转化率。

$$\overline{X}=\int_0^{20}\left(tx_{H_2O}\times\frac{1}{\dfrac{R\rho_C}{3}\times\dfrac{1}{\beta k_{H_2O}}}-Z^3+1\right)dt/(20-0)$$

在本实验中，操作条件确定后，褐煤粒度、摩尔密度、传质系数、反应时间等随着水蒸气浓度不会发生变化，积分整理得

$$\overline{X}=\frac{t}{2\tau}-Z^3+1$$

其中

$$\tau=\frac{R\rho_C}{3}\times\frac{1}{\beta x_{H_2O}k_{H_2O}}$$

$$\beta=1.5$$

$$t=20$$

$$Z^3=1-50.27\%=49.73\%$$

可得

$$\overline{X}=10\times\frac{3\beta k_{H_2O}}{R\rho_C}x_{H_2O}+50.27\%=\frac{10}{\tau}+50.27\%=ax_{H_2O}+50.27\%$$

由于准确计算传质系数 k_{H_2O} 的值需要求解传递过程的微分方程，或者关联多个无量纲数才能求得，比较困难[6,7,11]。因此，该处利用完全反应时间 τ 与 a 的关系求取 a 的值，见式(6-10)。利用 $32.5\%\ H_2O$ 气氛下制得的半焦为原料，进行原位水蒸气气化（热态半焦直接气化，避免冷却过程中半焦结构发生变化），半焦的转化率与反应时间的关系见图 6-5。可以看出，褐煤的完全反应时间 τ 约为 $50\sim60\min$，根据式(6-10) 可得 a 的值约为 $11\sim14L/(min\cdot mol)$。这说明，当气化过程为气膜扩散

控制时，理论上褐煤转化率与水蒸气浓度（mol/L）成线性关系，截距约为0.5027，斜率约为11~14。将实验数据作图，并线性拟合，见图6-6。拟合直线的斜率为16.28，截距为0.567。拟合数据的残差平方和为0.00949，皮尔逊相关系数为0.95，各个数据点相对误差小于7%。

$$\tau = \frac{10}{a x_{H_2O}} \tag{6-10}$$

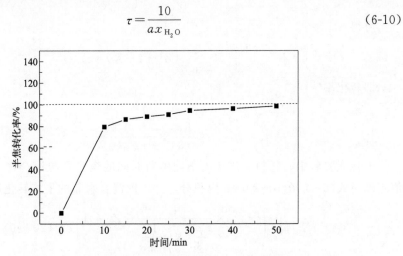

图6-5　32.5%H_2O气氛下流化床气化过程半焦转化率随时间的变化曲线

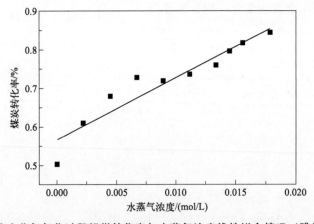

图6-6　流化床水蒸气气化过程褐煤转化率与水蒸气浓度线性拟合情况（膜扩散为速控步）

（2）假定水蒸气气化反应处于化学反应控制。水蒸气分解反应发生在焦颗粒表面，研究表明，对于粒度小于0.5mm的焦颗粒，温度在1000~1200℃时，该反应属化学动力学控制，在水蒸气分压较低时反应为一级反应，较高时反应为零级[8,12,13]。在本实验中，水蒸气分压和反应温度均较低，因此，该反应过程被视为化学动力学控制的一级反应过程。

根据水蒸气气化反应方程式的化学计量关系，以单位时间单位内核反应面积为

计量单位，可知消耗的碳量等于反应的水蒸气量的 β 倍，即

$$\frac{-\mathrm{d}M_C}{\mathrm{d}tS_I}=\beta K_{H_2O}x_{H_2O}$$

式中，K_{H_2O} 是按照 x_{H_2O} 定义的单位时间单位内核反应面积水蒸气分解系数。利用（1）中同样的方法推导，可得

$$Z-(1-X)^{\frac{1}{3}}=\frac{t\beta K_{H_2O}}{R\rho_C}x_{H_2O}$$

即

$$X=1-\left(Z-\frac{t\beta K_{H_2O}}{R\rho_C}x_{H_2O}\right)^3$$

根据定积分中值定理对上式在 $0\sim20\mathrm{min}$ 内积分，求取混合颗粒（不同年龄的颗粒）的平均转化率，即

$$\overline{X}=\int_0^{20}\left[1-\left(Z-\frac{t\beta K_{H_2O}}{R\rho_C}x_{H_2O}\right)^3\right]\mathrm{d}t/(20-0)$$

即

$$\overline{X}=\frac{6\tau^2Z^2t-4\tau Zt^2+t^3}{4\tau^3}-Z^3+1$$

利用（1）中同样的处理方法，可得

$$\overline{X}=b_1x_{H_2O}-b_2x_{H_2O}^2+b_3x_{H_2O}^3+0.5027 \tag{6-11}$$

根据完全反应时间 τ 与 b_1、b_2、b_3 的关系求取 b_1、b_2、b_3 的值。可得，b_1 约为 $21\sim27$，b_2 约为 $310\sim502$，b_3 约为 $2662\sim5488$，单位为 $\mathrm{L/(min\cdot mol)}$。

考虑到式(6-11) 的数学形式，将实验数据中褐煤转化率和水蒸气浓度（mol/L）按照三次多项式拟合，见图 6-7，拟合方程如下：

$$\overline{X}=56.3x_{H_2O}-4821.1x_{H_2O}^2+154812.4x_{H_2O}^3+0.506$$

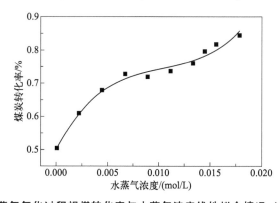

图 6-7　流化床水蒸气气化过程褐煤转化率与水蒸气浓度线性拟合情况（化学反应为速控步）

可以看出，拟合值与实验值吻合较好，拟合数据的残差平方和为 0.00137，皮尔逊相关系数为 0.98，各个数据点相对误差小于 2%。拟合得到的系数 b_1、b_2、b_3 的值分别为 56.3、4821.1、154812.4，与理论值差异很大，说明水蒸气气化反应不是气化过程速率控制步骤。

2. 气流床中水蒸气气化反应速率控制步骤分析

在气流床气化实验中，气化过程可以看作无返混的平推流过程，煤炭颗粒具有相同的停留时间，用缩合模型反应速率公式推导过程相对简单，当气化过程处于扩散控制时，有

$$Z^3 - 1 + X = \frac{t}{\dfrac{R\rho_C}{3} \cdot \dfrac{1}{\beta K_{H_2O}}} \cdot x_{H_2O} = K_1 x_{H_2O}$$

当气化过程处于动力学控制时，有

$$Z - (1-X)^{\frac{1}{3}} = \frac{t\beta K_{H_2O}}{R\rho_C} \cdot x_{H_2O} = K_2 x_{H_2O}$$

可以看出，在褐煤粒度、摩尔密度、反应时间等不变的情况下，假定气化过程处于扩散控制，不同水蒸气浓度下 $(Z^3 - 1 + X)/x_{H_2O}$，即 K_1 应该为定值；假定气化过程处于化学反应控制，不同水蒸气浓度下 $[Z - (1-X)^{\frac{1}{3}}]/x_{H_2O}$，即 K_2 应该为定值，计算结果见表 6-2。

可以看出，相对而言，动力学控制时计算结果更加集中，更加趋近于定值，能够更好地反应水蒸气气化过程。因此，气流床中气化反应是过程控制步骤。

综上分析，可以看出，气流床中气化过程受化学反应控制，而流化床中气化过程受膜扩散控制，这在一定程度上佐证了上文提到的在同样水蒸气浓度下气流床中水蒸气的传质速率约为流化床中水蒸气传质速率的 4～9 倍的结论，也说明了流化床中煤炭颗粒表面水蒸气全部参与气化反应，"无暇"充分利用氧气开孔或扩孔的有利条件，导致氧化反应对水蒸气气化反应促进作用不明显。

表 6-2　气流床中不同蒸汽浓度下 K_1 和 K_2 的值

水蒸气质量分数/%	表观反应系数 K_1	表观反应系数 K_2
25	1.11	0.031
35	0.80	0.030

总之，在气流床中添加氧气后褐煤转化率增幅明显大于氧气氧化反应导致的增幅，其差值稳定在 2.11%～4.01%，在流化床中差值仅为 0%～0.75%，即相对于流化床，气流床中氧化反应对水蒸气气化反应的促进作用比较显著。在流化床中水

蒸气向炭粒表面扩散的传质速率约为气流床的 $11\%\sim25\%$，气化过程受膜扩散控制，炭粒表面水蒸气全部参与气化反应，难以充分利用氧气开孔或扩孔的有利条件。气流床气化过程受化学反应控制，炭粒表面有"富裕"的水蒸气，可以充分利用氧气开孔或扩孔的有利条件进行气化反应，故氧化反应对水蒸气气化反应的促进作用显著。挥发分-半焦相互作用不是导致流化床中氧化反应对水蒸气气化反应促进作用不明显的主要原因。

四、挥发分-半焦相互作用分析

褐煤因为挥发分含量高而具有较高的反应活性，近来的研究发现挥发分对半焦气化的抑制作用也不可忽视。Kajitani 等[14]在新型流化床/固定床反应器中研究了挥发分对维多利亚褐煤水蒸气气化过程的影响，发现挥发分重整产生的自由基会与半焦相互作用，影响半焦的微观结构，提高半焦芳香度，在一定程度上降低了半焦的反应性。Bayarsaikhan 等[15]的研究表明，在鼓泡流化床中挥发分对水蒸气气化反应具有抑制作用，在 $850\sim900℃$ 挥发分存在的条件下，煤炭转化率约为 $62\%\sim85\%$ 时气化反应就基本停止。Zhang 等[16,17]在新型流化床/固定床反应器中也发现了挥发分对气化反应具有显著的抑制作用。Zhang[16,17]、Li[18]、Wu 等[19,20]的研究均发现，挥发分可以加快煤炭中碱金属和碱土金属的挥发，影响其分布形态，尤其是钠元素，从而削弱对气化等热转化过程的催化作用。

气流床实验中，气化剂和煤粉并流进入反应器，挥发分与半焦以活塞流快速通过反应器，基本无返混，避免了挥发分-半焦相互作用；而在流化床实验中，返混严重，有利于挥发分-半焦相互作用，这有可能是流化床中促进作用不明显的原因。鉴于此，我们利用脱挥发分后的胜利褐煤半焦在 $800℃$ 下进行了在不同气氛下流化床原位气化实验（热态半焦直接气化，避免冷却过程中半焦结构发生变化），图 6-8 和图 6-9 是胜利褐煤半焦在 $32.5\%H_2O$ 气氛下分别添加 $0.6\%O_2$ 和 $0.9\%O_2$ 后半焦转化率随时间的变化，可以看出，在 N_2 气氛下，褐煤转化率随时间的变化幅度较小，近似一条水平直线。在一定的反应时间下褐煤半焦在 N_2+O_2 气氛下褐煤转化率与在 N_2 气氛下转化率的差值为氧化反应对褐煤转化率的贡献，明显不小于水蒸气气氛下添加氧气后褐煤转化率的增幅，说明在无挥发分影响的情况下，氧化反应对水蒸气气化反应促进作用也不明显，基本观测不到。进而说明了挥发分-半焦作用不是造成氧化反应对水蒸气气化反应促进作用不明显的主要原因：一方面，在不同气氛下的流化床褐煤气化实验中，均存在挥发分-半焦的相互作用，在考虑 H_2O、H_2O+O_2 气氛下以及 N_2、N_2+O_2 气氛下褐煤转化率时挥发分和半焦的相互作用互相抵消；另一方面，氧气的开孔和扩孔作用为加速水蒸气气化反应提供了必要条件，但是当水蒸气气化过程处于膜扩散控制时，气化反应速率明显大于扩散速率，煤炭颗粒表面有足够的活性位，水蒸气全部参与气化反应，挥发分或者其他组分掩盖焦炭表面部分活性位对气化反应的影响并不显著。

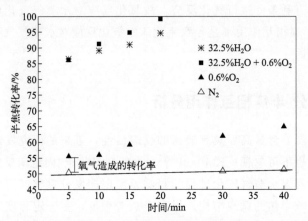

图 6-8　32.5％H_2O/32.5％H_2O＋0.6O_2 气氛下流化床气化过程半焦转化率随时间的变化

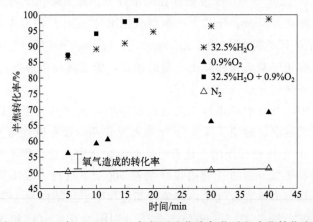

图 6-9　32.5％H_2O/32.5％H_2O＋0.9O_2 气氛下流化床气化过程半焦转化率随时间的变化

第二节　气化温度对促进作用的影响及分析

图 6-10 是气流床中 800℃/900℃时向水蒸气气氛添加 1％氧气前后褐煤转化率增幅的变化，可以看出，在同一水蒸气浓度下，900℃时褐煤转化率增幅明显大于800℃时褐煤转化率增幅，尤其在水蒸气体积分数较高时，该现象更明显。也就是

说，900℃时氧化反应对水蒸气气化反应的促进作用比 800℃时明显，提高温度有利于氧化反应对水蒸气气化反应的促进作用。

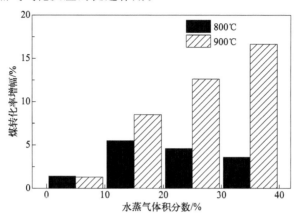

图 6-10　气流床中温度对向水蒸气气氛添加 1%氧气前后褐煤转化率增幅的影响

该现象可以用促进作用的作用机理来解释，首先，氧气的开孔和扩孔作用是促进作用发生的重要原因，而高温更有利于氧化反应的开孔和扩孔作用，使煤炭颗粒微孔数量、比表面积、孔容、吸附量大大增加，更多的煤炭颗粒表面活性位暴露出来，为水蒸气气化反应提供了更加充足的反应场所。席冰锋等[21]在流化床中保持水碳比、停留时间、氧气体积分数不变的情况下考察了温度（800℃、850℃、885℃）对半焦活性炭孔隙结构的影响，结果发现，随着温度升高，半焦活性炭的亚甲基蓝值和碘值明显升高，说明温度升高有利于半焦形成更加发达的孔隙结构和表面结构，使吸附量增加。其次，高温下水蒸气气化反应的速率加快，可以更加充分地利用氧化反应提供的活性位，减少闲置的活性位，从而使促进作用更显著。再次，高温下，低体积分数的氧气能够快速与半焦反应，增加半焦中的含氧结构，这些含氧结构具有较高的反应活性[1,4]。另外，从水蒸气气化反应的机理来看，高温更有利于氧气与焦炭、H₂、CO 等发生氧化反应，释放出热量，提高水蒸气和煤炭颗粒表面活性碳原子的内能，抑制碳的沉积，增大两者有效碰撞概率，促进水蒸气气化反应进行[22-24]。研究表明[24]，水蒸气分子和煤炭颗粒表面的活性碳原子的能量之和大于 75kJ 才可能发生有效碰撞。

第三节　水蒸气浓度对促进作用的影响及分析

图 6-11 是气流床中 800℃/900℃时向不同浓度的水蒸气气氛添加 1%氧气前后

褐煤转化率增幅的变化曲线，可以看出，在 900℃时随着水蒸气浓度的增加，褐煤
转化率增幅线性增加，促进作用非常显著；而在 800℃时，随着水蒸气浓度的增加，
褐煤转化率增幅先增加后小幅减小。图 6-12 是流化床反应器中 800℃时向不同浓度
的水蒸气气氛中添加 0.15% 和 1.50% 氧气前后褐煤转化率增幅的变化曲线，可以看
出，在 800℃时，随着水蒸气浓度的增加，褐煤转化率增幅也是先增加后小幅减小，
与气流床 800℃时的实验结果一致。

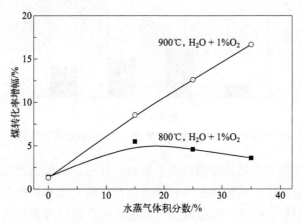

图 6-11　气流床中水蒸气浓度对向水蒸气气氛添加 1% 氧气前后褐煤转化率增幅的影响

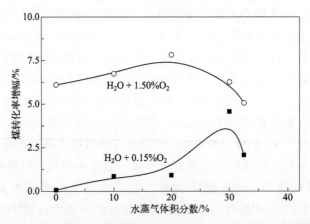

图 6-12　流化床反应器中水蒸气浓度对添加氧气前后褐煤转化率增幅的影响

从促进作用的作用机理来看，氧气氧化反应通过开孔和扩孔作用为水蒸气气化
反应提供反应的活性位，导致促进作用发生，因此，随着水蒸气浓度的增加，有更
多的水蒸气分子去占据这些"自由活性位"，更加充分地利用氧化反应提供的反应场
所，减少闲置的活性位，从而使促进作用更显著。这可以很好地解释图 6-11 和图 6-12
中随着水蒸气浓度的增加，褐煤转化率增幅线性增加，促进作用更加显著。但是当

水蒸气浓度增加到一定值，这些活性位被全部利用后促进作用达到顶峰，继续增加水蒸气浓度而促进作用不再继续增大；同时较高的水蒸气浓度通过气化反应改变半焦的结构，降低半焦反应性，这是由于水蒸气气化反应产生的大量尺度较小的自由基，在煤炭内部自由穿梭，诱使小芳环体系（≤5 环）发生缩合[1-4,25-27]。所以导致了图 6-11 和图 6-12 中 800℃时随着水蒸气浓度的增加褐煤转化率增幅先增加后减小的现象。另外，在不同的反应条件下氧化作用提供的"自由活性位"的数量是不同的，也是有限的，这导致图 6-11 和图 6-12 中褐煤转化率增幅出现拐点的位置不同。

为了进一步说明水蒸气气化反应影响半焦中大、小芳环体系，从而可以改变半焦结构，我们采用高分辨率微型拉曼光谱仪（分辨率为 $0\sim0.65\text{cm}^{-1}$，光谱范围 $800\sim1800\text{cm}^{-1}$）对流化床反应器气化实验中半焦的化学结构进行分析。借鉴文献[16,17,28-30]中判断半焦中芳香环聚合程度的方法，用不同峰面积比值 I_{G_R}/I_D、$I_{G_R+V_L+V_R}/I_D$ 反映 800℃水蒸气气氛下半焦中大小环系统相对含量。其中 I_D 代表高度规则碳材料中的缺陷结构，特别是不少于 6 个环的芳香结构化合物，$I_{G_R+V_L+V_R}$ 代表无定形碳中的典型结构（较小的芳香环系统，尤其是 3～5 环芳香环系统），I_{G_R} 代表 3～5 环芳香族化合物，无定形碳结构，与 $I_{G_R+V_L+V_R}$ 具有相似的意义，I_{G_R}/I_D、$I_{G_R+V_L+V_R}/I_D$ 比值越大，说明小芳香环越多，半焦芳香聚合度越低，活性越高。图 6-13 是不同水蒸气浓度下 I_{G_R}/I_D 和 $I_{G_R+V_L+V_R}/I_D$ 比值变化趋势，可以看出，相对于氮气气氛（0％H₂O），水蒸气气氛下半焦的 I_{G_R}/I_D 和 $I_{G_R+V_L+V_R}/I_D$ 明显变小，说明小芳香环数量减少，大芳香环数量增多，芳香环聚合度增加。当水蒸气浓度由 10％增加到 25％时，半焦的 I_{G_R}/I_D 和 $I_{G_R+V_L+V_R}/I_D$ 比值变化不大，但是半焦的整体反应活性 [图 6-14(a)] 和瞬时反应活性 [图 6-14(b)] 却明显下降。

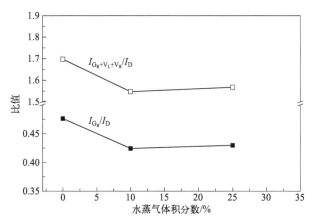

图 6-13　流化床反应器中 800℃气化半焦的微晶结构特征

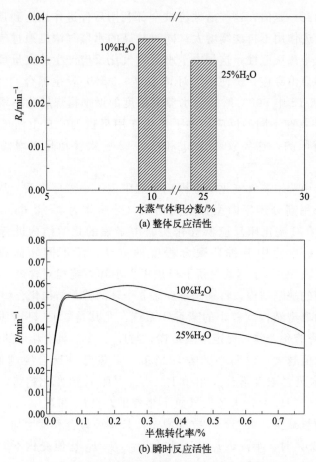

图 6-14 流化床反应器中 800℃ 气化半焦的反应活性

第四节　氧气浓度对促进作用的影响及分析

　　图 6-15 显示了流化床反应器中 800℃ 时向水蒸气气氛中分别添加 0.15％、0.60％和 1.50％氧气前后褐煤转化率增幅的变化，可以看出，随着氧气浓度的增加，褐煤转化率增幅明显增加，也就是说增加氧气浓度有利于氧化反应对水蒸气气化反应的促进作用。

　　从促进作用的作用机理来看，首先，第四章研究表明，增加氧气浓度有利于氧气氧化反应的开孔和扩孔作用，使煤炭颗粒微孔数量、比表面积、孔容、吸附量大大增加，更多的表面活性位暴露出来，进而为水蒸气气化反应提供更多的反应活性位，促进水蒸气气化反应的进行。张振等[31]研究了低氧快速热解条件下氧气体积分数对活性焦孔隙结构的影响，结果发现，氧气体积分数低于 6％时，增加氧气体积分数有利于活性焦孔隙结构的发展，使微孔孔容和比表面积大大增加，从而使半焦的活性增强。其次，增加氧气浓度有利于氧与半焦的反应，增加半焦中具有较高反应活性的含氧结构，促进半焦中甲基、亚甲基、C＝O 键、C—O 键的断裂和高活性羧基的生成，增加半焦的反应性，从而促进水蒸气气化反应的进行[1-5]。再次，研究表明[22-24]，气化过程中生成的 H_2 以一定形式的稳态存在于煤炭颗粒表面，占据吸附水蒸气分子的活性位，对水蒸气气化反应具有明显的抑制作用，CO_2 可以被有别于吸附水蒸气分子活性位的另一种更"细小"的活性位吸附，生成 CO 和 C（O），增加 CO 的含量，间接促进了水蒸气气化反应的进行。CO 对水蒸气气化反应既有促进作用，也有阻碍作用，过程较为复杂。随着氧气浓度增加，添加的氧气与气氛中的 H_2 发生氧化反应，降低了反应气氛中 H_2 的相对含量，减弱了 H_2 对水蒸气气化反应的抑制作用；加入的 O_2 与煤炭发生氧化反应，提高了气氛中 CO_2 浓度，从而促进水蒸气气化反应进行。另外，研究表明[24]，水蒸气分子和煤炭颗粒表面的活性碳原子的能量之和大于 75kJ 才可能发生有效碰撞。较高的氧气浓度加剧了氧气与焦炭、H_2、CO 等发生氧化反应，释放出热量，提高水蒸气和煤炭颗粒表面活性碳原子的内能，抑制碳的沉积，并且增大两者有效碰撞概率，促进水蒸气气化反应进行。

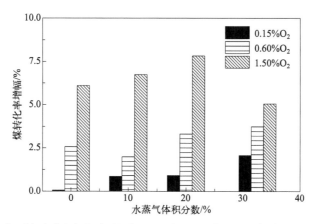

图 6-15　流化床中 800℃时向水蒸气气氛分别添加 0.15％、0.60％和 1.50％氧气前后褐煤转化率增幅的变化

第五节　本章小结

　　在 ϕ80mm×3000mm 气流床和 ϕ40mm×200mm 流化床中进行了 $O_2/H_2O/$

H_2O+O_2 气氛下 800℃ 胜利褐煤气化实验，同时在流化床中进行了 $O_2/H_2O/$ H_2O+O_2 气氛下半焦原位气化实验和 H_2O 气氛下半焦完全气化实验，研究了不同反应器类型、温度、水蒸气浓度及氧气浓度等条件下协同作用的差异性；从传质、动力学、半焦-挥发分作用三方面探讨了不同反应器类型中协同作用存在差异的原因；同时，利用协同作用的作用机理解释了不同温度、水蒸气浓度及氧气浓度下协同作用差异的原因。主要结论如下：

流化床反应器中氧化反应对水蒸气气化反应的促进作用比较微弱，气流床反应器中的促进作用更加稳定和显著，主要是由于流化床反应器中水蒸气向煤炭颗粒表面扩散的传质系数约为气流床的 11％～25％，水蒸气扩散速率较慢，气化过程处于膜扩散控制，煤炭颗粒表面水蒸气全部参与气化反应，难以充分利用氧气开孔或扩孔的有利条件，导致氧化反应对水蒸气气化反应促进作用不明显。气流床反应器中，气化过程处于化学反应控制，煤炭颗粒表面水蒸气浓度较高，可以充分利用氧气开孔或扩孔的有利条件，导致氧化反应对水蒸气气化反应促进作用明显。挥发分-半焦相互作用不是导致流化床反应器中氧化反应对水蒸气气化反应促进作用不明显的主要原因。

一般情况下，提高气化温度、水蒸气浓度及氧气浓度有利于氧化反应对水蒸气气化反应的促进作用。在较低温度下（如 800℃）提高水蒸气浓度，促进作用先增强后小幅减弱；在较高温度下（如 900℃）提高水蒸气浓度，促进作用一直增强。促进作用的作用机理可以很好地解释这些现象，进一步验证了作用机理的合理性和正确性。

参考文献

[1]   王永刚，孙加亮，张书.反应气氛对褐煤气化反应性及半焦结构的影响[J].煤炭学报，2014，39(8)：1765-1771.

[2]   许修强，王永刚，陈宗定，等.胜利褐煤半焦冷却处理对其微观结构及反应性能的影响[J].燃料化学学报，2015，43(01)：1-8.

[3]   许修强，王永刚，张书，等.褐煤原位气化半焦反应性及微观结构的演化行为[J].燃料化学学报，2015，43(03)：273-280.

[4]   Sun J L, Chen X J, Wang F, et al. Effects of oxygen on the structure and reactivity of char during steam gasification of Shengli brown coal[J]. J Fuel Chem Technol, 2015，43（7）：769-778.

[5]   孙加亮.褐煤温和气化特性的研究[D].北京：中国矿业大学(北京)，2015.

[6]   查金荣，陈家镛.传递过程原理及应用[M].北京：冶金工业出版社，1997.

[7]   Taylor G. Dispersion of soluble matter in solvent flowing slowly through a tube[J]. The Royal Society, 1953，219(1137)：186-203.

[8]　贺永德. 现代煤化工技术手册[M]. 2 版. 北京：化学工业出版社，2011：445-450.

[9]　Ergun S. Kinetics of reaction of carbon dioxide with carbon[J]. Journal of Physical Chemistry，1956，60(4)：480-485.

[10]　Matsui I，Kunii D，Furusawa T. Study of fluidized bed steam gasification of char by thermogravimetrically obtained kinetics [J]. JCEJ，1985，18(2)：105-113.

[11]　陈卓，周萍，梅炽. 传递过程原理[M]. 长沙：中南大学出版社，2011.

[12]　Wen C Y，Lee E S. Coal Conversion Technology[M]. Boston：Addison-Wesley，1979.

[13]　Kwon T W，Kim J R，Kim S D，et al. Catalytic steam gasification of lignite char[J]. Fuel，1988，68(4)：416-421.

[14]　Kajitani S，Tay H L，Zhang S，et al. Mechanisms and kinetic modeling of steam gasification of brown coal in the presence of volatile-char interactions[J]. Fuel，2013，103：7-13.

[15]　Bayarsaikhan B，Sonoyama N，Hosokai S，et al. Inhibition of steam gasification of char by volatiles in a fluidized bed under continuous feeding of a brown coal[J]. Fuel，2006，85(3)：340-349.

[16]　Zhang S，Min Z H，Tay H L，et al. Effects of volatile-char interactions on the evolution of char structure during the gasification of Victorian brown coal in steam[J]. Fuel，2011，90(4)：1529-1535.

[17]　Zhang S，Hayashi J I，Li C Z. Volatilization and catalytic effects of alkali and alkaline earth metallic species during the pyrolysis and gasification of Victorian brown coal. Part IX. Effects of volatile-charinteractions on char-H_2O and char-O_2 reactivities [J]. Fuel，2011，90 (4)：1655-1661.

[18]　Li X，Wu H，Hayashi J-i，et al. Volatilisation and catalytic effects of alkali and alkaline earth metallic species during the pyrolysis and gasification of Victorian brown coal. Part VI. Further investigation into the effects ofvolatile-char interactions[J]. Fuel，2004，83(1)：1273-1279.

[19]　Wu H W，Li X J，Hayashi J I，et al. Effects of volatile-char interactions on the reactivity of chars from NaCl-loaded Loy Yang brown coal [J]. Fuel，2005，84(10)：1221-1228.

[20]　Wu H，Quyn D M，Li C Z. Volatilisation catalytic effects of alkali，alkaline earth metallic species during the pyrolysis，gasification of Victorian brown coal. PartIII. The importance of the interactions between volatiles and char at high temperature[J]. Fuel，2002，81 (1)：1033-1039.

[21]　席冰锋，崔丽杰，姚常斌，等. 多层流化床中含氧水蒸气活化法煤基活性炭的制备[J]. 煤炭学报，2015(S2)：471-478.

[22]　Ergun S. Kinetics of the reactions of carbon dioxide and steam with coke(No. Bulletin 598) [R]. Washington：United States Government Printing Office，1962.

[23]　Johnson J L. Kinetics of coal Gasification[M]. New York：John Willy and Sons，1979.

[24]　Long F J，SYKES K W. The mechanism of the steam-carbon reaction[J]. Proc Roy Soc，1948，A193：377-399.

[25]　吴仕生，曾玺，任明威，等. 含氧/蒸气气氛中煤高温分解产物分布及反应性[J]. 燃料化学学

报，2012，40(06)：660-665.

[26] Jochen S，Tore M. Reduction of a detailed reaction mechanism for hydrogen combustion under gas turbine conditions [J]. Combust Flame，2006，144(3)：545-557.

[27] Alessandra B，Pio F，Eliseo R. Production of olefins via oxidative dehydrogenation of propane in autothermalconditions[J]. J Catal，1999，184(2)：469-478.

[28] Tuinstra F，Koenig J L. Raman spectrum of graphite[J]. J Chem Phys，1970，53：1126-1130.

[29] Wang Y，Hu X，Mourant D，et al. Evolution of aromatic structures during the reforming of bio-oil：Importance of the interactions among bio-oil components [J]. Fuel，2013，111：805-812.

[30] Tay H L，Kajitani S，Wang S，et al. A preliminary Raman spectroscopic perspective for the roles of catalysts during char gasification[J]. Fuel，2014，121：165-172.

[31] 张振，王涛，马春元，等.低氧快速热解过程中氧气体积分数对活性焦孔隙结构的影响[J].煤炭学报，2014，39(10)：2107-2113.

第七章

低阶煤流化床气化动力学及反应器模型

煤气化动力学对气化炉的设计和优化至关重要，可以说煤气化动力学方程的实用性和准确性在一定程度上反映了煤化学学科的研究水平，所以国内外的许多研究者致力于煤气化动力学的研究。但是由于煤炭组成和化学结构的不均匀性和复杂性，不同煤种气化过程差异很大，即使是同一煤种，在不同气化条件下（温度、压力、气化剂浓度）的气化过程也对应着不同的气化动力学参数，并且不同的煤气化模型所得的指前因子、活化能等参数可能具有较大差别。研究者从不同角度研究了煤炭气化过程，提出了多种煤气化动力学模型。同时，为了从不同角度研究低价煤气化反应过程，研究者搭建了不同类型的实验反应器，有助于更好地认识不同的流动形式、气固接触形式、操作控制形式等因素对气化过程的影响。目前，常用的实验室反应器类型主要有固定床、流化床、气流床（夹带流）以及新型复合床反应器，本章对各种反应器进行了简要介绍，重点介绍了流化床气化反应器。然后，在此基础上，介绍了反应器建模常用方法，并以低阶煤下行床气化为例说明了如何运用这些方法进行反应器建模。

第一节　低阶煤气化动力学

一、均相模型

煤气化反应是典型的非催化气固相反应，研究者借用液相-液相间和气相-气相间的反应模式，将煤颗粒看作组成和密度都均匀的物质，气化反应进行时，整个颗粒都发生气化反应，颗粒的尺寸不变，但密度均匀地变化。根据此假设，可以推导得到不同反应级数对应的反应速率表达式，见表 7-1。

表 7-1   均相模型中不同反应级数气化反应的速率方程

反应级数	微分形式	积分形式
1	$dx/dt = k(1-x)$	$-\ln(1-x) = kt$
1.5	$dx/dt = k(1-x)^{3/2}$	$2(1-x)^{-1/2} = kt$
2	$dx/dt = k(1-x)^2$	$(1-x)^{-1} = kt$

一般地，气化反应常被视为一级反应，一级反应模型简单且容易理解，被广泛应用[1-3]。其中 k 为反应速率常数，是温度和气化剂浓度的函数，该模型的微分形式又可以写为

$$\frac{dx}{dt} = k_0 C_a^n \exp\left(-\frac{E}{RT}\right)(1-x)$$

$$\frac{dx}{dt} = k_0 P_a^n \exp\left(-\frac{E}{RT}\right)(1-x)$$

积分形式可以写为

$$-\ln(1-x) = k_0 C_a^n \exp\left(-\frac{E}{RT}\right)t$$

$$-\ln(1-x) = k_0 P_a^n \exp\left(-\frac{E}{RT}\right)t$$

式中，x 为转化率；k_0 为指前因子；C_a 和 P_a 分别为气化剂的浓度和分压；n 为反应级数；E 为反应活化能；T 为反应温度；t 为反应时间；R 为常数。

Lee 等[4]在研究澳大利亚次烟煤煤焦的水蒸气气化动力学时，发现气化反应速率随反应时间先增大后减小，提出了修正的均相模型，发现修正模型可以很好地描述实验结果。修正均相模型的表达式为

$$-\ln(1-x) = \alpha t^\beta$$

式中，α 和 β 为对实验数据进行非线性回归得到的经验常数。

陈鸿伟等[5]利用热重分析仪研究了准东煤的催化气化本征动力学，发现修正的均相模型与实验值吻合较好。阎琪轩[6]等发现无论 H_2 是否存在都可以用相同的动力学模型来描述霍林河褐煤水蒸气气化反应过程，且体积模型与颗粒模型和随机孔模型相比能更好地反映气化反应行为。

二、未反应收缩核模型

该模型认为煤炭颗粒是组成均匀的球体、柱状或片状颗粒，气化剂经过扩散然后吸附在固体颗粒表面，化学反应仅仅发生在煤炭颗粒的外表面，煤炭颗粒被逐层

"吞噬"。该模型忽略了气体在煤炭颗粒内部的扩散过程，灰层和未反应颗粒之间具有明显的界限。在不同条件下，气膜扩散、灰层扩散、化学反应可以分别成为决定气固反应速率的速率控制步骤。在拟稳态情况下，假定气化剂的浓度不随时间变化，传质速率系数也不随碳转化率的变化而变化，煤炭颗粒为球体时不同速率控制步骤对应的气化反应速率表达式见表7-2。

表7-2　未反应收缩核模型中不同速率控制步骤对应的气化反应速率

速率控制步骤	速率方程	备注
扩散控制	$x = 1/\tau \cdot t$	有灰层形成
	$x = 1 - (1 - 1/\tau)^3$	无灰层形成
灰层控制	$t/\tau = 3 - 3(1-x)^{2/3} - 2x$	
化学反应控制	$t/\tau = 1 - (1-x)^{1/3}$	一级反应

实际上，不同类型的反应器和操作条件下该模型的速率表达式是不一样的，应该根据具体的实验情况按照速率控制步骤原理推导速率方程。例如在平推流反应器中研究半焦的水蒸气气化反应，如果水蒸气的浓度比较大或者停留时间比较短，我们就可以假定水蒸气的浓度不随时间变化，煤炭颗粒始终在水蒸气进口浓度下发生气化反应，如果研究半焦的氧化反应，这样的假定就不合理。

帅超等[7]在热重分析仪上对小龙潭煤焦、府谷煤焦和晋城煤焦的水蒸气气化过程进行了研究，结果发现，未反应收缩核模型对变质程度较高的府谷煤焦和晋城煤焦适应性较好。Leonhardt等[8]用未反应收缩核模型来描述碱金属催化条件下的水蒸气气化反应，发现该模型可以很好地描述低灰分煤种的催化气化过程。Zhang等[9]研究了我国6种无烟煤煤焦的CO_2气化反应，发现未反应收缩核模型可以很好地描述实验结果。田斌等[10]在小型加压固定床气化炉上考察了不同温度下型煤的气化特性，采用未反应收缩核模型和随机孔模型对实验数据进行拟合，计算得到气化反应的活化能分别为44.00kJ/mol和48.56kJ/mol，相差很小。安国银等[11]利用均相反应模型、一维扩散模型及未反应收缩核模型对高温下混煤燃烧过程进行了动力学计算，发现未反应收缩核模型的准确性和精度最高，能够精确地模拟高温下混煤的燃烧过程。

三、混合模型

由于煤组成和性质的复杂性，气化过程中煤炭的孔隙结构等不断变化，Szekely等[12]最早提出不能简单地认为气化过程符合均相模型、未反应收缩核模型或两者的线性加和，即当反应为一级时，$(1-x)$的指数并不一定是1或2/3，而是一个不确定值，该值与煤种和反应温度等有关。混合模型速率方程微分表达式为

$$\frac{\mathrm{d}x}{\mathrm{d}t}=k(1-x)^m$$

积分表达式为

$$x=1-\left(1-\frac{kt}{1-m}\right)^{\frac{1}{1-m}}$$

式中，k、m 的值是根据实验数据模拟所得，具有较强的经验性。当 m 为 1 时，此模型是一级反应均相模型；当 m 为 2/3 时，此模型为扩散控制的未反应收缩核模型。k 为反应速率常数，是温度和气化剂浓度的函数，该模型微分形式又可以写为

$$\frac{\mathrm{d}x}{\mathrm{d}t}=k_0 C_a^n \exp\left(-\frac{E}{RT}\right)(1-x)^m$$

$$\frac{\mathrm{d}x}{\mathrm{d}t}=k_0 P_a^n \exp\left(-\frac{E}{RT}\right)(1-x)^m$$

积分可得

$$x=1-\left[1-\frac{k_0 C_a^n \exp\left(-\frac{E}{RT}\right)t}{1-m}\right]^{\frac{1}{1-m}}$$

$$x=1-\left[1-\frac{k_0 P_a^n \exp\left(-\frac{E}{RT}\right)t}{1-m}\right]^{\frac{1}{1-m}}$$

范冬梅等[13]采用等温热重法研究了神木煤焦在 900～1050℃的 CO_2/H_2O 气化反应后期的动力学，发现混合模型和修正体积模型对实验数据有很好的拟合效果。向银花等[14]用加压热天平研究了神木煤、彬县煤、王封煤的 CO_2 气化反应，选用混合模型处理实验数据，发现预测准确性较好，模型中的参数 m 随着温度的升高而降低，随压力的增加而增大。帅超等[7]在热重分析仪上进行了小龙潭煤焦等三种煤焦水蒸气气化实验，发现混合模型可以很好地描述三种煤焦气化过程。

四、随机孔模型

Petersen 等[15]对气化过程中孔结构的变化进行了大量的研究，提出了简单的孔变化模型，Bhatia 等[16,17]在此基础上，通过引入孔结构参数 Ψ 较好地描述了气化过程中孔结构的变化对反应速率的影响，提出了改进的孔模型，认为固体内部存在不同尺寸的圆柱孔，相互交叠，呈高斯分布，气化反应在圆柱孔内表面上进行，忽略灰分对气化过程的影响，反应速率与微孔表面积变化成正比。假定气化反应在动力学区域进行，忽略气体扩散的影响，推导出改进的随机孔模型，表达式如下：

$$\frac{\mathrm{d}x}{\mathrm{d}t}=k(1-x)\left[1-\Psi\ln(1-x)\right]^{\frac{1}{2}}$$

$$x = 1 - \exp\left[-\tau\left(1 + \frac{\Psi\tau}{4}\right)\right]$$

式中，τ 为无量纲时间；Ψ 为颗粒尺寸和结构参数，计算式如下：

$$\tau = kt = \frac{S_0 C_a^n k_s t}{1 - \varepsilon_0}$$

$$\Psi = \frac{4\pi L_0 (1 - \varepsilon_0)}{S_0^2}$$

式中，S_0 为煤焦的初始反应比表面积；L_0 为单位体积孔长；ε_0 为孔隙率；k_s 为本征反应速率常数；n 为反应级数。

随机孔模型考虑了孔隙结构随转化率的变化，可很好地解释动力学控制区半焦气化行为，也能较好地描述反应速率在较低转化率（$x < 39.3\%$）下出现极值时煤焦气化过程和反应速率逐步减小的情况，被广泛应用[18-21]。但也存在一些不足：

① 未考虑碱（碱土）金属等矿物质的催化效应。

② 认为气化反应速率与微孔总表面积成正比，而近年来的研究表明，气化反应速率与活性表面积成正比[16,22-25]。如 Bhatia 等[16]认为通常的孔结构模型主要考虑在微孔整个表面发生的气化反应，实际上气化反应速率主要与活性表面积有关。

③ 无法预测反应速率在较高转化率（$x > 60\%$）下出现极值时的煤焦气化过程。

④ 无法解释催化气化动力学行为。如 Striuis 等[26]在研究金属的催化气化反应时发现反应速率的最大值发生在高碳转化率（$x = 70\%$）的情况下，Zhang 等[27]研究碱金属和碱土金属催化煤焦气化反应时，也发现气化反应速率的最大值发生在高碳转化率（$x = 60\% \sim 80\%$）的情况下。针对这一现象，Striuis 和 Zhang 等[26,27]结合实验数据分析了气化过程，分别提出了修正的随机孔模型。Striuis 等提出的表达式如下：

$$\frac{\mathrm{d}x}{\mathrm{d}t} = A_0 (1 - x) \left[1 - \Psi\ln(1 - x)\right]^{\frac{1}{2}} \left[1 + (p + 1)(bt)^p\right]$$

$$x = 1 - \exp\left[-\tau\left(1 + \frac{\Psi\tau}{4}\right)\right]$$

$$\tau = A_0 t + A_0 t (bt)^p$$

式中，b 为常数；p 为无量纲幂函数；A_0 为煤焦的初始气化反应速率；τ 为无量纲时间，Ψ 为颗粒尺寸和结构参数。

Zhang 等提出的随机孔模型表达式如下：

$$\frac{\mathrm{d}x}{\mathrm{d}t} = k_p (1 - x) \left[1 - \Psi\ln(1 - x)\right]^{\frac{1}{2}} (1 + \theta^p)$$

式中，$\theta = C_a x$ 或 $\theta = C_a (1 - x)$；k_p 为反应速率常数；p 为经验常数；Ψ 为煤焦的初始结构参数。

　　许多研究者在使用的过程中不断地优化和修正随机孔模型。Chin 等[28]利用平均孔径代替随机孔模型中的高斯分布函数，简化了数学处理，且简化模型与沈北煤焦水蒸气气化的动力学实验数据吻合较好。Bhatia 等[29]考虑了微孔间的离散因素对颗粒尺寸和结构的影响，提出了离散随机孔模型。Gupta 等[30]考虑了官能团或氢的初始孔表面与随后出现的新鲜孔表面反应性的差异，提出了修正离散随机孔模型。

五、气化机理模型

　　从气化机理的角度研究气化过程的动力学，可以从微观上更加深入地理解气化过程。研究者根据基元反应的近似稳态原理或速率控制步骤原理，推导出了气化动力学速率表达式。

　　不同的研究者从不同的角度研究煤气化过程，分别提出了不同的气化机理，其中氧交换机理被广泛应用和接受。Ergun 和 Johnson 等[31,32]利用冶金焦在小型流化床上研究了常压下蒸气分解反应，给出了氧交换机理正确性的证据；Walker 和 Pilcher 等[33,34]也研究了水蒸气气化反应的机理，通过分析实验数据，也认为氧交换机理是正确的。该机理认为 H_2O/CO_2 被高温碳层中的自由碳位 $C(f)$ 吸附，并使水蒸气变形，碳与水分子中的氧形成中间络合物——碳氧表面复合物 $C(O)$，氢气离解析出，然后碳氧复合物依据温度等条件的不同形成不同比例的 CO 和自由碳位 $C(f)$，具体过程可以表示为

$$XO + C(f) \Longleftrightarrow Y + C(O)$$
$$C(O) \longrightarrow CO$$

　　按照以上机理，根据稳态平衡原理推导气化反应的速率方程[35,36]：

$$r = \frac{k_1 P_{XO}}{1 + k_2 P_Y + k_3 P_{XO}}$$

其中 XO 表示 CO_2 或 H_2O，Y 表示 CO 或 H_2。

　　Ergun 等[37]考虑到 CO 对 CO_2/H_2O 气化反应具有抑制作用，认为这是由于反应生成的 CO 再次被 $C(f)$ 吸附，CO_2 气化反应包含可逆过程，CO 会抑制碳氧表面复合物的生成，从而抑制煤焦的气化反应，并提出了如下反应机理：

$$XO + C(f) \Longleftrightarrow Y + C(O)$$
$$C(O) \longrightarrow CO$$
$$CO + C(O) \Longleftrightarrow CO_2 + C(f)$$

　　该机理对应的速率方程为

$$r = \frac{k_4 P_{H_2O} + k_5 P_{CO_2}}{1 + k_6 P_{XO} + k_7 P_{CO} + k_8 P_{H_2}}$$

其中 XO 表示 CO_2 或 H_2O，Y 表示 CO 或 H_2。

Gadsby 等[38]认为 CO 的抑制作用是由自由碳位 C(f) 对 CO 的化学吸附引起的，并提出如下吸附理论：

$$XO+C(f) \longrightarrow Y+C(O)$$
$$CO+C(f) \Longleftrightarrow C(f)CO$$
$$C(f)CO \longrightarrow C(O)+C(f)$$

按照过渡态理论，推导得到的速率方程为

$$r = \frac{k_4 P_{H_2O}+k_5 P_{CO_2}}{1+k_6 P_{XO}+k_9 P_{CO}P_{CO}^2+k_8 P_{H_2}}$$

其中 XO 表示 CO_2 或 H_2O，Y 表示 CO 或 H_2。

Blackwood 等[39]研究了压力大于 0.5MPa 时的煤焦 CO_2 气化动力学，认为上述反应机理不适合描述压力大于 0.5MPa 时煤焦的 CO_2 气化反应过程，并提出如下机理：

$$CO_2+C(f) \longrightarrow C(O)+CO$$
$$C(O) \longrightarrow CO$$
$$C(f)+CO \longrightarrow C(f)C(O)$$
$$CO_2+C(f)C(O) \Longleftrightarrow 2CO+C(O)$$
$$CO+C(f)C(O) \Longleftrightarrow CO_2+2C(f)$$

依据上述气化机理，推导得到的气化速率方程如下：

$$r = \frac{k_{10}P_{CO}^2+k_{11}P_{CO_2}}{1+k_{12}P_{CO_2}+k_{13}P_{CO}}$$

根据上述机理和速率方程可以看出，随着 CO_2 压力的升高，碳氧复合物 C(O) 和 C(f)C(O) 达到饱和，压力对气化反应的影响不再显著，这与实验室研究结果吻合较好。王明敏等[40]在热重分析仪上研究了压力对澳大利亚低阶煤水蒸气气化过程的影响，发现随着压力的增大，气化反应速率增大，但在压力增大到某一值后，反应速率不再增大。向银花等[41]以神木煤、彬县煤、王封煤为原料，用加压热天平研究了三种煤焦在 CO_2 气氛下的气化反应特性。结果表明，当压力低于 1.6MPa 时，随着压力的增加反应速率明显增加；而当压力大于 1.6MPa 时，压力的影响变小；当压力很大时，压力对气化过程的影响基本可以忽略。陈义恭等[42]利用加压热天平研究了小龙潭低阶煤等八种中国煤焦的 CO_2 气化特性，发现当压力低于 1.0MPa 时，压力对反应速率影响显著，而当压力大于 1.0MPa 时，压力的影响不显著。

Wall 等[43]研究了高压下煤焦-水蒸气气化反应，提出水蒸气的解离吸附机理：

$$H_2O+C(f) \longrightarrow C(OH)+C(H)$$
$$C(OH)+C(H) \Longleftrightarrow C(O)+C(H_2)$$
$$C(O) \longrightarrow CO$$

Long 等[44]以椰子壳木炭为原料研究了在 $10\sim760\mathrm{mmHg}$、$680\sim800℃$下的水蒸气气化反应机理，从键能的角度提出并验证了水蒸气解离吸附机理的正确性。Tay 等[45]研究了澳大利亚低阶煤的水蒸气气化过程，分析半焦结构发现，氢自由基加强了芳香环的缩聚，水蒸气存在条件下半焦中的含氧基团大量增多，支持了水蒸气解离吸附机理。按照过渡态理论，推导可得该机理对应的速率方程：

$$r=\frac{k_{14}P_{\mathrm{H_2O}}^2+k_{15}P_{\mathrm{H_2O}}+k_{16}P_{\mathrm{H_2}}P_{\mathrm{H_2O}}}{1+k_{17}P_{\mathrm{H_2O}}+k_{18}P_{\mathrm{H_2}}}$$

以上机理模型中 k 为温度的函数，可由 Arrhenus 方程式计算得到：

$$k=k_0\exp\left(-\frac{E}{RT}\right)$$

六、分布活化能模型

分布活化能模型最早用来描述金属膜的电阻变化，后来用于煤热解[46-48]，近来被用于煤气化[48,49]，模型的具体表达式如下。该模型认为气化过程由许多相互独立的一级不可逆反应组成，各个反应的活化能不同，呈某种连续分布，如阶梯分布或高斯分布。该模型的数学描述和数学处理过程比较复杂，并且需要假定频率因子和活化能分布，同时活化能的理论值与实验值在反应初期误差较大，故未被广泛应用于计算煤气化动力学[47,48]。

$$1-x=\int_0^\infty-\left[k_0\int_0^t\exp\left(-\frac{E}{RT}\right)\mathrm{d}t\right]f(E)\,\mathrm{d}E$$

七、幂函数模型

均相模型、未反应收缩核模型、混合模型和随机孔模型主要考虑了气化反应速率随碳转化率、半焦孔隙结构和化学性质的变化不断变化而建立，但是，气化反应还受到操作条件的影响，如温度、总压力和气体分压等。鉴于此，研究者提出了幂函数模型[50]，该模型的速率表达式可写为

$$\frac{\mathrm{d}x}{\mathrm{d}t}=kp^n$$

式中，n 为反应级数；k 为反应速率常数，与温度有关，可用 Arrhenius 方程计算得到。

该模型主要考虑了压力和温度的变化对反应速率的影响，没有考虑气体如 CO 和 H_2，对煤焦气化过程的抑制作用[51,52]。

八、半经验模型

纯粹理论模型的数学处理过程烦琐，而且准确性也不尽人意，研究者对实验数据进行整理拟合，提出了一些半经验模型[53-55]，如 Wen 等[53] 提出的方程：

$$\frac{\mathrm{d}x}{\mathrm{d}t} = k(1-x)\left(c_{\mathrm{H_2O}} - \frac{RTc_{\mathrm{CO}}c_{\mathrm{H_2}}}{K_p}\right)$$

第二节　低阶煤气化反应器模型

一、夹带流反应器

夹带流反应器由耐高温不锈钢筒体/石英类材料和套管式喷嘴组成，见图 7-1。该反应器采用电加热对结构细长的反应管加热，可以由多段独立管式电炉加热，等间距设置多个 K 型热电偶，分别检测温度。与工业化气流床一样，夹带流反应器所用原料煤的粒径均小于 1mm，通常小于 0.5mm。实验时，煤颗粒由载气带入，沿着套管内管从上部喷入反应器内，在一定的温度和压力下，煤颗粒发生气化反应，气相产物从下部排出，半焦在反应器底部富集。

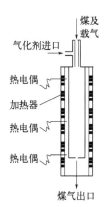

图 7-1　夹带流反应器示意图

夹带流反应器主要用于研究反应气氛、气化温度和压力等操作条件对褐煤气化（含催化气化）的宏观影响，也可以用来模拟工业化气流床不同反应温度和压力下的气化动力学，但是模拟相应的气固流场分布尚有困难，因为进料入口处气固相对速度和射流长度都远不及工业装置[58-61]。同时，夹带流反应器用于研究停留时间（气化反应时间）对气化结果的影响时，往往通过改变进气总量（速率）来调节反应时间，这值得商榷。

首先，随着进气总量的变化，气固停留时间确实发生了改变，但是气固相间相对速度和传质速率也发生了变化，甚至气化反应速率控制步骤也有可能变化[62,63]；其次，随着进气总量的变化，气相和固相的停留时间不是严格地线性增加或减少，尤其是进口气速和反应器高径比较大时[58,60,61]。所以在设计反应器时，通常将反应区域设置为多段，不但可以分段控温，也可以分段设置气体出口，这样通过改变反应器长度的方法调节反应时间，可避免其他因素的干扰，大大提高实验结果的可靠性。

最近，一些研究者提出的"褐煤氧化反应和水蒸气气化反应之间存在协同效应"

就是最先在夹带流反应器中得到的实验结果，然后在流化床等其他反应器中得到验证。研究者[58,64-67]利用该反应器系统地研究了温度、粒径及气氛对胜利褐煤气化产物分布和气化半焦孔隙结构的影响，发现氧化反应和水蒸气气化反应之间存在显著的协同效应，其宏观特征为：H_2O+O_2 气氛下褐煤转化率明显大于 O_2 和 H_2O 单独气氛下褐煤转化率之和，即向 H_2O 气氛添加 O_2 后褐煤转化率的增幅大于氧气氧化反应导致的褐煤转化率的增幅，即 $B>A$，见图 7-2[66]；同时，H_2O+O_2 气氛下水蒸气气化的表观反应速率和表观反应速率常数明显大于 H_2O 单独气氛下的数值[58,66]。该协同作用主要是由于氧化反应的开孔和扩孔作用使煤炭颗粒微孔数量、比表面积、孔容、吸附量大大增加（图 7-3），更多的碳表面活性位暴露出来[67]；氧化反应也促进了半焦中 C=O 键[(531.6±0.5)eV]、C—O 键[(534.1±0.4)eV]的断裂和高活性羧基 COO—键[(533±0.6)eV] 的生成，见图 7-4[67]。可以看出，氧化反应通过改变半焦的空隙结构和官能团等化学结构促进了水蒸气气化反应。据文献报道[68,69]，水蒸气气化反应对半焦孔隙结构的影响也非常显著，尤其在气化前

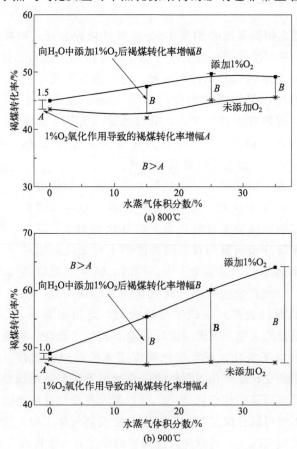

图 7-2　800℃/900℃夹带流反应器中向 H_2O 气氛中添加 $1\%O_2$ 前后褐煤转化率的变化曲线

期，水蒸气的扩孔作用非常明显，水蒸气气化反应对氧化反应的协同促进作用是否存在以及协同作用的微观机理等问题都有待研究。同时，实验在贫氧条件下进行，氧化反应可能主要发生在气相，是活泼自由基的氧化过程，因此可以考虑从自由基反应角度探寻协同作用的机理。另外，协同作用存在时，水蒸气气化的本征动力学和气化机理将会发生哪些变化，如何与反应器建模过程有机结合，探寻协同作用对气化动力学和反应器建模影响的定量表达是今后研究值得关注的问题。

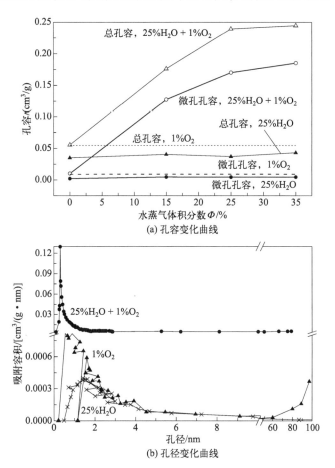

(a) 孔容变化曲线

(b) 孔径变化曲线

图 7-3　900℃ 时夹带流反应器中向蒸汽气氛中添加 1%氧气前后半焦孔容及孔半径变化曲线

褐煤气化主要是热解（惰性或贫氧气氛下）形成的半焦的气化，因此，制焦条件-半焦活性-气化速率形成一个"利益链"。利用夹带流反应器可以研究热解温度、升温速率及热解气氛等制焦条件对半焦活性的影响。范冬梅等[70]以宁夏石沟驿褐煤为原料，在夹带流反应器中以 700～950℃ 快速热解和慢速热解方式制备煤焦，考察了煤焦表面形貌和反应活性随制焦条件的变化。结果表明，煤焦气化反应速率主要受气化温度影响，受热解温度的影响相对较小；气化温度越高，煤焦-H_2O 和煤焦-

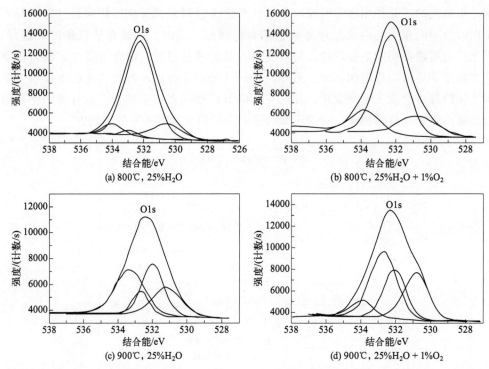

图 7-4　800℃/900℃时夹带流反应器中 25%H₂O 气氛添加 1%O₂ 前后褐煤半焦的 XPS-O1s 图谱

CO_2 反应的速率差异越小；与煤焦-H_2O 气化相比，热解制焦条件对煤焦-CO_2 气化影响更大。利用夹带流反应器在贫氧气氛（如 N_2+2%O_2）下制取的半焦孔隙明显比惰性气氛下制取的半焦孔隙丰富，孔容增大十几倍，并且半焦表面的高活性基团（如甲基、羧基）增多[64]。这为半焦的氧化和气化都提供了有利条件，如在夹带流反应器中元宝山褐煤超细煤粉（平均粒径约 50μm）燃尽时间约在 600ms[71]，胜利褐煤（80~100 目）在 N_2+1%O_2 气氛下完成燃烧反应约 0.5s 即可[59]。当然，制焦气氛也影响褐煤中氮氧化物的释放规律和 AAEM 的挥发迁移规律[72,73]。

　　为了最大程度地模拟气流床的实际运行情况，一些研究者开发了高温高压夹带流反应器，该反应器用特殊材质制成，且需要一套精准的压力控制系统。研究者[74,75]一致发现，在高压和高温（1300~1500℃）条件下，褐煤具有较高的气化反应速率、气化效率和碳转化率，且相对于流化床反应器，这种反应器易于开发放大。Dai 等[75]开发了一种新型夹带流反应器（中间试验装置），该反应器采用水煤浆进料，具有 4 个对置式进料喷嘴，气化温度、压力、进料时气固相对速度接近工业装置。利用该反应器研究了反应气氛对煤气组成的影响，研究发现，在 CO_2 气氛下干煤气中有效成分含量大于 95%，在 H_2O+N_2 气氛下干煤气中有效成分含量大于 90%，在 H_2O+CO_2 气氛下干煤气中有效成分含量大于 92%。该反应器已经成功放大到工业级。此外，更高温度（＞1500℃）的夹带流反应器被用来研究苛刻条件下褐煤气化特性，一些反应器的最高温度和压力分别达到1800℃和5.0MPa，远远高于工业化气流床[76]。

二、流化床反应器

流化床反应器可以"消化"0～10mm的粉煤，粒径分布越集中，越容易操作。气化时，煤粒通过气化剂作用在沸腾状态进行热化学反应。该反应器具有温度分布均匀、气固传热传质速率快、煤种适应广等特点，是一种高效的煤炭气化反应器。流化床反应器主要包括分布板、筒体、内置式返料装置［图 7-5(a)］或外置式返料装置［图 7-5(b)］。

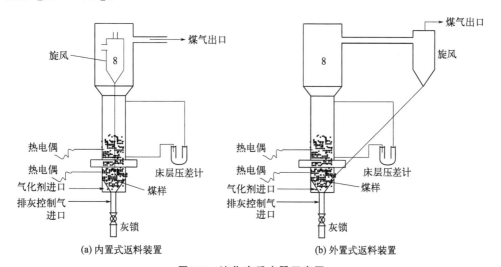

图 7-5　流化床反应器示意图

流化床反应器主要用于研究反应气氛、温度、压力对气化过程的影响，半间歇操作（一次进料，连续进气）时也可用来研究停留时间对气化过程的影响和气化本征动力学/宏观动力学。现场运行情况表明，温度是影响流化床气化的首要因素，气化温度每升高5℃，煤气组成就会发生很大的变化，尤其是煤气中大分子物质（如萘）的含量变化更大。压力对煤气中甲烷含量的影响较大，呈正相关。

多数研究表明，粒径对褐煤气化速率、转化率和煤气中有效气(H_2+CO)含量影响较大，呈正相关。也有研究表明[77]，随着褐煤颗粒粒径增大，褐煤转化率呈抛物线状，存在最大值。这可能与研究者采用的颗粒粒径范围有关，前者采用的粒径正好落在抛物线的左半幅。还有研究表明[59,78]，同一种褐煤在相同气化温度和停留时间下，大粒径褐煤气化所得煤气有效气($CO+H_2$)含量大于小粒径褐煤，见图7-6。

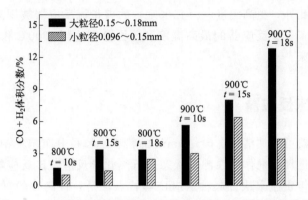

图 7-6　不同粒径胜利褐煤在不同停留时间下有效气含量变化

实际上，粒径对褐煤气化的影响比较复杂，涉及温度、气氛、颗粒孔隙特征、分子扩散速率与气化速率等一系列问题，目前尚无系统的报道。大粒径颗粒的气化速率或有效气（$CO+H_2$）含量优于小粒径褐煤有以下几个可能原因：

① 不同的速控步。在相同的气化温度和气固相对速度下，小颗粒处于膜扩散或灰层扩散控制，而大颗粒处于气化反应速率控制，导致大颗粒具有较快的气化速率。

② 不同的空隙特征。相同的气化气氛和温度下，大颗粒内部孔隙较多，小孔和微孔丰富，具有较大的比表面积，故反应性优于小颗粒。

③ 不同的表面化学结构（如官能团等）。相同的气化气氛和温度下，大颗粒表面具有活性基团。

④ 半焦空隙结构和表面化学结构同时存在差异。

利用上述原因可以对一些实验现象进行解释，例如孙德财等[79]利用 CH_4-CO-N_2-O_2 贫氧燃烧产生的烟气对粉煤颗粒快速加热，制得大、小粒径半焦（平均粒径分别为 $16.9\mu m$、$2.2\mu m$）。通过表征半焦的空隙特征，发现小颗粒半焦比表面积远远小于大颗粒半焦，小颗粒半焦主要以大孔为主，大颗粒半焦以小孔为主；小颗粒半焦在 825℃ 和 850℃ 下的气化反应速率也低于大颗粒半焦，但是在 875℃ 和 900℃ 时，出现逆转。这主要是因为在低温下大颗粒半焦的气化反应受内扩散影响较小而具有较大的比表面积，导致反应速率较大；在高温下内扩散影响加剧，导致反应速率下降，低于小颗粒半焦。靳志伟等[80]研究了 900～1100℃ 时乌兰察布褐煤的水蒸气气化特性，发现粒径在 20～30mm 的褐煤的气化速率大于粒径为 10mm 的褐煤，粒径在 80～90mm 的褐煤的气化速率大于粒径为 30～40mm 的褐煤，气化速率由大到小依次是粒径为 20～30mm、10mm、80～90mm、30～40mm 的褐煤。可以看出，总体上 10～30mm 的小颗粒褐煤的气化速率大于 30～90mm 大颗粒褐煤的气化速率，这时小颗粒褐煤气化效果较好。但是分别对小颗粒和大颗粒二次分组，发现大颗粒气化效果较好。这可能是颗粒的孔隙结构差异造成的，同时也说明粒径对气化的影响是非常复杂的。除了上文提到的可能的解释，粒径范围的选择也是影响气化结果的重要因素。在不同的粒径范围内，粒径对气化的影响具有不同的特征；同时，粒径与进料速率之间存在协同作用[77]，也会影响气化速率。关于该作用在不同操作条件（温度、压力及气氧比等）下的显著性及其作用机理等有待进一步深入研究。

与夹带流反应器一样，研究者也关注了流化床反应器中氧化反应和水蒸气气化反应之间的协同作用，发现该协同作用也存在[66]，但是仔细分析可以看出，流化床反应器中协同作用较弱，明显小于夹带流反应器。图 7-7 显示了在气流床反应器中向不同体积分数 H_2O 气氛中添加 O_2 前后褐煤转化率的变化，图 7-8 和图 7-9 是在流化床反应器中进行同样实验的结果。可以看出，在两种反应器中，添加 O_2 后褐煤的转化率都明显增加。从图 7-7 可以看出，在气流床中褐煤转化率增幅在 $1.49\%\sim5.50\%$。分析产生增幅的原因，首先考虑 1% O_2 与煤焦发生氧化反应导致褐煤转化率提高。在 N_2 气氛下和 1% O_2 气氛下褐煤转化率分别为 43.57% 和 45.06%，说明 1% O_2 的氧化作用导致的转化率(A) 仅为 1.49%，明显小于向 H_2O 气氛中添加氧气后褐煤转化率的增幅(B) $3.6\%\sim5.5\%$（$B>A$，存在协同作用），两者的差值($B-A$) 稳定在 $2.11\%\sim4.01\%$ 之间[81]。同样，分析图 7-8 和图 7-9 中流化床反应器的气化过程，可以看出，在氧气浓度为 0.6%、1.5% 时氧气氧化作用导致的褐煤转化率增幅分别为 2.57%、6.10%，也小于向 H_2O 气氛中添加 O_2 后褐煤转化率的增幅，但是两者的差值多小于 0.75%，并且个别试验点出现差值小于等于零的现象（见圆圈标注）。

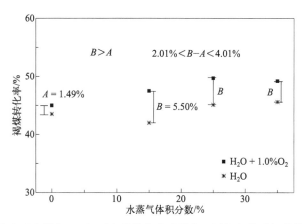

图 7-7 气流床反应器中 800℃ 时向蒸汽气氛中添加 1% 氧气前后褐煤转化率的变化

上述分析说明，在气流床和流化床中均存在氧化反应和水蒸气气化反应之间的协同作用（$B>A$），但是与流化床反应器相比，气流床反应器中向水蒸气气氛添加氧气后褐煤转化率的增幅与氧气氧化作用导致的褐煤转化率增幅的差值（$B-A$）

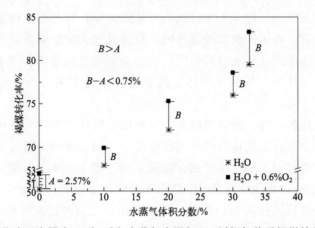

图 7-8　流化床反应器中 800℃时向水蒸气中添加 0.6％氧气前后褐煤转化率的变化

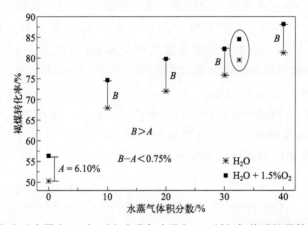

图 7-9　流化床反应器中 800℃时向水蒸气中添加 1.5％氧气前后褐煤转化率的变化

较大，协同作用更加稳定和显著。随着对协同作用微观机理的进一步研究，不同反应器中协同作用具有显著差异的原因才可以明确。

除了氧化反应和水蒸气气化反应的协同效应外，在流化床中煤粉进料速率（FC）、颗粒大小（PS）和气氧比（S/O）对褐煤转化率的影响也存在协同作用，并且在不同的 S/O 下协同作用差异显著；FC 和 PS 对煤气中 H_2/CO 比值的影响存在交互作用，该交互作用相对较弱且与 S/O 无关；三个因素对煤气产率的影响无明显交互作用，见图 7-10[82]。

半间歇操作（一次进料，连续进气）时流化床也可用来研究停留时间对气化过程的影响和气化本征动力学/宏观动力学。在研究本征动力学时，要提高气固相对速度，同时减小颗粒粒径，尽量减小内扩散和外扩散的影响，以实现扩散影响最小化。一般情况下，温度越高，气化反应速率越快，煤气中 CO＋H_2 含量越高，且在不同温度下气化过程处于不同的速控步。新疆吉木萨尔县次烟煤在 750～950℃时，化学

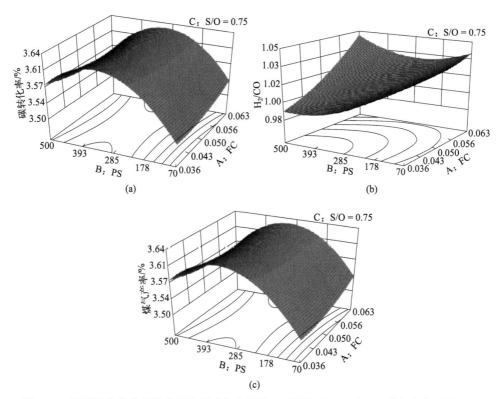

图 7-10　不同操作条件间的交互作用对气化结果（碳转化率、H_2/CO、煤气产率）的影响

反应为速控步，反应开始时速率最快，而温度升高至 $950\sim1100℃$ 时，气化过程受反应-扩散共同控制[82]。压力对气化速率的影响主要取决于气化剂的分压。随总压力升高，煤焦气化速度和 CO 瞬间生成速度的极值均升高；在相同温度下，煤焦的气化速度主要取决于 CO_2 的分压，与总压和 CO_2 体积分数关系不大[83]。增大 CO_2 的分压，气化速率随之增大，有效地降低了煤炭颗粒周围反应产物 CO 的分压，因此增大反应物 CO_2 的分压是加快气化速率的有效方法。氧载体可以出色地完成这个任务，氧载体可以快速地将 CO 氧化成 CO_2，大大降低半焦"附近"CO 浓度（分压），增大 CO_2 浓度（分压），尤其是在较高的碳转化率下。图 7-11 和图 7-12 是 Saucedo 等[84]在流化床反应器中利用铁基氧载体加速褐煤半焦 CO_2 气化速率的原理和半焦周围 CO 和 CO_2 浓度分布。

　　在连续进料状态下，流化床反应器也可用来初步研究挥发分-半焦相互作用。连续进料的稳定态气化过程中，原料煤被连续送入气化炉内，挥发分连续地生成，充斥在炉内的任何部位。原料煤很快（多小于 0.5s）形成热解半焦，这些半焦一直处于挥发分氛围下。挥发分的存在对半焦的热解和气化过程有显著影响，有/无挥发

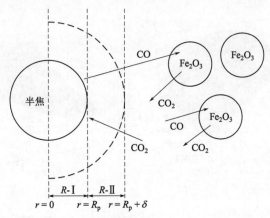

图 7-11   铁基氧载体加速褐煤半焦 CO_2 气化速率的原理（CO 被 Fe_2O_3 消耗生成 CO_2，提高了 CO_2 分压）

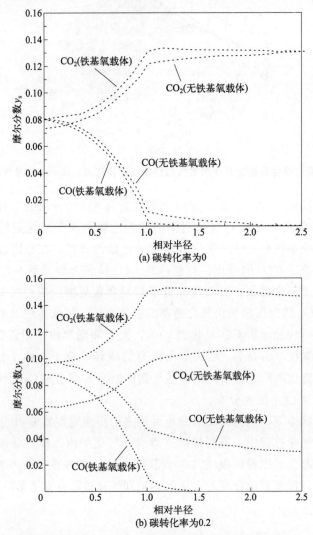

图 7-12   半焦气化过程中铁基氧载体和沙子作为共流化介质时半焦颗粒周围 CO 和 CO_2 浓度分布

包围下半焦的反应性差异明显。相应地，挥发分的组成也受到半焦热解过程的影响，这就是挥发分-半焦相互作用[85]。同时，不同气氛下（如 H_2O 和 N_2 气氛）形成的挥发分对半焦反应性的影响也存在差异[85]。研究者为了深入研究挥发分-半焦相互作用，相继开发了一段式流化床/固定床反应器和二段式流化床-固定床反应器，将在本节第三部分详细讨论。

　　流化床反应器也存在一些缺点。首先流化风速操作范围较窄，不易操作。其次，反应温度比煤灰软化温度低 $80\sim150℃$，温度过高会导致结渣。再次，有粉尘带出，需要专门的收集设备，这样物料衡算计算出来半焦的质量才准确可靠。流化气速较高时粉尘带出量较大且碳含量高，还需要除尘设备[86]。另外，高温高压下，各种反应交错影响，气化过程和流场分布错综复杂，工程放大难度大。国内的山西煤化所和美国的气体技术研究所均对流化床气化技术进行了系统的研究，分别建立了示范装置和工业化装置。其中，美国气体技术研究所的流化床气化技术（U-gas）在我国枣庄、义马分别建立了 0.2MPa 和 1.0MPa 的工业装置，正在探索装置"安、稳、长、满、优"运行经验。

三、流化床-固定床反应器

　　褐煤中存在大量的碱金属和碱土金属，主要是 Na、Mg、Ca。一方面，AAEM 容易与其他金属氧化物如二氧化硅、氧化铝、氧化铁等形成低温共熔物，加速煤灰的熔融结渣，严重时会导致工业气化炉停车。另一方面，不同化学形态的 AAEM 对气化过程存在不同程度的催化作用。为了研究 AAEM 在气化过程中的迁移和催化机理，研究者开发了一段/二段式流化床-固定床反应器。同时，该反应器也被用于研究挥发分-半焦相互作用对褐煤气化过程的影响，尤其是对 AAEM 迁移的影响。

1. 一段式流化床-固定床反应器

　　一段式流化床-固定床反应器是在流化床反应器的基础上改造而成的，主要包括上下两个平板气体分布器（筛板）、石英砂床等，具有流化床和固定床两种床型的特点，见图 7-13。气体分布器的下面设置了一个石英管，用于添加或移出石英砂，也可用于半焦的移出。实际上，该反应器相当于在普通流化床反应器的上部添加一个平板气体分布器，将流化床的内部空间进行二次分

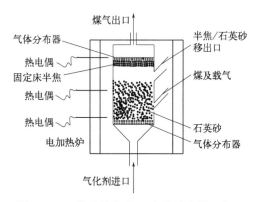

图 7-13　一段式流化床-固定床反应器示意图

割。实验时，煤粉通过载气夹带进入反应器，形成类似沸腾状态的气固混合物，发生热解或气化反应（气化剂不同），半焦被气流夹带上升，遇到上部的气体分布器后被截留下来，热态半焦黏结性强，黏附在气体分布器的下平面，随着进料时间的延长，不断累积，形成类似于固定床的床层。

该反应器将气化反应的气态和固态产物在"热态"下进行分离，避免了气态产物中的 AAEM 等在低温下冷凝在焦表面，所以可以研究不同实验条件下 AAEM 的变迁演化和半焦中 AAEM 的赋存形态。Quyn 等[87]利用该反应器也研究了 AAEM 挥发过程中的形态迁移，发现在脱挥发分和气化过程中，Na 与 Cl 分别挥发，Na 主要在热解时挥发。一般地，不同赋存形态的 AAEM 对半焦气化的催化作用存在显著差异，赋存形态对 AAEM 的催化作用具有决定性的影响，如 NaCl 的催化作用远远不如 COO-Na[88]。同时，不同热解温度和压力制得的半焦中 AAEM 的赋存形态存在很大差异，也可能表现为催化活性的差异，如 500℃、600℃和 700℃热解半焦中 Na 的赋存形态就不一样[30]，100%CO_2 气氛下半焦中 Na 含量比 0.4%O_2＋Ar 气氛下高[89]。

如果连续进料，则固定床中的半焦持续暴露在挥发分气氛中；如果间歇进料，则可以使固定床中的半焦处于气化剂气氛下，避免挥发分-半焦的相互作用。因此，该反应器也可以用来研究挥发分-半焦的相互作用对半焦微观空隙结构和官能团变化的影响。一般地，挥发分-半焦的相互作用可以显著抑制气化反应。按照文献［72］提供的方法测定半焦的反应性。在挥发分-半焦的相互作用下，进料时间越长，制得的半焦反应性越差，如图 7-14(a) 所示[90]；在无挥发分-半焦相互作用时，进料时间越长，制得的半焦反应性越强，如图 7-14(b) 所示[72]。总结原因，首先，挥发分重整产生的自由基占据了半焦活性位，减少了半焦表面有效活性位的可用数量，降低了半焦反应性[72]。其次，挥发分重整产生的自由基与半焦相互作用，影响半焦的微观结构，促使半焦中小芳香环结构缩合，提高了半焦芳香度，在一定程度上降低了半焦活性[91]。另外，挥发分-半焦的相互作用影响碱金属和碱土金属的迁移，尤其是挥发分-半焦的相互作用对 Mg、Ca、Na 的挥发具有显著影响，会改变催化剂的分布状态，降低气化反应速率，如图 7-15 所示[92,93]。

当然，该反应器也可以用来研究气氛、温度对气化过程的影响。Tay 等[94]以维多利亚褐煤为原料，利用该反应器研究了 15%H_2O＋Ar、0.4%O_2＋15%H_2O＋CO_2、0.4%O_2＋CO_2、0.4%O_2＋Ar、100%CO_2 气氛下褐煤的反应性变化，发现水蒸气和二氧化碳对半焦结构的影响显著不同，在一定程度上佐证了半焦-H_2O 与半焦-CO_2 气化反应的机理不同，常用的水蒸气气化氧交换机理和解离吸附机理不一定适用于 CO_2 气化反应，这与 Gadsby[38]和 Blackwood 等[95]的研究结果一致。另外，Tay 等[94]利用该反应器也研究了 15%H_2＋Ar、15%H_2O＋Ar、15%H_2＋15%H_2O＋

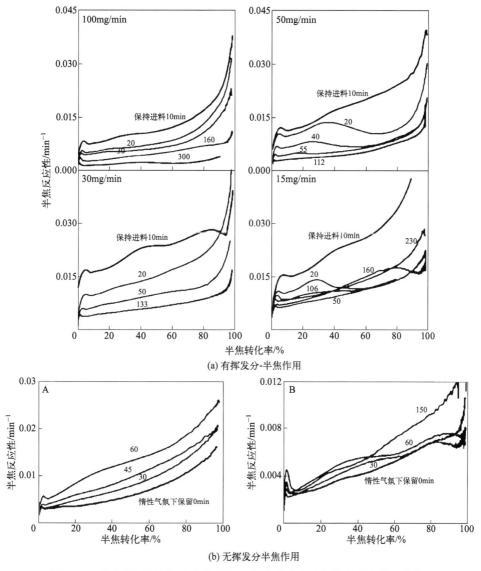

(a) 有挥发分-半焦作用

(b) 无挥发分半焦作用

图 7-14　在有/无挥发分-半焦作用下褐煤瞬时反应性与转化率的关系曲线

Ar 三种气氛对褐煤气化半焦结构的影响，发现氢气对气化过程具有抑制作用，同时发现在 H_2O 气氛下半焦也可以通过氧化作用形成含氧结构，半焦中含有大量含氧基团。该研究结果与水蒸气气化的解离吸附机理吻合。首先，该机理认为[96,97]反应生成的 H_2 以一定形式的稳态存在于煤炭颗粒表面，占据吸附水蒸气分子的活性位，阻碍水蒸气气化反应的进行。事实上，H_2 对反应的阻滞作用已经被 Bayarsaikhan 等[98]的研究证实。其次，水蒸气存在条件下，游离的氢自由基加强了芳香环的缩聚，半焦中的含氧基团大量增多，很好地支持了解离吸附机理。

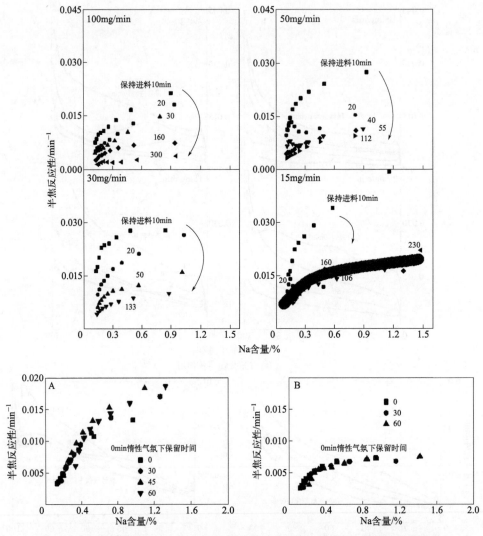

图 7-15　在有/无挥发分-半焦作用下褐煤瞬时反应性与焦中 Na 含量的关系曲线

2. 二段流化床/固定床反应器

二段流化床/固定床反应器也是在流化床反应器的基础上改造而成，包括上中下三个平板气体分布器（筛板），比一段流化床/固定床反应器多了一个平板气体分布器，见图 7-16。实际上，增加的平板分布器将流化床的内部空间进行分割。该反应器形成的固定床位于中间筛板上方，中间筛板下方空间为流化床区域。实验时，可以通过切换下部流化床有/无进料状态，更好地研究半焦-挥发分间的相互作用。下部流化床无进料时，只作为加热载体；下部流化床有进料（连续进料）时，所产生的挥发分会上行影响上部床层中半焦的气化过程。

研究者利用该反应器发现，挥发分和半焦的相互作用不仅限于半焦表面，也影响半焦的碳结构中芳香环的重整反应[99,100]，使褐煤半焦的芳香度增加，Na 发生挥发，半焦活性下降[101]。这与一段流化床/固定床反应器的实验结果完全一致。研究者利用该反应器研究了 AAEM 赋存形态影响催化作用的具体途径即催化机理，在一段流化床/固定床反应器中研究者仅仅提出 AAEM 赋存形态影响催化作用[87-89]。高活性的 AAEM 才有催化作用，可以与半焦官能团等发生离子交换，改变碳颗粒表面的电荷分

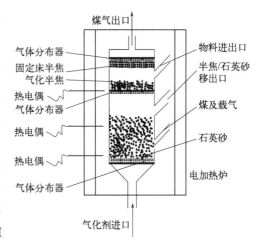

图 7-16　二段式流化床-固定床反应器示意图

布，形成活性位。以羧酸盐（COONa）形式存在的 Na 容易与活性基团发生离子交换，催化性能较好。相反，以硅酸盐形式存在的 Na，难以发生离子交换，基本没有催化作用[101]。同时，从赋存位置来看，只有依附在焦炭颗粒表面的 AAEM 才有催化作用，能够催化焦油转化为 CO 和 H_2，挥发性的 AAEM 没有催化作用，如挥发性的 Na 对水蒸气重整反应和气化反应均无催化作用[102]。

四、常压/加压热重分析仪

常压热重分析仪、加压热重分析仪在化工和化学领域广泛使用，尤其是在研究气固反应宏观动力学和本征动力学方面，具有快速、准确、直观的特点，可以获得大量丰富的动力学数据。如图 7-17 所示，热重分析仪（TGA）通常由一个高精密的天平、微型加热炉、坩埚组成，其中坩埚作为天平一端的"称重台"，坩埚内样品通过电加热＋热电偶组合精确控温，反应气氛可以根据实验需要调节。

常压/加压热重分析仪可以研究等温和一定升温速率（分段设置）条件下，褐煤、半焦及负载催化剂半焦的常压/加压气化动力学。

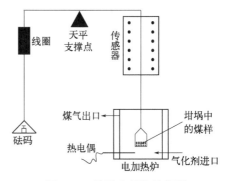

图 7-17　热重分析仪示意图

首先，热重分析仪可以方便地研究气化剂分压对气化速率的影响。王明敏等[40]

以澳大利亚褐煤为原料，在热重分析仪上研究了水蒸气分压对褐煤煤焦气化过程的影响，发现气化速率随水蒸气分压线性增加（对数坐标绘图），水蒸气的浓度级数为0.34。向银花等[41]以神木煤、彬县煤、王封煤为原料，用加压热天平研究了三种煤焦的 CO_2 气化特性，发现三种煤焦气化速率符合 Arrhenius 定律，以 1.6MPa 为分界点，压力对反应速率的影响发生明显变化，随压力升高，其影响变小。陈义恭等[42]利用加压热天平研究了小龙潭褐煤等八种中国煤焦 900℃时 CO_2 气化特性，也发现同样的规律，但是压力的分界值为 1.0MPa。Robertst 等[103]研究发现，水蒸气分压与二氧化碳分压对气化速率的影响不一样，这可能是两者气化机理的差异导致的。水蒸气气化可以用 Ergun 和 Johnson 等[31,32]的著名的氧交换机理进行解释。二氧化碳气化可以用 Blackwood 等[95]提出的双复合物气化机理进行解释，该机理如下：

$$CO_2 + C(f) \longrightarrow C(O) + CO$$
$$C(O) \longrightarrow CO$$
$$C(f) + CO \longrightarrow C(f)C(O)$$
$$CO_2 + C(f)C(O) \Longleftrightarrow 2CO + C(O)$$
$$CO + C(f)C(O) \Longleftrightarrow CO_2 + 2C(f)$$

根据上述机理和速率方程可以看出，随着 CO_2 压力的升高，碳氧复合物 C(O) 和 C(f)C(O) 达到饱和，压力对气化反应的影响不再显著，这与向银花、陈义恭等[41,42]的研究结果吻合较好。

其次，利用热重分析仪研究 AAEM 对褐煤气化的催化作用，可以方便地得到气化速率-转化率-时间关系图。刘洋等[104]利用加压热重分析仪研究了 CaO 对准东煤中温（700～750℃）水蒸气气化反应动力学特性的影响，结果发现 CaO 与碱金属间表现出协同催化作用，修正体积模型比均相模型、缩核模型更能体现添加 CaO 的准东煤中温水蒸气气化反应动力学特性，见图 7-18。Kim 等[105]利用热重分析仪研究了 K_2CO_3 对印尼褐煤低温气化过程的催化活性，发现其催化作用显著。

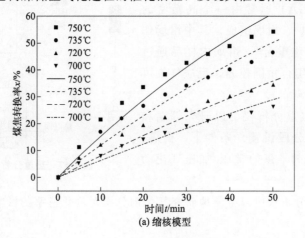

(a) 缩核模型

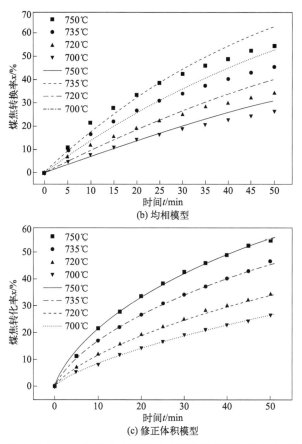

(b) 均相模型

(c) 修正体积模型

图 7-18　褐煤煤焦-CO$_2$ 气化反应不同动力学模型的预测值与实验值的对比

另外，热重分析仪可以作为性能测试评价仪器，对不同来源的半焦进行反应性评价。如比较常见的不同制焦条件（温度、压力、气氛、停留时间）对应的半焦-CO$_2$ 气化反应性的测试评价[106]，或者其他气氛下（H$_2$O、O$_2$、NO）反应性的测试评价[107]。研究发现，随制焦压力的升高，表观气化反应速率增大，但是制焦温度对反应速率的影响比较复杂，高温焦的反应活性可能高于低温焦。一般地，高温焦的反应性较差，可能与高温焦的空隙特征和气化速率控制步骤有关[40]。图 7-19 是不同制焦温度和压力下焦样（准东煤）反应速率随转化率的变化[108]。

可见，热重分析仪作为一种基础的分析仪器，在研究气化动力学等方面获得了广泛应用，但是存在一些不足，如煤样质量为毫克级，难以支持后续的检测；升温速率相对较低，难以模拟快速热解/气化过程；气化过程是半连续过程，与气固连续进料过程不同；热重分析仪往往被看作固定床，实际上，热重分析仪中气固相接触方式（流场分布）与传统的固定床差别很大，与流化床和气流床差距更大，明显与工业装置的实际操作差距较大。

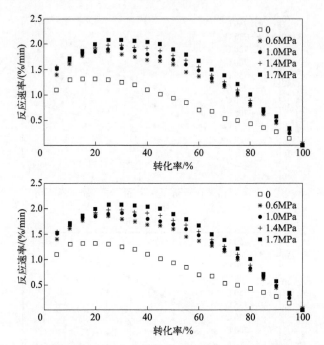

图 7-19 不同制焦温度和压力下焦样（准东煤）反应速率随转化率的变化

也可以看出，研究者利用热重分析仪、流化床反应器及夹带流反应器等研究气化动力学时，大都是直接利用实验数据与常用的动力学方程式进行拟合，选取合适的动力学表达式。实际上，由于反应器和操作条件的差异，同一模型的速率表达式有可能是不一样的，应该根据实验条件和反应特点，重新推导速率方程[62,63]。例如，在平推流反应器中研究半焦的水蒸气气化反应，如果水蒸气浓度 x_{H_2O} 比较小或者停留时间比较长，则不可以直接采用表 7-2 中常见缩核模型的速率方程。当反应处于一级化学反应控制时，根据反应式的化学计量关系，以单位时间单位内核反应面积为计量单位，可知消耗的碳量等于反应的水蒸气量的 β 倍，即

$$\frac{-\mathrm{d}M_C}{\mathrm{d}tS_I} = \beta K_{H_2O} x_{H_2O}$$

如果视 x_{H_2O} 为定值，直接积分就可以得到表 7-2 中常用的动力学方程，但是此时，x_{H_2O} 随着反应器的长度变化而变化，应先找到 x_{H_2O} 与 t 的数学关系，然后代入积分。用这种方法研究气固反应动力学模型和反应器模型更贴合实验条件，更接近"真实"，也是对已有模型的正确运用[62,63,109,110]。简单地运用已有的不同速率方程（如表 7-2 中方程）拟合实验数据，然后确定哪种模型更适合自己的实验条件，这种动力学处理方法似乎有待商榷。因为现有的速率方程都是在特定条件下考虑主要因素、推理、积分的结果，是否适合自己的实验条件有待检验，甚至有的速率方程只适用于特定的温度或压力下。

五、丝网反应器

丝网反应器是利用电流加热小直径的丝网，快速产生高温，可用来研究快速升温速率下褐煤的气化特性。丝网反应器主要由两层小间距的丝网和外围筒体组成，结构简单，操作方便，气化气氛灵活可控，其结构如图 7-20 所示。

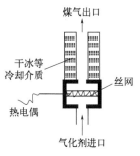

实验时，两层丝网间的单层煤粉被瞬间加热，在一定气氛下发生热化学反应，气态产物由载气带走，半焦残留在丝网上。丝网间的煤粉尽量单层平铺，颗粒间相互作用较弱，挥发分-半焦间相互作用和挥发分二次裂解作用也较弱，在一定程度上可以反映工业化气流床（如 Texaco、Prenflo 和 GSP）气化反应过程。同时，加热速率范围宽泛，低至 0.1K/s，高可达 10000K/s，适用于不同升温速

图 7-20　丝网反应器

率下热解气化过程的研究和模拟。反应气氛也灵活可调，可以研究氧化性气氛、还原性气氛或惰性气氛性下的热转化过程。更为有趣的是，该反应器还可以通过外加冷却装置，实现反应后反应气氛中大分子产物的瞬间冷凝，研究大分子物质在不同停留时间下冷凝产物的差异。

利用丝网反应器可以研究反应气氛和升温速率（可分段设置）对褐煤气化的影响，尤其是快速升温，也可以研究负载不同催化剂的半焦的气化特性，还可以研究压力（0.25～15MPa）对气化过程的影响。但是该反应器间歇操作，丝网间的煤样量仅几毫克，不利于后续分析。同时，该反应器虽可模拟工业气流床气化动力学过程，但是与工业气化炉仍有很大差距，无法研究模拟气相的流场分布、气固相间的相互作用等。利用丝网反应器研究压力（0.1～3.0MPa）对煤焦的 CO_2 气化反应的影响，结果发现，反应开始 20s 内，升高压力煤焦转化率直线增加，随时间延长，压力影响逐渐变小[111]。这和利用热重分析仪研究 CO_2 分压对气化速率的影响得到的实验结论[41,42]一致，都可以用 Blackwood 等[95]提出的双复合物 CO_2 气化机理进行解释，也有力地佐证了该机理的正确性。

利用丝网反应器可以研究快速升温和恒温条件下碱金属和碱土金属对气化反应的催化作用，与夹带流或流化床反应器不一样，该反应器更接近微分反应器，实验结果对应某一时间点而不是时间域，类似于热重实验曲线的某个点。Watanabe 等[112]利用圆柱形丝网反应器研究了不同形态金属氧化物对褐煤低温氧化反应的催化作用，发现钾、钠、铜的醋酸盐促进氧化反应，氯化钾、氯化钙、醋酸镁抑制氧化反应。Yu 等[113]采用丝网反应器考察了维多利亚褐煤在不同气氛下的着火点，发现

AAEM 的变化影响了焦的反应性，导致在 $21\%O_2+79\%CO_2$ 环境下褐煤的着火点比在空气中提高了 210℃。

Hoekstra 等[114] 开发出的新型丝网反应器，升温速率可达 10000℃/s，丝网和丝网间煤炭放置在真空（＜30Pa）和用液氮冷却（＜−80℃）的容器内，使热解/气化得到的气相产物"瞬间"液化，气相产物的"寿命"小于 15～25ms，远远低于传统热解过程气相产物的"寿命"，装置见图 7-21。研究发现，在惰性气氛下，热解后产物中油产率远远高于传统热解，半焦、煤气收率明显低于传统热解，但煤气组成变化不大，见图 7-22。另外，采用高速摄像技术监控冷凝产物的数量和状态，并与反应器内的压力进行对照，结果发现 500℃ 时压力和冷凝物产量都在约 0.8s 后不再发生变化，变化主要发生在 0.5s 内，也就是说热解过程主要在 0.5s 内进行，见图 7-23。

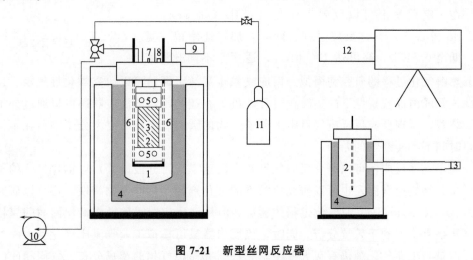

图 7-21   新型丝网反应器

1—反应器；2—金属丝/反应物；3—测温点；4—液氮浴；
5—铜电极；6—摄像设备；7—热电偶接口；8—压力传感器接口；
9—注射器（用于气体）；10—真空泵；11—氮气；12—高温计；13—玻璃管

六、其他反应器

为了有效削弱挥发物-半焦相互作用对气化过程的抑制作用，一些研究者开发了双床气化反应器将挥发分析出过程和半焦气化过程分开进行，中间有热量耦合。图 7-24 是一种典型的燃烧-气化双床反应器。

图 7-25 是套管式反应器，其内管下部有石英过滤板和石英棉，可进行气固分离。Bayarsaikhan 等[115] 在该反应器中研究了煤焦的水蒸气气化，发现催化气化和非催化气化是同时发生的，加热速率和气化压力等操作条件对半焦活性影响显著。

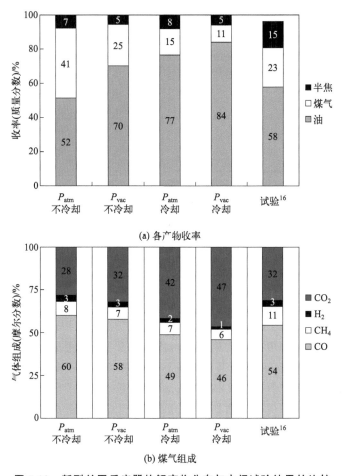

(a) 各产物收率

(b) 煤气组成

图 7-22　新型丝网反应器热解产物分布与中间试验结果的比较

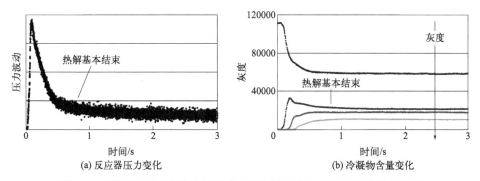

(a) 反应器压力变化　　　　　　　　(b) 冷凝物含量变化

图 7-23　新型丝网反应器热解实验中反应器压力变化和冷凝物含量变化

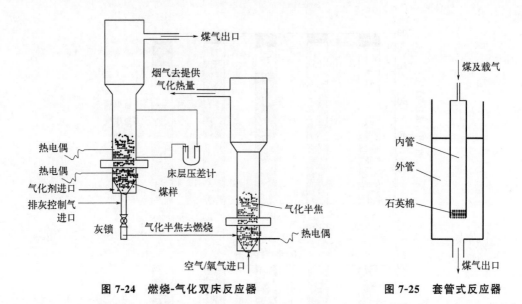

图 7-24　燃烧-气化双床反应器　　　　图 7-25　套管式反应器

同时，一些改造的新型管式炉[116-118]、固定床[119-120]、超临界水反应器[121]也被用于制取褐煤半焦及气化条件优化研究，尤其是气化剂之间的"竞争"气化。Chen 等[116]利用管式沉降炉制取褐煤快速热解半焦（快焦），利用固定床制取慢速热解半焦（慢焦），然后利用 TGA 研究其反应速率。结果发现，在 H_2O+CO_2 复合气氛下快焦和慢焦的气化速率小于 H_2O 和 CO_2 单独气氛之和，但大于任一种单独气氛，而且水蒸气气化对 CO_2 气化具有阻碍作用。这可以用气化的解离吸附机理进行解释，该机理认为 $C(O) \longrightarrow CO$ 速率相对于 $C(H) \rightleftharpoons 1/2H_2+C(f)$ 的速率明显较慢，并且 CO 离开碳表面后，不占据半焦-H_2O 气化活性位，但可以占据半焦-CO_2 气化活性位。水蒸气气化生成大量的 CO 抑制了 CO_2 气化。无独有偶，在类似固定床的细长型反应器（$\phi40mm\times1100\ mm$）中[119]进行的不同温度、气化气氛和加煤量等条件下的褐煤气化实验表明，气化剂之间的竞争和气化产物的抑制作用对气化速率的影响较为明显，半焦在复合气氛中的最高气化速率分别只有在纯气化剂（H_2O 和 CO_2）中的 49％和 69％，煤焦与 CO_2 的反应受到明显抑制。这也与气化解离吸附机理吻合。温度是影响气化速率的首要条件，远远超过压力的影响。宝一褐煤煤焦在高压管式炉中不同温度下对气化速率的影响不一样，在 800～950℃时，压力（2.0～2.5MPa）的影响很小；1000℃时，压力升高产生轻微抑制作用；如果将气化剂换成 H_2O，900℃时，压力影响很小，在 950℃时，促进作用开始显现[118]。这有可能是不同温度下褐煤气化时速率控制步骤和气化机理的差异性造成的，有待进一步研究。

另外，在这些新型反应器实验中 AAEM 的催化作用也得到验证。周晨亮等[120]利用微型固定床反应装置（$\phi8mm\times80mm$），研究了胜利褐煤中矿物质对水蒸气气化的催化作用,结果发现,酸洗煤样和原煤的 H_2、CO_2 和 CO 生成速率存在明显差异,煤中盐酸溶性矿物质对其水蒸气气化反应具有显著的催化作用,并且可以促进 H_2 生成,抑制 CO 生成。进一步分析发现催化作用主要是 AAEM 提高变换反应速率造成的,并提出了相应的原位催化机理。鉴于 AAEM 的催化作用,一些富含 AAEM 的物质,如生物质、赤泥及疏浚底泥等,和褐煤共气化时可以加快气化速率、增大碳转化率等[121-123]。滇池底泥和褐煤在间歇式超临界水反应装置进行共气化实验[121],发现底泥气化煤气富氢但产气量小;褐煤气化碳气化率高、产气量大。底泥和褐煤共气化过程中碳气化率和产氢率存在明显协同效应,分别提高了 3.12% 和 55mL/g(相对于加权平均值),这样既可处理底泥,又可获得较高的 H_2、CH_4 产率(350mL/g 和 113mL/g)。相对于采用外加纯净化合物(如 Na_2CO_3)的方式,这些研究更加注重矿物形式的 AAEM 的催化作用,也比较接近实际,因为煤中和泥中的 AAEM 多是以硅铝酸盐等矿物的形态存在,在气化过程中会发生形态的迁移和演变。

第三节　本章小结

(1) 由于煤种不同、气化温度、压力、气氛等的影响,气化反应十分复杂,造成动力学方程形式各异,各有侧重点和适用范围,实际上影响动力学的因素主要是温度和反应物浓度,所有的动力学微分形式和积分形式可以表示为

$$\frac{\mathrm{d}x}{\mathrm{d}t} = k(T)f(x)$$

$$Q(x) = k(T)t = \int_0^x \frac{1}{f(x)}\mathrm{d}x$$

上文所述的几种煤气化动力学模型中,分布活化能模型、幂函数模型、反应机理模型等在运用时,需要结合实际实验条件对部分参数进行假定或简化处理,才能得到速率方程的积分形式或数值解。未反应收缩核模型、均相模型等都可以获得数学积分形式,得到 $Q(x)$ 的数学表达式,常用的 $Q(x)$ 表达式见表 7-3。

表 7-3　常用的气化动力学积分表达式

序号	模型	使用条件	积分表达式
1	均相模型	1 级反应	$-\ln(1-x) = kt$
		1.5 级反应	$2(1-x)^{-1/2} = kt$
		2 级反应	$(1-x)^{-1} = kt$

序号	模型	使用条件	积分表达式
2	修正均相模型	1级反应	$-\ln(1-x)=\alpha t^{\beta}$
3	缩核模型（球状）	有灰层，扩散控制	$x=1/\tau \cdot t$
		无灰层，扩散控制	$x=1-(1-t/\tau)^3$
		灰层控制	$t/\tau=3-3(1-x)^{2/3}-2x$
		1级反应控制	$t/\tau=1-(1-x)^{1/3}$
4	缩核模型（球状）	1级反应控制	$t/\tau=1-(1-x)^{1/2}$
5	缩核模型（片状）	1级反应控制	$t/\tau=x$
6	混合模型		$x=1-[1-kt/(1-m)]^{1/(1-m)}$
7	随机孔模型		$x=1-\exp[-\tau(1+\Psi\tau/4)]$
8	修正随机孔模型		$x=1-\exp[-\tau(1+\Psi\tau/4)]$
9	Anti-Jande模型		$[(1+x)^{1/3}-1]^2=kt$

实际上，由于反应器和操作条件的差异，同一模型的速率表达式有可能是不一样的，应该根据实验条件和反应特点，重新推导速率方程。例如，在平推流反应器中研究半焦的水蒸气气化反应，如果水蒸气浓度 x_{H_2O} 比较小或者停留时间比较长，则不可以直接采用表 7-2 中的缩核模型。当反应处于一级化学反应控制时，根据反应式的化学计量关系，以单位时间单位内核反应面积为计量单位，可知消耗的碳量等于反应的水蒸气量的 β 倍，即

$$\frac{-\mathrm{d}M_C}{\mathrm{d}tS_I}=\beta K_{H_2O}x_{H_2O}$$

如果视 x_{H_2O} 为定值，直接积分就可以得到表 7-3 中对应的动力学方程，但是此时，x_{H_2O} 随着反应器的长度变化而变化，应先找到 x_{H_2O} 与 t 的数学关系，然后代入积分。

（2）研究目的的差异和褐煤煤质特点导致研究者开发了多种反应器，其中夹带流、固定床、流化床、热重分析仪是传统反应器，这些反应器多用来探讨适宜的操作条件及其协同作用和气化动力学。研究者已经发现氧化反应和水蒸气气化反应之间存在显著的协同作用，且夹带流反应器中协同作用明显大于流化床反应器。初步研究表明，该协同作用主要是由于氧化反应的开孔和扩孔作用丰富了半焦孔隙，使更多的碳表面活性位暴露出来，同时促进了半焦中 C—O 键、C—O 键的断裂和高活性羧基的生成。煤粉进料速率和颗粒大小之间也存在协同作用，且在不同的 H_2O/O_2 下协同作用差异显著，而且随进料速率增大，褐煤转化率存在最大值。

气化温度越高气化反应速率越快，煤气中有效气含量越高，且在不同温度下气化反应处于不同的速控步。气化压力对气化速率的影响主要取决于气化剂的分压，

氧载体可以方便地改变气化剂分压。水蒸气和二氧化碳分压对气化速率的影响可以用氧交换机理、双复合物机理进行解释。粒径对褐煤气化的影响具有双面性，可以从颗粒孔隙特征、分子扩散速率与气化速率等方面着手研究。

丝网、（一段或二段）固定床-流化床、燃烧-气化双床及套管反应器等是针对褐煤气化过程中某些气化特性（如负压热解、快速热解、挥发分快速冷凝、挥发分-半焦相互作用等）而开发的新型反应器，日益受到重视。研究发现负压快速热解（如10000℃/s）的油产率远远高于传统热解；挥发分-半焦相互作用对气化过程具有抑制作用，这主要是由于挥发分重整产生的自由基占据半焦活性位或直接与半焦作用，促使半焦结构缩合，芳香度增大，反应性降低。同时，该相互作用通过加速 AAEM 的挥发或改变其分布状态，降低气化速率。

不同的热解温度和压力制得的半焦中 AAEM 的赋存形态和含量明显不同，而且不同赋存形态的 AAEM 对半焦气化的催化作用存在显著差异。高活性的 AAEM 才有催化作用，可以与半焦官能团等发生离子交换，改变碳颗粒表面的电荷分布，形成活性位。以羧酸盐（COONa）形式存在的 Na 容易与活性基团发生离子交换，催化性能较好。相反，以硅酸盐形式存在的 Na，难以发生离子交换，基本没有催化作用。同时，只有依附在焦炭颗粒表面的 AAEM 才有催化作用，挥发性的 AAEM 没有催化作用。

当前的研究成果可在一定程度上为褐煤大规模高效气化提供一些支撑和参考，随着基础研究的深入，褐煤的气化特性及其微观机理日益受到重视，促进了相应的新型反应器的开发。如何高效清洁地将褐煤的轻质组分尽量多地"拿出来"，获得高产率高品质油品，对褐煤实施分级利用是目前研究者关注的焦点，也是新型反应器开发的方向。从研究进展的分析和讨论，以及今后褐煤清洁高效气化和合理分级转化的研究焦点来看，有如下认识：

① 夹带流反应器用于研究停留时间对气化的影响时，往往通过改变进气总量来调节停留时间，这值得商榷。首先，随着进气总量的变化，气固相对速度和传质速率也发生了变化，甚至可能导致速率控制步骤发生变化；其次，随着进气总量的变化，气相和固相的停留时间不是严格地线性增加或减少，尤其是进口气速和反应器高径比较大时。因此，建议在设计反应器时，通常将反应区域设置为多段，不但可以分段控温，而且可以分段设置气体出口，这样通过改变反应器长度的方法调节反应时间，进行真正意义的单因素实验，提高实验结果可靠性。

② 从褐煤转化率来看，氧化反应与水蒸气气化反应之间存在协同作用，并且在不同类型反应器中协同作用的大小差异显著，但是影响协同作用的因素非常复杂，除已研究的反应器类型、温度外，压力、褐煤种类及气化氛围等条件对协同作用的影响仍需研究，只有系统研究这些因素对协同作用的影响，明确其宏观表现，才能

更好地推测、演绎、验证协同作用的微观机理，实现宏观与微观的有机统一。在此基础上，利用微观机理深入研究协同作用发生的最佳条件，为褐煤气化技术放大和优化提供支持。同样地，煤粉进料速率和颗粒大小之间的交互作用也需要系统地研究，然后探寻其作用机理，最后回归指导技术的放大。

③ 目前的研究表明，氧化反应是通过改变半焦的空隙结构和官能团等化学结构进而促进水蒸气气化反应的。但是，水蒸气气化反应对半焦孔隙结构的影响也非常显著，尤其在气化前期，水蒸气的扩孔作用非常明显，水蒸气气化反应对氧化反应的协同促进作用是否存在以及协同作用的微观机理等问题都有待研究。同时，实验是在贫氧条件下进行的，氧化反应可能主要发生在气相，是活泼自由基的氧化过程，因此可以考虑从自由基反应角度探寻协同作用的机理。另外，协同作用对水蒸气气化的本征动力学和气化机理有哪些影响，反应器建模如何考虑协同作用的影响，探寻协同作用对气化动力学和反应器建模影响的定量表达等问题亟待解决，有待进一步深入探究。

在研究协同作用影响下的水蒸气气化动力学时，研究者多采用未反应收缩核模型，但褐煤的煤质疏松，空隙结构发达，可以考虑随机孔模型、修正随机孔模型、混合模型描述水蒸气气化反应速率。同时，结合实验条件，研究促进作用影响下不同反应器中这些模型的推导过程和数学形式的变化，将其与未反应收缩核模型进行比较，为气化炉反应器的设计和优化提供借鉴。

④ 一般地，粒径与气化速率正相关，但是一些研究发现大粒径颗粒的气化速率高于小粒径褐煤。粒径对褐煤气化的影响比较复杂，涉及温度、气氛、颗粒孔隙特征、分子扩散速率与气化速率等问题，目前尚无系统的研究，可尝试从以下几方面着手：

a. 不同的速控步。在相同的气化温度和气固相对速度下，小颗粒处于膜扩散或灰层扩散控制，而大颗粒处于气化反应速率控制，导致大颗粒具有较快的气化速率。

b. 不同的空隙特征。相同的气化气氛和温度下，大颗粒具有更发达的内部孔隙结构，小孔和微孔结构丰富，导致大颗粒的气化反应性优于小颗粒。

c. 不同的表面化学结构（如官能团等）。相同的气化气氛和温度下，大颗粒表面具有更多的活性小分子基团。

d. 半焦空隙结构和化学结构同时存在差异。

e. 进行预实验，避开抛物线极值点，合理选择粒径范围。

⑤ 用传统反应器来研究褐煤气化宏观动力学和本征动力学时，多数研究者都是直接利用实验数据与常用的动力学方程式进行拟合，进而判断哪种模型更合适。这种处理方法有待商榷。因为现有的速率方程都是在特定条件下考虑主要因素、推理、积分的结果，有的速率方程甚至只适用于特定的煤炭、温度或压力。研究者应该根

据自己的实验条件和反应特点，重新推导实验条件下的速率方程，然后将推导得到的方程式作为实验数据的拟合对象，这样才能判定某个模型是否适合描述自己的实验结果。

⑥ AAEM 的赋存形态和赋存位置对其催化作用有显著影响，即吸附在半焦表面且具有高活性的 AAEM 才有催化作用，它们可以与半焦官能团等发生离子交换，改变碳颗粒表面的电荷分布，形成活性位。这是研究者以外加纯净化合物的形式（如碳酸钾）研究催化过程而得到的结论，但实际上，工业气化炉煤灰以各种矿物的形式存在，并且在高温条件下会发生各种赋存形态的转变（挥发和迁移），其催化作用要复杂得多。如何将复杂过程分解开来，在接近真实气化条件下研究 AAEM 的催化作用值得今后研究关注。

⑦ 一般地，挥发分-半焦的相互作用可以显著抑制气化反应，主要有以下途径：a. 挥发分重整产生的自由基占据半焦活性位；b. 自由基促使碳结构中芳香环重整，芳香度增加，降低半焦反应性；c. 促使 Mg、Ca、Na 的挥发，改变催化剂的分布状态，降低气化速率。如何将挥发分-半焦相互作用对半焦炭结构芳香化的影响以及对 AAEM 的催化作用的影响最小化，为开发新型反应器提供了切入点，也为现有流化床反应器改造升级提供借鉴。

⑧ 在研究操作条件以及其协同作用对气化的影响时，多数实验都是在贫氧（体积分数不大于 3%）条件下进行的，依靠外热（如电加热）维持气化温度，但是实际气化过程都是自热式的（燃烧部分碳提供气化热量），氧气浓度较高，炉内流场、温度场、协同作用等可能发生较大变化。因此，研究高氧气浓度下协同作用的宏观特征及其对气化动力学、气固流场分布、化学反应分区、温度分布等的影响，建立自热式气化炉模型，对气化技术的放大和优化更有指导意义。

参考文献

[1]　章永浩，董锦泉. 煤焦与水蒸气及二氧化碳的气化反应动力学[J]. 高校化学工程学报，1991，5(4)：7-11.

[2]　李珂，曾玺，王芳，等. 微型流化床中不同 CO_2 分压下煤焦气化反应动力学研究[J]. C1 化学与化工，2021，46(5)：7-12.

[3]　王婷婷，曾玺，韩振南，等. 微型流化床中生物质半焦水蒸气气化反应特性及动力学研究[J]. 化工学报，2022，73(1)：14-19.

[4]　Lee W J，Sang D K. Catalytic activity of alkali and transition metal salt mixtures for steam-char gasification[J]. Fuel，1995，74(9)：1387-1393.

[5]　陈鸿伟，穆兴龙，王远鑫，等. 准东煤气化动力学模型研究[J]. 动力工程学报，2016，36(9)：690-696.

[6]　阎琪轩，王建飞，黄戒介，等. 加压下氢气对煤焦水蒸气气化反应的影响[J]. 燃料化学学报，

2014，42(9)：1033-1039.

[7]   帅超，宾谊沅，胡松，等.煤焦水蒸气气化动力学模型及参数敏感性研究[J].燃料化学学报，
       2013，41(5)：558-564.

[8]   Leonhardt P，Sulimma A，Heek K H V. Steam gasification of german hard coal using alkaline
       catalysts[J]. Fuel，1983，62(2)：200-204.

[9]   Zhang Linxian，Huang Jiejie，Fang Yitian，et al. Gasification reactivity and kinetics of typical
       chinese anthracite chars with steam and CO_2[J]. Energy & Fuels，2006，20(3)：1201-1210.

[10]   田斌，杨芳芳，庞亚恒，等.气化温度对型煤加压固定床气化反应特性的影响[J].中国电机工
       程学报，2013(S1)：7-13.

[11]   安国银，米翠丽.几种恒定高温下混煤燃烧反应动力学模型对比[J].热力发电，2016，45
       (005)：9-15.

[12]   Szekely J，Evans J W，Sohn H Y. Gas-solid Reactions[M]. London：Academic Press，1976.

[13]   范冬梅，朱治平，吕清刚.神木煤焦与 CO_2 和水蒸气反应后期动力学特性[J].煤炭学报，
       2013，38(7)：1265-1270.

[14]   向银花，王洋，张建民，等.煤气化动力学模型研究[J].燃料化学学报，2002，30(1)：21-26.

[15]   Peterson E. Reaction of porous solids[J]. Riche J，1957，3：442-448.

[16]   Bhatia S，Perlmutter D. A random pore model for fluid-solid reactions：i. isothermal，kinetic
       control[J]. AIChE Journal，1980，26(3)：379-386.

[17]   Benedetti A，Strumendo M. Application of a Random Pore Model with Distributed Pore Closure to
       the Carbonation Reaction[J]. Chemical Engineering Transactions，2015，43(4)：143-148.

[18]   Shao J G，Zhang J. L，Wang G W，et al. Combustion kinetics of coal char with random pore
       model[J]. Chinese Journal of Process Engineering，2014，14(1)：108-113.

[19]   Fan Y，Fan X，Zhou Z，et al. Kinetics of coal char gasification with CO_2 random pore model
       [J]. Journal of Fuel Chemistry & Technology，2005，33(6)：671-676.

[20]   Singer S，Ghoniem A. An adaptive random pore model for multimodal pore structure evolution
       with application to char gasification[J]. Energy & Fuels，2011，25(4)：1423-1437.

[21]   Zhang J，Wang G，Shao J，et al. A modified random pore model for the kinetics of char gasification
       [J]. Bioresources，2014，9(2)：3497-3507.

[22]   徐继军，三浦孝一，桥本健治.用封闭循环反应器对碳与二氧化碳气化反应中碱金属催化作
       用的研究[J].燃料化学学报，1991，12：156-162.

[23]   Lizzio A A，Radovic L R. Transient kinetics study of catalytic char gasification in carbon dioxide[J].
       Industrial & Engineering Chemistry Research，1991，30(8)：1735-1744.

[24]   Lizzio A A，Jiang H，Radovic L R，et al. On the kinetics of carbon(char)gasification：reconciling
       models with experiments[J]. Carbon，1990，28(1)：7-19.

[25]   Radovic L R. Importance of carbon active sites in coal char gasification—8 years later[J].
       Carbon，1991，29(6)：809-811.

[26]   Struis R P W J，Scala C V，Stucki S，et al. Gasification reactivity of charcoal with CO_2. part
       Ⅱ：metal catalysis as a function of conversion[J]. Chemical Engineering Science，2002，57

(17)：3593-3602.

[27]　Zhang Y，Hara S，Kajitani S，et al. Modeling of catalytic gasification kinetics of coal char and carbon[J]. Fuel，2010，89(1)：152-157.

[28]　Chin G，Liu G F，Dong Q S. New approach for gasification of coal char[J]. Fuel，1987，66(6)：859-863.

[29]　Bhatia S K，Vartak，B J. Reaction of microporous solids：the discrete random pore model[J]. Carbon，1996，34(11)：1383-1391.

[30]　Gupta J S，Bhatia S K. A modified discrete random pore model allowing for different initial surface reactivity[J]. Carbon，2000，38(1)：47-58.

[31]　Ergun S. Kinetics of the reactions of carbon dioxide and steam with coke(No. Bulletin 598)[R]. Washington：United States Government Printing Office，1962.

[32]　Johnson J L. Kinetics of Coal Gasification [M]. New York：John Willy and Sons，1979.

[33]　Walker P L，Rusinko F，Austin L G. Gas reactions of carbon[J]. Adv Catal，1959，11：133-221.

[34]　Pilcher J M，Walker P L，Wright C C. Kinetic study of the steam-carbon reaction-influence of temperature，partial pressure of water vapor，and nature of carbon on gasification rates[J]. Ind Eng Chem，1955，47(9)：1742-1749.

[35]　Strange J F，Walker P L. Carbon-carbon dioxide reacon：langmuir-hinshelwood kinetics at intermediate pressures[J]. Carbon，1976，14(6)：345-350.

[36]　Philip C，Robert G，Laurendeau M. Char gasification by carbon dioxide[J]. Fuel，1986，65 (3)：412-416.

[37]　Ergun，S. Kinetics of reaction of carbon dioxide with carbon[J]. Journal of Physical Chemistry，1956，60(4)：480-485.

[38]　Gadsby J，Long F L，Sleightholm P，et al. The mechaism of the carbon dioxide-carbor reaction[J]. Proc Roy Soc，1948，A193：357-365.

[39]　Blackwood，J D，Ingeme A. The reaction of carbon with carbon dioxide at high pressure[J]. Australian Journal of Chemistry，1960，13(2)：194-209.

[40]　王明敏，张建胜，岳光溪，等.煤焦与水蒸气的气化实验及表观反应动力学分析[J].中国电机工程学报，2008，28(5)：34-38.

[41]　向银花，王洋，张建民，等.加压下中国典型煤二氧化碳气化反应的热重研究[J].燃料化学学报，2002，30(5)：398-402.

[42]　陈义恭，沙兴中，任德庆，等.加压下煤焦与二氧化碳反应的动力学研究[J].华东理工大学学报，1984，1：42-53.

[43]　Wall T，Liu G S，Wu H W，et al. The effects of pressure on coal reactions during pulverised coal combustion and gasification[J]. Progress in Energy & Combustion Science，2002，5(5)：405-433.

[44]　Long F J，Sykes K W. The mechanism of the steam-carbon reaction[J]. Proc Roy Soc，1948，A193：377-399.

[45]　Tay H L，Kajitani S，Zhang S，et al. Inhibiting and other effects of hydrogen during gasification：

Further insights from FT-Raman spectroscopy[J]. Fuel, 2014, 116(1): 1-6.

[46] Cai J, Wu W, Liu R, et al. A distributed activation energy model for the pyrolysis of lignocellulosic biomass[J]. Green Chemistry, 2013, 15(5): 1331-1340.

[47] 赵岩, 邱朋华, 谢兴, 等. 煤热解动力学分布活化能模型适用性分析[J]. 煤炭转化, 2017, 40 (1): 13-18.

[48] 杨景标, 张彦文, 蔡宁生. 煤热解动力学的单一反应模型和分布活化能模型比较[J]. 热能动力工程, 2010, 25(3): 57-61, 114.

[49] 高正阳, 胡佳琪, 郭振, 等. 煤焦与生物质焦 CO_2 共气化特性及分布活化能研究[J]. 中国电机工程学报, 2011, 31(8): 51-57.

[50] Roberts D G, Harris D J. Char gasification with O_2, CO_2, and H_2O: effects of pressure on intrinsic reaction kinetics[J]. Energy Fuels, 2000, 14(2): 483-489.

[51] Bayarsaikhan B, Sonoyama N, Hosokai S, et al. Inhibition of steam gasification of char by volatiles in a fluidized bed under continuous feeding of a brown coal[J]. Fuel, 2006, 85(3): 340-349.

[52] Li Q F, Fang Y T, Zhang J M, et al. Gasification reactivity of petroleum coke with steam and carbon dioxide[J]. Ranshao Kexue Yu Jishu/Journal of Combustion ence and Technology, 2004, 10(3): 254-259.

[53] Wen C Y, Lee E S. Coal Conversion Technology[M]. Boston: Addison-Wesley, 1979.

[54] Goyal A, Zabransky R F, Rehmat A. Gasification kinetics of western kentucky bituminous coal char[J]. Industrial & Engineering Chemistry Research, 1989, 28(12): 1767-1778.

[55] Adschiri T, Shiraha T, Kojima T, et al. Prediction of CO_2 gasification rate of char in fluidized bed gasifier[J]. Fuel, 1986, 65(12): 1688-1693.

[56] 臧雅茹. 化学反应动力学[M]. 天津: 南开大学出版社, 1995.

[57] 毛在砂. 化学反应工程学基础[M]. 北京: 科学出版社, 2004.

[58] 程相龙, 王永刚, 孙加亮, 等. 胜利褐煤外热式气流床温和气化建模研究 I 模型的建立[J]. 煤炭学报, 2017, 42(09): 2447-2454.

[59] 程相龙, 王永刚, 申恬, 等. 胜利褐煤外热式气流床温和气化建模研究 II 模型的求解及运用[J]. 煤炭学报, 2017, 42(10): 2742-2751.

[60] Li C, Dai Z, Sun Z, et al. Modeling of an opposed multiburner gasifier with a reduced-order model[J]. Ind Eng Chem Res, 2013, 52(16): 5825-5834.

[61] Monaghan R F D, Ghoniem A F. A dynamic reduced order model for simulating entrained flow gasfiers. Part I: Model development and description[J]. Fuel, 2012, 91(1): 61-80.

[62] 王安杰. 化学反应工程学基础[M]. 北京: 化学工业出版社, 2018.

[63] 许越. 化学反应动力学[M]. 北京: 化学工业出版社, 2008.

[64] 王永刚, 孙加亮, 张书. 反应气氛对褐煤气化反应性及半焦结构的影响[J]. 煤炭学报, 2014, 39(8): 1765-1771.

[65] Sun J L, Chen X J, Wang F, et al. Effects of oxygen on the structure and reactivity of char during steam gasification of Shengli brown coal[J]. Journal of Fuel Chemistry & Technology, 2015, 43(7): 769-778.

[66] 程相龙，王永刚，孙加亮，等.氧化反应对胜利褐煤水蒸气气化反应的促进作用 I：宏观反应特性研究[J].燃料化学学报，2017，45(01)：15-20.

[67] 程相龙，王永刚，孙加亮，等.氧化反应对胜利褐煤水蒸气气化反应的促进作用 II：作用机理研究[J].燃料化学学报，2017，45(02)：138-146.

[68] Molina-sabio M，Gonzalez M T，Rodriguez-reinoso F，et al. Effect of steam and carbon dioxide activation in the micropore size distribution of activated carbon[J]. Carbon，1996，34(4)：505-509.

[69] 向银花，王洋，张建民，等.煤焦气化过程中比表面积和孔容积变化规律及其影响因素研究[J].燃料化学学报，2002，30(2)：108-112.

[70] 范冬梅，朱治平，那永洁，等.一种褐煤煤焦水蒸气和 CO_2 气化活性的对比研究[J].煤炭学报，2013，38(4)：681-687.

[71] 白旭东，冯兆兴，董建勋，等.常压夹带流气化/燃烧模拟器下超细煤粉燃尽特性试验研究[J].热力发电，2006，35(10)：40-42.

[72] Zhang S，Hayashi J I，Li C Z. Volatilization and catalytic effects of alkali and alkaline earth metallic species duringthe pyrolysis and gasification of Victorian brown coal. Part IX. Effects of volatile-char interactions on char-H_2O and char-O_2 reactivities [J]. Fuel，2011，90 (4)：1655-1661.

[73] Kordylewski W，Zacharczuk W，Hardy T，et al. The effect of the calcium in lignite on its effectiveness as a reburn fuel[J]. Fuel，2005，84(9)：1110-1115.

[74] Tremel A，Spliethoff H. Gasification kinetics during entrained flow gasification-Part III：Modelling and optimization of entrained flow gasifiers[J]. Fuel，2013，107(1)：170-182.

[75] Dai Z，Gong X，Guo X，et al. Pilot-trial and modeling of a new type of pressurized entrained-flow pulverized coal gasification technology [J]. Fuel，2008，87(10)：2304-2313.

[76] Tremel A，Haselsteiner T，Kunze C，et al. Experimental investigation of high temperature and high pressure coal gasification[J]. Applied Energy，2012，92(1)：279-285.

[77] KarimipourS，Gerspacher R，Gupta R，et al. Study of factors affecting syngas quality and their interactions in fluidized bed gasification of lignite coal[J]. Fuel，2013，103(103)：308-320.

[78] 朱廷钰，王洋.粒径对煤温和气化特性的影响[J].煤炭转化，1999，22(3)：39-43.

[79] 孙德财，张聚伟，赵义军，等.粉煤气化条件下不同粒径半焦的表征与气化动力学[J].过程工程学报，2012，12(1)：68-74.

[80] 靳志伟，唐镜杰，张尚军，等.大尺度褐煤煤焦气化特性研究[J].洁净煤技术，2013，19(4)：59-63.

[81] 程相龙.褐煤温和气化反应及灰特性研究[D].北京：中国矿业大学(北京)，2017.

[82] 王芳，曾玺，余剑，等.微型流化床中煤焦水蒸气气化反应动力学研究[J].沈阳化工大学学报，2014，28(3)：213-219.

[83] 刘皓，黄永俊，杨落恢，等.高温快速加热条件下压力对煤气化反应特性的影响[J].燃烧科学与技术，2012，18(1)：15-19.

[84] Saucedo M A，Lim J Y，Dennis J S，et al. CO_2-gasification of a lignite coal in the presence of

an iron-based oxygen carrier for chemical-looping combustion [J]. Fuel, 2013, 127 (1): 186-201.

[85] Bayarsaikhan B, Sonoyama N, Hosokai S, et al. Inhibition of steam gasification of char by volatiles in a fluidized bed under continuous feeding of a brown coal[J]. Fuel, 2006, 85(3): 340-349.

[86] 郭卫杰. U-GAS 气化炉飞灰理化性质及造粒性能研究[D]. 焦作: 河南理工大学, 2015.

[87] Quyn D M, HayashI J I, Li C Z. Volatilisation of alkali and alkaline earth metallic species during the gasification of a Victorian brown coal in CO₂[J]. Fuel Processing Technology, 2005, 86(12): 1241-1251.

[88] Quyn D M, Wu H W, Bhattacharya S P, et al. Volatilisation and catalytic effects of alkali and alkaline earth metallic species during the pyrolysis and gasification of Victorian brown coal. Part Ⅱ. Effects of chemical form and valence[J]. Fuel, 2002, 81: 151-158.

[89] Tay H L, Li C Z. Changes in char reactivity and structure during the gasification of a Victorian brown coal: Comparison between gasification in O₂ and CO₂[J]. Fuel Processing Technology, 2010, 91(8): 800-804.

[90] Zhang S, Min Z H, Tay H L, et al. Effects of volatile-char interactions on the evolution of char structure during the gasification of Victorian brown coal in steam[J]. Fuel, 2011, 90(4): 1529-1535.

[91] Kajitani S, Tay H L, Zhang S, et al. Mechanisms and kinetic modeling of steam gasification of brown coal in the presence of volatile-char interactions[J]. Fuel, 2013, 103: 7-13.

[92] Wu H, Quyn D M, Li C Z. Volatilisation catalytic effects of alkali, alkaline earth metallic species during the pyrolysis, gasification of Victorian brown coal. Part Ⅲ. The importance of the interactions between volatiles and char at high temperature [J]. Fuel, 2002, 81 (1): 1033-1039.

[93] Song Y, Xiang J, Hu S, et al. Importance of the aromatic structures in volatiles to the in-situ destruction of nascent tar during the volatile-char interactions[J]. Fuel Processing Technology, 2015, 132: 31-38.

[94] Tay H L, Kajitani S, Zhang S, et al. Inhibiting and other effects of hydrogen during gasification: Further insights from FT-Raman spectroscopy[J]. Fuel, 2014, 116(1): 1-6.

[95] Blackwood J D, Ingeme A J. The reaction of carbon with carbon dioxide at high pressure[J]. Australian Journal of Chemistry, 1960, 13(2): 194-209.

[96] 贺永德. 现代煤化工技术手册[M]. 北京: 化学工业出版社, 2004.

[97] Long F J, Sykes K W. The mechanism of the steam-carbon reaction[J]. Proc Roy Soc, 1948, A193: 377-99.

[98] Bayarsaikhan B, Sonoyama N, Hosokai S, et al. Inhibition of steam gasification of char by volatiles in a fluidized bed under continuous feeding of a brown coal[J]. Fuel, 2006, 85(3): 340-349.

[99] Li X, Wu H, Hayashi J, et al. Volatilisation and catalytic effects of alkali and alkaline earth metallic species during the pyrolysis and gasification of Victorian brown coal. Part VI. Further

investigation into the effects of volatile-char interactions[J]. Fuel, 2004, 83(1): 1273-1279.

[100] Li T T, Zhang L, Dong L, et al. Effects of gasification atmosphere and temperature on char structural evolution during the gasification of Collie sub-bituminous coal[J]. Fuel, 2014, 117: 1190-1195.

[101] Wu H W, Li X J, Hayashi J I, et al. Effects of volatile-char interactions on the reactivity of chars from NaCl-loaded Loy Yang brown coal [J]. Fuel, 2005, 84(10): 1221-1228.

[102] Masek O, Sonoyama N, Ohtsubo E, et al. Examination of catalytic roles of inherent metallic species in steam reforming of nascent volatiles from the rapid pyrolysis of a brown coal[J]. Fuel Processing Technology, 2017, 88(2): 179-185.

[103] Robertst D G, Harris D J. Char gasification with O_2, CO_2, and H_2O: effects of pressure on intrinsic reaction kinetics[J]. Energy & Fuels, 2000, 14(2): 483-489.

[104] 刘洋, 杨新芳, 雷福林, 等. 添加 CaO 的准东煤中温水蒸气气化特性的研究[J]. 燃料化学学报, 2018, 46(03): 265-272.

[105] Kim Y, Park J, Jung D, et al. Low-temperature catalytic conversion of lignite: 1. Steam gasification using potassium carbonate supported on perovskite oxide [J]. Journal of Industrial and Engineering Chemistry, 2014, 20(1): 216-221.

[106] Cakal O G, Yucel H, Guruz A G. Physical and chemical properties of selected Turkish lignites and their pyrolysis and gasification rates determined by thermogravimetric analysis[J]. Journal of Analytical and Applied Pyrolysis, 2007, 80(1): 262-268.

[107] Zhu X L, Sheng C D. Influences of carbon structure on the reactivities of lignite char reacting with CO_2 and NO [J]. Fuel Processing Technology, 2010, 91(8): 837-842.

[108] 李强, 史航, 郝添翼, 等. 煤焦的高温高压反应动力学[J]. 煤炭学报, 2017, 42(07): 1863-1869.

[109] Zhong H, Lan X, Gao J. Numerical simulation of pitch-water slurry gasification in both downdraft single-nozzle and opposed multi-nozzle entrained-flow gasifiers: a comparative study[J]. Journal of Industrial & Engineering Chemistry, 2015, 27(1): 182-191.

[110] Watkinson A P, Lucas J P, Lim C J. A prediction of performance of commercial coal gasifier [J]. Fuel, 1991, 70(4): 519-527.

[111] Hindmarsh C J, Thomas K M, Wang W X, et al. A comparison of the pyrolysis of coal in wire-mesh and entrained-flow reactors[J]. Fuel, 1995, 74(8): 1185-1190.

[112] Watanabe W S, Zhang D K. The effect of inherent and added inorganic matter on low-temperature oxidation reaction of coal[J]. Fuel Processing Technology, 2001, 74(3): 145-160.

[113] Yu Q, Zhang L, Binner E, et al. An investigation of the causes of the difference in coal particle ignition temperature between combustion in air and in O_2/CO_2 [J]. Fuel, 2010, 89(11): 3381-3387.

[114] Hoekstra E, Van Swaaij W P M, Kerstens R A, et al. Fast pyrolysis in a novel wire-mesh reactor: Design and initial results[J]. Chemical Engineering Journal, 2012, 191(1): 45-58.

[115] Bayarsaikhan B, Hayashi J I, Shimada T, et al. Kinetics ofsteam gasification of nascent char

from rapid pyrolysis of aVictorian brown coal[J]. Fuel，2005，84(12/13)：1612-1621.

[116] Chen C，Wang J，Liu W，et al. Effect of pyrolysis conditions on the char gasification with mixtures of CO_2 and H_2O[J]. Proceeding of the Combustion Institute，2013，34(2)：2453-2460.

[117] Ding L，Zhou Z J，Huo W，et al. Comparison of steam-gasification characteristics of coal char and petroleum coke char in drop tube furnace[J]. Chemical Engineering，2015，23(7)：1214-1224.

[118] 邓一英.煤焦在加压条件下的气化反应性研究[J].煤炭科学技术，2008，36(8)：106-109.

[119] 朱龙雏，王亦飞，陆志峰，等.煤焦在气化合成气中高温气化反应特性[J].化工学报，2017，68(11)：4249-4260.

[120] 周晨亮，刘全生，李阳，等.胜利褐煤水蒸气气化制富氢合成气及其固有矿物质的催化作用[J].化工学报，2013，64(6)：2092-2102.

[121] 王奕雪，宁平，谷俊杰，等.滇池底泥-褐煤超临界水共气化制氢实验研究[J].化工进展，2013，32(08)：1960-1966.

[122] Yan X，Miao P，Chang G，et al. Characteristics of microstructures and reactivities during steam gasification of coal char catalyzed by red mud[J]. Chemical Industry & Engineering Progress，2018，37(5)：1753-1760.

[123] Zhang Z，Pang S，Levi T. Influence of AAEM species in coal and biomass on steam co-gasification of chars of blended coal and biomass[J]. Renewable Energy，2017，101(1)：356-363.

第八章
H₂O/O₂协同作用下低阶煤
气化过程建模分析

气化炉模型是气化炉放大和最优化设计的重要工具，也减少了实验工作量以及实验设备费用。无论是气化动力学的研究，还是气化炉内流场分布的研究，其目的都是为不同类型气化炉（反应器）模型的建立提供必要的条件。尽管实现气化过程的反应器类型各异，但是建立反应器模型时需要考虑的"素材"是一样的，具体见图 8-1。本章研究的低阶煤下行气流床温和气化过程也不例外，建立反应器模型时也需要考虑煤灰熔融结渣性模型、热解模型、气固反应模型、气相反应模型、反应区域模型、气固流动特点等。

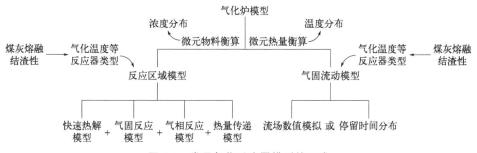

图 8-1　常见气化反应器模型的组成

第四～六章研究了褐煤温和气化过程中氧化反应与水蒸气气化反应协同作用的宏观特征、作用机理及发生的有利条件（反应器类型、温度、水蒸气浓度、氧气浓度），结果表明，$O_2 + H_2O$ 气氛下褐煤转化率明显大于 O_2 和 H_2O 气氛下褐煤转化率之和，说明协同作用明显存在；协同作用对水蒸气气化反应的速率有明显影响，且随着温度和水蒸气浓度升高协同作用更加显著；气流床反应器中的协同作用比流化床反应器显著得多。这些说明协同作用的存在对气化动力学和反应器建模具有明显影响。同时，气流床温和气化过程的气化温度明显低于现有工业化气流床气化温度（1400~1500℃），工业化气流床气化建模常用的热力学平衡常数法[1]、吉布斯自由能最小化法[2]、小室模型[3]、反应器网络模型[4]等都是基于高温下部分或者全部气相反应达到平衡而建立的，不适用于温和气化，尤其是平衡常数法、吉布斯自由能最小化法。气流床温和气化过程的气化温度接近流化床气化温度，但是气固相的流场分布和返混程度存在显著差异，现有的流化床气化模型难以直接运用到气流床温和气化过程中。

　　本章以本实验中气流床气化炉为建模对象，按照常见气化炉的反应器建模思路（图 8-1），初步建立了一维气化模型，并且讨论了其求解过程及对不同气氛、温度、粒径、停留时间下气化产物分布的预测情况，以期为温和气化过程反应器的放大和操作条件的优化提供借鉴。该模型考虑了协同作用对水蒸气气化反应动力学的影响，也考虑了煤灰熔融性和结渣性对气化温度的影响、气化炉内气相和固相流动特点等，具有较高的准确性。

第一节　低阶煤气化反应器建模影响因素分析

一、煤灰熔融结渣性及其对气化温度的影响

　　煤灰熔融温度和结渣性是煤炭气化过程中确定气化温度、选择排渣方式、设计反应器炉体的重要指标，如流化床气化温度必须低于煤灰变形温度（100~200℃），气流床气化温度必须高于煤灰的流动温度。对于低阶煤温和气化工艺而言，气化温度较低，采用固态排渣方式，气化温度必须低于煤灰变形温度（100~200℃），以免造成炉内煤灰结渣。因此，准确预测煤灰熔融性和结渣性对气化温度的确定具有重要意义。在确定适宜气化温度后，气化过程中的流动模型、动力学模型、反应区域模型等才得以建立，尤其是宏观动力学模型和反应区域模型，如水蒸气气化反应在较高温度下处于扩散控制区域，较低温度下处于化学反应控制区域。

1. 煤灰熔融性预测及其对气化温度的影响

　　研究者从定性到定量对煤灰熔融温度进行了预测。Lowry[5]、Ghosh[6]、Hidero 等[7]分别提出了定性预测煤灰熔融难易的参数，如 Lowry[5]以参数 K 来界定难熔煤灰和易熔煤灰，K 值用式（8-1）计算。为了定量预测煤灰熔融温度，研究者提出了多元回归法和三元相图法。多元回归法是指将煤灰熔融温度与其化学组成进行线性或非线性拟合，得到经验关系式。国内外的研究者通过直接拟合或向煤灰中添加氧化物或碳酸盐等化学品改变煤灰的化学成分，进而间接拟合得到了不同的拟合关系

式，如式(8-2)[8]。三元相图指以灰分中三种氧化物为正三角形三个顶点的熔融相图，如 SiO_2-Al_2O_3-CaO、FeO-Al_2O_3-CaO。后来，一些研究者提出了复合三元相图，如碱性氧化物-酸性助熔氧化物-酸性非助熔氧化物[9]。研究者还提出了其他一些预测方法，以进一步提高预测的实用性和准确性[10,11]。

$$K = \frac{SiO_2 + Al_2O_3}{CaO + Fe_2O_3 + MgO} \tag{8-1}$$

$$ST = 1530 - 2.12SiO_2 + 4.15Al_2O_3 - 8.35FeO - 10.29CaO - 5.17MgO \\ - 4.62(100 - SiO_2 - Al_2O_3 - CaO - Fe_2O_3 - MgO) \tag{8-2}$$

式中，各分子式均为相应组分在煤灰中的含量，%；ST 为煤灰软化温度。

实际上，煤灰中的氧化物大部分是以矿物形式存在的，某一化学组分对熔融温度的影响受其他组分含量的影响比较大，用线性或非线性拟合的方法得到的预测结果误差较大[12,13]。简单三元相图有完备的液相线和共熔点，考虑了部分氧化物的矿物形态，但是没有考虑其他氧化物对熔融温度的影响，预测结果不理想[14,15]。复合三元相图缺乏绘制相线所需的大量试验数据，并且各研究者的结论也不一致，尚不具备定量预测功能[9]。

从化学组成上看，SiO_2、Al_2O_3、CaO、FeO 是组成煤灰的主要氧化物，其含量之和占煤灰的 70%～90%。它们以各种矿物形式赋存在煤灰中，在煤灰高温熔融时可以形成低温共熔物。分析 SiO_2-Al_2O_3-CaO 三元相图可以发现，这三种氧化物形成的钙长石($CaAl_2Si_2O_8$)、钙黄长石($Ca_2Al_2SiO_7$)、硅灰石($Ca_3Si_3O_9$) 等矿物分别在 1170℃和 1265℃发生低温共熔，形成低温共熔点。分析 SiO_2-Al_2O_3-FeO 三元相图可以发现，铁橄榄石(Fe_2SiO_4)、铁铝榴石[$Fe_3Al_2(SiO_4)_3$]、铁尖晶石($FeAl_2O_4$) 等在 1083℃发生低温共熔。这些低温共熔物大大降低了煤灰熔融温度，起到了极大的助熔作用。白进等[16]分析了不同高温下煤灰中矿物的演变，发现在 1400℃下，煤灰主要组成是钙长石、假硅灰石、石英、莫来石和大量的非晶态物质。根据 X 射线数据确定钙长石、假硅灰石、莫来石发生了明显的低温共熔现象。代百乾等[17]利用 X 射线衍射仪(XRD) 和扫描电镜能谱仪研究了高温气化条件下煤灰的熔融行为，指出钙长石与钙黄长石的低温共熔作用在降低煤灰熔融温度过程中起到了关键作用。杨建国等[18]利用热分析方法和 XRD 分析，对低熔融温度的神木煤和高熔融温度的淮南煤的煤灰在加热过程中矿物质的热行为及其演变进行了对比研究，发现钙黄长石和钙长石低温共熔是神木煤煤灰熔融温度低的主要原因。

2. 煤灰结渣性预测及其对气化温度的影响

国内外学者研究了气氛/灰化学组成等对煤灰结渣难易的影响，提出了碱酸比、灰熔点、铁钙比、硅铝比等判据[19-25]。但是从工程设计和装置运行情况来看，预测效果并不理想，准确率多低于 70%，有的只有 20%～30%[22,26]。研究者提出了一些新判据，如突变级数法[27]、重力筛分法[28]、模糊模式识别法[29]、模糊神经网络法[26,29]、热平衡相图法[26,30]、沉降炉硅碳棒法[26]、热显微镜观察法[26,31]以及磁力分析法[22,26]等。这些方法的准确性有所提高，但试验或计算过程烦琐、权值和输入变量选择随意性大，甚至出现不同人员采用同一方法研判同一煤种的结渣性而结果迥异的现象，很难适应工程人员设计和操作的需要，应用受到很大局限。研究表明，导致煤灰结渣的主要原因是气化或燃烧过程中煤灰中矿物在较低温度下形成了共熔物，即低温共熔。煤灰中矿物质由煤中矿物质演变而来，矿物种类和赋存形态丰富多样，发生低温共熔的体系也较多，但是研究者对低温共熔体系的研究主要集中于 SiO_2-Al_2O_3-CaO、SiO_2-Al_2O_3-FeO 三元体系[14-18,32-40]，而对四元体系或更多元体系的研究报道较少。这主要是由于，一方面，SiO_2 和 Al_2O_3 是煤灰中含量最高的两种氧化物，其次是 CaO、FeO，四种氧化物含量之和一般占煤灰的 70% 以上，在研究的 264 个煤样中，86% 的煤样四种氧化物含量之和大于 85%，70% 的煤样大于90%。SiO_2、Al_2O_3 与 CaO/FeO 形成的矿物之间会发生低温共熔，低温共熔物生成量在很大程度上决定了煤灰结渣的难易。Al-Otoom 等[41]发现，加压流化床的团聚结渣物中含有大量可低温共熔的硅铝酸钙等；李凤海等[42]研究了晋城无烟煤流化床气化结渣机理，发现 1100℃ 左右低熔点共熔物铁尖晶石（铁铝酸盐）以及钙长石（钙铝硅酸盐）等的形成是导致结渣的主要因素；毛燕东等[15]研究了九类典型煤种添加 K 基催化剂和不同煤种灰成分对烧结温度的影响，发现钾盐极易同煤中 Fe、Ca 的矿物质反应生成低温共熔物，而钙、铁可加速硅铝酸盐间反应生成低温共熔物，进而加剧煤灰结渣。Wu 等[43]研究煤水蒸气、二氧化碳气化过程中矿物质的熔融行为时，发现钙的存在和低熔点共熔物的形成明显加速了灰熔融结渣行为。同时，研究者对三元体系的许多研究结论在生产和工程设计中得到了运用和验证，尤其是单煤/混煤灰熔融结渣性的预测和调控[25,26,30,42,44-50]。另一方面，多元体系平衡相图的建立缺少大量的实验基础数据，依靠热力学模拟软件得到的数据缺乏实验验证，并且随着"元数"增多，低温共熔物生成量随之减少，对煤灰熔融性的影响明显减弱，这也许是研究者提出复合三元相图的原因，如碱性氧化物-酸性助熔氧化物-酸性非助熔氧化物相图[9,51-52]。Cheng 等[53]采用最优分割法确定 SiO_2 和 Al_2O_3 含量之和、CaO 和 FeO 含量之和作为煤灰结渣性强弱判据的最佳分割点，得到煤灰结渣性强弱的两个充要判据，对近 300 个煤样进行了验证，准确度接近 90%。

二、气固相流动特点

气流床实验采用的是气流夹带喷入（射流）式的进料方式，与高温气流床相比，炉内气体流场分布具有相似性。于遵宏[54]、Monaghan[55]、Gazzani[56]、Li 等[57]的研究表明，对于高温气流床而言，无论是干法进料还是水煤浆进料，流场模拟都发现炉内存在射流区、回流区、平流区三个分区。张金阁等[58]使用 Fluent 软件对多射流锥形对撞式气流床内的流场分布进行了模拟，同时使用三维动态颗粒分析仪对气流床内的速度场进行了测量，也发现炉内流体流动主要分为射流区、回流区和平流区。不同的高径比和射流速度会影响到三个区域的体积分布，随着射流速度的降低和高径比的增加，回流区减小，较小的高径比是回流区形成的主要原因[55-60]。一般地，对于大型气流床，在一定的喷嘴出口气体速度下（大约 200～400m/s），随高径比增大，平流区体积分数线性增加，回流区则减少[55-58]。许建良等[60]对某工业化单喷嘴 Texaco 炉（84m³ 煤浆/h）进行数值模拟发现，当高径比为 5 时，平流区的长度占反应器总长度约 50%。

本实验中，气流床高 2400mm，直径为 80mm，高径比为 30，远远大于工业化气流床的高径比（约 2～5）。同时，本实验中进气速度较小（8m/s），明显小于工业化气流床的进气速度。因此，可以推测其射流区和回流区体积很小，基本可以忽略，平流区的体积分数接近 1。当然，这有待于通过流场模拟或计算进行深入研究。

关于气流床中固体颗粒的流动，主要通过停留时间分布和数值模拟来描述。李超等[61,62]采用数值模拟研究了颗粒运动。发现气相的流动在很大程度上影响了固相的流动，整个气化炉中的颗粒主要集中在喷嘴轴线以及气化炉轴线附近，回流导致气化炉喷嘴截面下部颗粒浓度较高。进口气速、颗粒粒径和密度的增加都会导致颗粒最短停留时间减小。Wen[63]、Ubhayakar[64]和 Philip 等[65]在建立气流床气化炉一维模型时假定固体颗粒以活塞流的方式运动，气化炉径向均匀，即无浓度、温度、密度梯度，模型结果与实验数据相符。

三、反应区域划分及各区域动力学分析

研究者根据气化剂在炉内的分布特点、气固相流动特点和不同化学反应速率，在建立气化炉模型时，往往将气化炉内划分为若干区域，不同区域发生不同的化学反应。图 8-2 是常见气化炉型的反应区域模型[20,63,66]。

（一）快速热解模型

目前主要用单方程模型、双方程模型、考虑煤化学组成的 FLASHCHAIN 模型、考虑煤组成结构的 CPD 模型、不同煤种的煤热解通用模型等[67-69]描述挥发分总体析出速率，而关于挥发分中各组分的析出速率则多采用一级反应模型、有限平行反应模型、无限平行反应模型[70-73]。其中平行反应模型的典型代表是分布活化能模型和转化率特征反应模型。分布活化能模型需要研究者根据经验对平行反应的活化

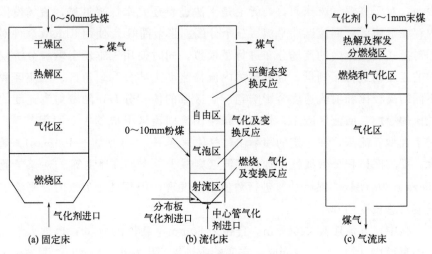

图 8-2　常见气化炉型反应区域模型

能分布和反应转化率进行预先设定，例如假定活化能呈阶梯分布或高斯分布等[70]，子反应的转化率为 0.58 等[71]；转化率特征反应模型也同样需要对特征反应的转化率进行设定，例如特征反应转化率为 0.632[72]。这些设定过程包含很多经验因素，不同的设定对预测结果影响较大。本节选用 Solomon 和 Colket[73] 的快速热解一级反应模型预测热解不同产物的逸出速率，见式(8-3)，该模型计算简单，便于工程应用。

$$dw_i = k_i \exp(-E_i/RT)(w_{oi} - w_i) \tag{8-3}$$

式中，w_{oi} 是热解产物最终产率，可根据 Suuberg 等[74] 的矩阵方程（十元一次方程组）求得，该方法被广泛应用于热解产物分布的预测。该模型假定焦油和半焦由固定元素组成且组分恒定，同时将 CO、CO_2、CH_4、C_2H_6、半焦的生成量与煤的工业分析和元素分析进行了关联。k_i 和 E_i 分别是某一组分析出的指前因子和活化能，与实验煤种性质相关，可以用热解实验结果拟合求得或借鉴文献上的参考值。

（二）气固反应模型

煤炭气化过程中，主要气固反应有半焦氧化、半焦气化和半焦甲烷化，见表 8-1。其中，半焦气化反应动力学模型在第七章已经阐述过，此处不再赘述。

表 8-1　煤炭气化过程主要的气固反应

序号	反应	化学方程式
1	半焦氧化	$C + \alpha O_2 = 2(1-\alpha)CO + (2\alpha - 1)CO_2$
2	半焦气化	$H_2O + \beta C = H_2 + \beta_1 CO + \beta_2 CO_2, \beta = \beta_1 + \beta_2$ $C + CO_2 = 2CO$
3	半焦甲烷化	$C + 2H_2 = CH_4$ $C + 2H_2O = CH_4 + CO_2$

1. 半焦氧化

关于氧化反应的机理目前尚有争议，其中络合物分解机理被多数学者接受。该机理认为氧分子被活性位吸附后首先生成中间碳氧络合物（C_3O_4），然后由热分解或氧分子撞击分解成 CO 和 CO_2，CO 和 CO_2 的比例取决于扩散、吸附络合、固溶络合、氧分子撞击频率等因素[20,75]。

氧化反应是吸附于焦粒外表面的氧气与碳之间的反应，由于该反应本征动力学速率较快，主要受灰层或气膜扩散阻力控制。Field[76]指出，粉煤氧化燃烧过程中，当粒度大于 0.1mm 时，燃烧的大部分时间受气膜扩散控制，燃烧后期受灰层扩散控制；而粒度小于 0.05mm 时，燃烧受化学反应控制。Mulcahy 和 Smith 的研究结果也认为，当粒度大于 0.1mm 时，一般情况下，燃烧受扩散控制；同时指出，粒度为 0.09mm，温度不高于 750K，或粒度小于 0.02mm，温度不高于 1600K 时，燃烧速度处于化学动力学控制区。

Field 等[77]认为氧气分压与氧化反应速率成正比，提出了气膜扩散控制时燃烧速率的幂函数模型。该速率方程在粉煤燃烧的建模研究和工程设计等方面被广泛应用[78-81]。方程式如下：

$$r = \frac{P_{O_2}}{(1/k_{diff} + 1/k_r)}$$

$$k_r = k_{r0} \exp(-17967/T)$$

$$k_{r0} = 8710 g/(cm^2 \cdot s)$$

$$k_{diff} = 0.292 D/(\alpha d_p T)$$

$$D = 4.26(T/1800)^{1.75}/P$$

以上式中，r 为反应速率；P_{O_2} 为氧气分压；k_r、k_{r0}、k_{diff}、D 为中间变量，无实际意义；d_p 为固体颗粒直径；T 为反应温度；P 为反应压力；α 为半焦燃烧产物的分配系数，反映产物中 CO 和 CO_2 的比例，其值受温度、压力、粒子大小、半焦活性/组成等因素影响，其中温度和粒径影响较大。

实际上，不同速率控制步骤下未反应收缩核模型有不同的数学表达式，可以用于判断不同实验条件下氧化反应的速率控制步骤。在气化剂的浓度不随时间变化，传质速率系数也不随碳转化率的变化而变化时，不同速率控制步骤对应的气化反应速率表达式也是不同的。因此，实验过程中不能直接应用常见的反应速率模型表达式判断氧化反应的速率控制步骤，需要结合实验条件，重新推导。

2. 半焦甲烷化

半焦与 H_2O、H_2 间的甲烷化反应，反应速率较低，尤其是半焦-H_2O 反应，对反应产物组成影响较小。Wen 等[63]的速率方程式被广泛应用。方程式如下：

$$r = \frac{1}{1/k_{diff} + 1/k_r Y^2 + 1/k_{dash}(1/Y - 1)}(P_{H_2} - \sqrt{P_{CH_4}/k_{eq}})$$

$$k_r = 0.12\exp(-17921/T)$$

$$k_{diff} = 1.33 \times 10^{-3}(T/2000)^{0.75}/(Pd_p)$$

$$k_{eq} = 5.12 \times 10^{-6}\exp(18400/1.8T)$$

$$Y = [(1-x)/(1-f)]^{1/3}$$

式中，d_p 表示固体颗粒直径；f、x 分别为气固反应开始时和某时刻固体颗粒的转化率；k_r、k_{diff}、k_{eq} 为中间变量，无实际意义；P 为气体压力。

相对于半焦与 H_2 间的甲烷化反应，半焦与 H_2O 间的甲烷化反应的速率和平衡常数明显较小[20]（见表 8-2），对气化过程影响很小，可以忽略。

表 8-2　半焦与 H_2、H_2O 间的甲烷化反应平衡常数

温度/K	$C+2H_2 = CH_4$	$C+2H_2O = CH_4+CO_2$
298.16	7.902×10^8	0.00785
400.00	7.218×10^5	0.0358
500.00	2.668×10^3	0.0817
600.00	1.000×10^2	0.1367

（三）气相反应模型

在气化过程中，气相间的反应主要有 H_2、CO、CH_4 的燃烧，CO 变换反应，CO 与 H_2 间的甲烷化反应，CO_2 与 H_2 间的甲烷化反应，见表 8-3。

焦油的燃烧速率较慢，可以忽略。H_2、CO、CH_4 燃烧的活化能大约为 $10^4 \sim 10^5$ J/kmol，焦油燃烧的活化能多在 $10^6 \sim 10^7$ J/kmol[82,83]，而活化能变化 10% 左右，根据反应温度的不同，反应速率常数可变化几倍，几十倍，甚至几万倍[20]。因此焦油燃烧的速率远小于 H_2、CO、CH_4 的燃烧速率。Cen 等[84]研究了 H_2、CO、CH_4 的燃烧速率，认为 H_2、CO、CH_4 的燃烧速率随它们的浓度和氧气浓度增大而增大，是二级反应，速率方程式如下：

$$r_{H_2} = 6.83 \times 10^6 \exp(-99760/RT)[H_2][O_2]$$

$$r_{CO} = 3.09 \times 10^4 \exp(-99760/RT)[CO][O_2]$$

$$r_{CH_4} = 3.55 \times 10^{14} \exp(E_{CH_4}/RT)[CH_4][O_2]$$

表 8-3　气化过程中主要气相反应

序号	反应	反应方程式
1	甲烷燃烧	$CH_4 + 2O_2 = CO_2 + 2H_2O$
2	氢气燃烧	$H_2 + 0.5O_2 = H_2O$
3	一氧化碳燃烧	$CO + 0.5O_2 = CO_2$
4	水蒸气气化	$CO + H_2O = CO_2 + H_2$

序号	反应	反应方程式
5	一氧化碳甲烷化	$CO+3H_2 \Longrightarrow H_2O+CH_4$
6	二氧化碳甲烷化	$CO_2+4H_2 \Longrightarrow 2H_2O+CH_4$
7	焦油燃烧	焦油$+O_2 \longrightarrow CO+CO_2+H_2O$

从反应速率来看，考虑变换反应和 CO 与 H_2 间的甲烷化反应，其他甲烷化反应的反应速率较慢，且平衡常数较小[20]（见表 8-4），可忽略。

表 8-4　气相甲烷化反应的反应平衡常数

温度/K	$CO+3H_2 \Longrightarrow H_2O+CH_4$	$CO_2+4H_2 \Longrightarrow 2H_2O+CH_4$
298.16	7.870×10^{24}	8.578×10^5
400.00	4.083×10^{15}	9.481×10^4
500.00	1.145×10^{10}	9.333×10^3
600.00	1.977×10^6	8.291×10^2

Singh 等[85]提出的变换反应速率方程被广泛接受，见下式，其中 δ_1 描述煤炭中一些金属元素的催化作用对变换反应速率的影响。

$$r_{CO}=\delta_1(2.77 \times 10^5)(y_{CO}-y_{CO}^*)\exp(-27760/1.987T)P^{(0.5-P/250)}\exp(-8.91+5553/T)$$

$$y_{CO}^*=(y_{CO_2}y_{H_2}/(K_{ep}y_{H_2O}))/P$$

$$K_{ep}=\exp(-3.6893+7234)/(1.8T))$$

$$\delta_1=0.20$$

式中，r 为化学反应速率；P 为反应压力；T 为反应温度；y 为某反应物体积分数；$*$ 表示化学反应达到平衡；$g(T)$ 为气化区甲烷化反应的反应速率常数。

目前对于合成气甲烷化动力学的研究大部分是在催化剂存在条件下进行的宏观或本征动力学研究，于建国和于遵宏等[86]研究了甲烷化的宏观动力学，认为甲烷化速率与 CO 浓度、H_2 浓度的 0.5 次方成正比，速率方程式如下：

$$r_{H_2}=g(T) \times [H_2]^{0.5}[CO]^{0.5}$$

四、热量传递模型与能量衡算

气化炉内微元能量衡算是获得温度分布的一种手段，主要热量传递过程包括反应体系向炉壁传热、颗粒与气体之间传热、颗粒之间传热、反应热等。由于本实验采用的下行气流床反应器是外热式实验装置，气化过程在恒温下进行，因此，这里不再赘述气化炉建模时热量传递相关模型和能量衡算的各种方法。

第二节　低阶煤气化反应器建模过程分析

一、协同作用影响下的气固相反应模型

1. 半焦燃烧过程分析

根据 Field[76] 的研究，可以假定本实验条件下的氧化反应处于气膜扩散控制。另外，考虑到该反应速率相对较快，氧气浓度（x_{O_2}）沿反应器长度方向发生明显变化，假定该变化符合一级反应特点，积分可得

$$x_{O_2} = x_{O_{20}} \exp(-K_{O_2} t)$$

$$t = \frac{L}{V_{sum}/(\pi r^2)}$$

式中，x_{O_2} 为某时刻氧气的浓度；$x_{O_{20}}$ 为反应开始时氧气的浓度，即初始浓度；t 为反应时间；r 表示反应器半径；L 为反应器长度；V_{sum} 为反应气体体积；K_{O_2} 为反应速率常数。

氧化反应的络合物分解机理被多数学者接受[20,75]，该机理氧化反应的化学反应方程式如下：

$$C + \alpha O_2 = 2(1-\alpha)CO + (2\alpha-1)CO_2$$

根据其化学计量关系，以单位时间单位外表面积为计量单位，可知消耗的碳量等于氧气气膜扩散量的 $1/\alpha$ 倍，即

$$\frac{-dM_C}{S_0 dt} = (1/\alpha) k_{O_2} \Delta y_{O_2}$$

其中，

$$M_C = \rho_C V$$

$$\Delta y_{O_2} = y_{O_2} - y_{O_{20}}$$

式中，y_{O_2} 为某时刻氧气的浓度；$y_{O_{20}}$ 为反应开始时氧气的浓度，即初始浓度；Δy_{O_2} 为氧气的浓度差；t 为反应时间；M_C 为碳的物质的量；S_0 为碳颗粒内表面积；k_{O_2} 是按照 y_{O_2} 定义的单位时间单位面积氧气的气膜扩散系数。

考虑到氧化反应起始点为褐煤热解的半焦，积分初始条件为

$$t = 0 \text{ 时}, r_C = RZ$$

定义褐煤颗粒的转化率

$$X = \frac{V_0 - V_x}{V_0} = 1 - \left(\frac{r_C}{R}\right)^3$$

积分可得

$$\frac{R\rho_{\mathrm{C}}}{3} \times \frac{\alpha K_{\mathrm{O_2}}}{k_{\mathrm{O_2}}}(Z^3 - 1 + X) = (1 - e^{-K_{\mathrm{O_2}}t})y_{\mathrm{O_{20}}} \tag{8-4}$$

从式（8-4）可看出，若反应器为积分反应器，褐煤粒度、摩尔密度、传质系数、反应时间等不变，$Z^3 - 1 + X$ 与 $y_{\mathrm{O_{20}}}$ 理论上是线性关系，实验结果见图 8-3，两者线性相关显著，800℃和900℃条件下相关性系数分别为 0.996 和 0.975。

以上分析说明在本实验中燃烧反应处于气膜扩散控制，采用 Field 等[77]提出的方程式计算半焦燃烧速率，该速率方程在粉煤燃烧的建模研究和工程设计等方面被广泛应用[78-81]。在本实验条件范围内，煤炭颗粒粒径一定，故视 α 为温度的函数，在一定温度下为常数，其值用实验数据拟合求得。

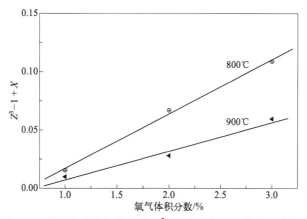

图 8-3　利用实验数据绘制的 $Z^3 - 1 + X$ 与 $y_{\mathrm{O_{20}}}$ 的关系曲线

2. 半焦-H₂O 气化反应

本实验条件下水蒸气气化反应为化学动力学控制的一级反应过程，而不是气膜扩散控制。根据水蒸气气化反应的解离吸附机理[20,87,88]，反应方程式如下：

$$H_2O + \beta C = H_2 + \beta_1 CO + \beta_2 CO_2, \beta = \beta_1 + \beta_2$$

可能是由于实验条件和煤炭性质的差异，不同的学者提出的 β_1 和 β_2 值差异较大，Walker 认为 β_1 和 β_2 分别为 1 和 0，而 Ergun 却认为 β_2 不为 0，并且 β_1 和 β_2 的值与反应条件有关，主要由温度决定[20,89]。Matsui 等[88]通过分析不同温度下流化床气化产物的分布，发现 β_1 和 β_2 随温度变化具有一定规律，具体如下：

① 温度为 800℃时，$\beta_1 = 0.5$，$\beta_2 = 0.5$；

② 温度为 900℃时，$\beta_1 = 0.75$，$\beta_2 = 0.25$；

③ 温度为 1000℃时，$\beta_1 = 1.00$，$\beta_2 = 0.00$。

Bi[66]、Lee[90]、Martíngullón 等[91]采用上述规律研究了流化床中煤的水蒸气气化动力学和气化模型，预测结果较好。

　　由于氧化反应对气化反应的促进作用，添加氧气前后水蒸气气化反应速率常数会发生很大变化，并且该促进作用在 900℃ 时比 800℃ 时更加明显。因此，为了更切合实验条件和煤种特性，本实验采用第六章推导出的速率方程式描述 800℃ 和 900℃ 时水蒸气分解反应速率，未采用前人研究的速率表达式。

3. 半焦-CO_2/H_2 反应

　　选用 Wen[63]、Dobner 等[92] 的速率方程计算半焦-CO_2/H_2 反应速率，见表 8-5。$2C+2H_2O \Longrightarrow CH_4+CO_2$ 速率较慢，平衡常数（800℃）约为半焦-H_2 反应的 1%[20]，可忽略。

表 8-5　半焦-CO_2/H_2 气化反应速率方程

化学反应	反应速率方程
$C+CO_2 \Longrightarrow 2CO$	$r=\dfrac{1}{1/k_{diff}+1/k_r Y^2+1/k_{dash}(1/Y-1)}P_{CO_2}$ $k_r=247\exp(-21060/T)$ $k_{diff}=7.45\times10^{-4}(T/2000)^{0.75}/(Pd_p)$ $Y=[(1-x)/(1-f)]^{1/3}$
$C+2H_2 \Longrightarrow CH_4$	$r=\dfrac{1}{1/k_{diff}+1/k_r Y^2+1/k_{dash}(1/Y-1)}(P_{H_2}-\sqrt{P_{CH_4}/k_{eq}})$ $k_r=0.12\exp(-17921/T)$ $k_{diff}=1.33\times10^{-3}(T/2000)^{0.75}/(Pd_p)$ $k_{eq}=5.12\times10^{-6}\exp(18400/1.8T)$ $Y=[(1-x)/(1-f)]^{1/3}$

二、协同作用影响下的气固相流动模型

　　褐煤温和气化下行气流床采用气流夹带喷入（射流）式的进料方式，与高温气流床相比，炉内气体流场分布具有相似性。大量研究表明[54-60]，气流床炉内存在射流区、回流区、平流区三个分区，而且随着射流速度的降低和高径比的增加，回流区减小，较小的高径比是回流区形成的主要原因。许建良等[60] 对某工业化单喷嘴 Texaco 炉（84m³ 煤浆/h）进行数值模拟发现，当高径比为 5 时，平流区的长度约占反应器总长度的 50%，见图 8-4。本实验中，气流床的高径比为 30（2400/80），远远大于工业化气流床的高径比（约 2~5）。同时，本实验气流床的进气速度约为 8m/s，也远远小于工业化气流床。因此，可以推测平流区的体积分数接近 1。

　　为了进一步说明本实验中气相的流动特点，采用 Muchi[93] 和 Yang 等[94] 提出的计算式，见式(8-5)和式(8-6)，计算了本实验条件下气流床的射流直径和高度，分别约为 0.014m 和 0.15m，可见射流区仅仅为气流床总高度的 5%，这也说明了其射流区和回流区可以忽略，平流区的体积分数接近 1。

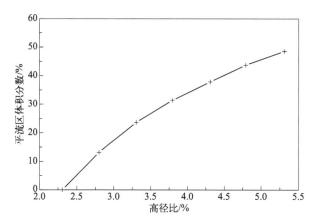

图 8-4　某工业化 Texaco 炉平流区体积分数随高径比变化的影响数值结果

$$d_{j}=1.56(f_{j}F_{rj}/(\sqrt{k}\ \tan\alpha))^{0.3}(d_{or}/D)^{0.2}d_{or} \tag{8-5}$$

$$h_{j}=15.0((\rho_{g}/(\rho_{s}-\rho_{g}))^{0.187}(u_{or}^{2}/gd_{or})^{0.187}d_{or} \tag{8-6}$$

其中

$$f_{j}\approx0.02, F_{rj}=\rho_{g}u_{or}^{2}/(1-\varepsilon)\rho_{s}d_{p}g, k=(1-\sin a)/(1+\sin a)$$

式中，a 为射流角；d 为直径；u 为流速；g 为重力加速度常数；ε 为孔隙率；ρ 为密度；h 为高度；下标 j、or、p、s、g 分别表示射流、射流小孔、固体颗粒、固相及气相。

气相流动在很大程度上影响了固相流动，本实验中忽略了气相的回流区和射流区，固相的返混随之可以忽略，因此，假定固相进入反应器后与气相瞬间均匀混合，然后做平推流。实际上，即使考虑回流区和射流区的存在，固相的返混也可以忽略，Wen[63] 和 Ubhayakar 等[64] 在研究气流床中煤炭的热解和气化时就直接忽略了固相的返混，假定固体颗粒以活塞流的方式运动，气化炉径向均匀，即无浓度、温度、密度梯度，模型结果与实验数据相符。

三、协同作用影响下的反应分区及各区动力学

1. 反应分区

由于热解和燃烧的速率都很快，过程比较复杂，目前分析煤炭的燃烧大多采用两种方法。一种认为首先是煤炭热解，然后是挥发分和半焦的燃烧，两者是严格的先后关系；另一种则认为两者是同时进行的。实践证明，粉煤锅炉的过氧燃烧过程更加接近第二种情况。本实验中，氧气的体积分数仅仅为 1%～3%，与粉煤锅炉的过氧燃烧工况明显不同；同时，研究表明褐煤燃烧的活化能约为 75～105kJ/mol，是热解活化能（约为 35～56kJ/mol）的 2～3 倍；活化能变化 10% 左右，根据反应

温度的不同，反应速率常数可变化几倍、几十倍，甚至几万倍[20]。因此按照热解和燃烧具有先后顺序的观点建立模型。Monaghan[55]、Gazzani[56]和 Wen 等[63]在研究气流床中煤炭的热解和气化时也采用了这种观点。

相对于热解和燃烧而言，煤炭的气化反应速率较低，假定煤炭完成热解和燃烧之后，进入气化阶段，发生半焦-H_2O 等气固相反应和变换等均相反应。

根据以上分析，本研究建立模型的整体思路是严格按照热解、燃烧、气化的先后顺序进行。

2. 快速热解模型

本研究选用 Solomon 和 Colket[73]的快速热解一级反应模型预测不同热解产物的逸出速率，速率表达式为

$$dw_i = k_i \exp(-E_i/RT)(w_{oi} - w_i)$$

式中，w_{oi} 是热解产物最终产率，根据 Suuberg[74]提出的矩阵方程求得，该方程假定焦油和半焦由固定元素组成且组分恒定，同时将 CO、CO_2、CH_4、C_2H_6、半焦的生成量与煤的工业分析和元素分析进行了关联；k_i 和 E_i 分别是某一组分析出的指前因子和活化能，本研究采用 Solomon 和 Colket[73]给出的参数。由于煤种的变化，用 N_2 气氛下的实验数据对各组分析出的活化能 E_i 进行了修正。

3. 气相反应模型

采用 Cen 等[84]提出的燃烧速率方程描述 H_2、CO、CH_4 燃烧过程，见表 8-6。由于本实验中不同条件下反应器出口 CH_4 的体积分数都小于 1.15%，属于低浓度甲烷燃烧，其燃烧特点与富甲烷气的燃烧有所不同[95,96]。研究者提出了许多预测低浓度甲烷燃烧的速率方程，但均是在空气/富氧催化燃烧条件下得到的，而且速率方程仅仅与甲烷浓度相关，不含氧气浓度项[97,98]。因此，本研究采用 Cen 等[84]提出的燃烧速率方程，其活化能作为一个常数，用实验数据拟合求得。

表 8-6　气相反应反应速率方程

化学反应	动力学方程	文献
$H_2 + 0.5O_2 \Longrightarrow H_2O$	$r_{H_2} = 6.83 \times 10^6 \exp(-99760/RT)[H_2][O_2]$	Cen 等[84]
$CO + 0.5O_2 \Longrightarrow CO_2$	$r_{CO} = 3.09 \times 10^4 \exp(-99760/RT)[CO][O_2]$	Cen 等[84]
$CH_4 + 2O_2 \Longrightarrow CO_2 + 2H_2O$	$r_{CH_4} = 3.55 \times 10^{14} \exp(E_{CH_4}/RT)[CH_4][O_2]$	Cen 等[84]
$CO + 3H_2 \Longrightarrow H_2O + CH_4$	$r_{H_2} = g(T) \times [H_2]^{0.5}[CO]^{0.5}$	于建国等[86]
$CO + H_2O \Longrightarrow CO_2 + H_2$	$r_{CO} = \delta_1(y_{CO} - y_{CO}^*)\exp(-27760/1.987T)$ $\times P^{(0.5 - P/250)}\exp(5553/T - 8.91) \times (2.77 \times 10^5)$ $y_{CO}^* = [y_{CO_2}y_{H_2}/(K_{ep}y_{H_2O})]/P$ $K_{ep} = \exp[-3.6893 + 7234/(1.8T)]$ $\delta_1 = 0.28$	Singh, Saraf[85]

采用 Singh 等[85]的速率表达式描述变换反应速率，见表 8-6，其中 δ_1 是描述煤炭中一些金属元素的催化作用对变换反应速率的影响，考虑到褐煤碱金属和碱土金属含量较高，本研究取 δ_1 值为 0.28，稍大于 Singh 研究中的取值 0.20。

目前对于合成气甲烷化动力学的研究大部分是在催化剂存在条件下的宏观或本征动力学研究，本研究借鉴于建国等[86]提出的宏观动力学表达式，认为甲烷化速率与 CO 浓度、H_2 浓度的 0.5 次方成正比，但是拟合得到的指前因子和活化能明显不适用于本研究；同时借鉴 Singh 等[85]研究变换反应动力学的方法，用 δ 描述褐煤中碱金属和碱土金属的催化作用，动力学表达式为

$$r_{H_2} = \delta(k_0)\exp(-E/RT)[H_2]^{0.5}[CO]^{0.5} = g(T) \times [H_2]^{0.5}[CO]^{0.5}$$

式中，$g(T) = \delta(k_0)\exp(-E/RT)$，是温度的函数，通过实验数据拟合求得。

四、褐煤转化率及煤气组成的计算

半焦与 O_2、CO_2 等之间的气固相反应的速率采用 Wen[63]、Field[77]、Dobner 等[92]的动力学方程，根据这些动力学方程的物理意义，褐煤转化率随时间的变化率以及煤气中各组分体积分数随时间的变化率分别采用下式计算：

$$dx/dt = r_{g-s}\Lambda/\Gamma$$

$$dy/dt = r_{g-s}\Lambda/12 \times 22.4 \times 10^3$$

式中，Λ、Γ 分别表示反应开始时单位反应体积内气固相有效接触（碰撞）面积和单位反应体积内褐煤颗粒的含碳量，单位分别为 cm^2/cm^3 和 g/cm^3。Γ 的值在实验条件范围内可以视为一个常数，而 Λ 的值随着反应温度和反应气氛的变化会发生几倍甚至几十倍的变化，见图 8-5，因此本研究将 800℃时燃烧和气化的 Λ 值和900℃时燃烧和气化的 Λ 值看作常数。

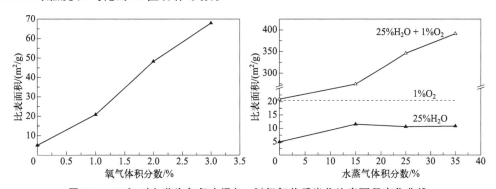

图 8-5　900℃时向蒸汽气氛中添加 1%氧气前后半焦比表面积变化曲线

另外，气相间的反应多采用体积浓度（mol/L）表示反应速率，如 Cen[84]的气体燃烧速率方程。本实验采用下式计算煤气中各组分体积百分数随时间的变化率。

$$\mathrm{d}y/\mathrm{d}t = \mathrm{d}[c]/\mathrm{d}t/(P/RT)$$

根据以上分析，按照平推流反应器模型，联立热解区、燃烧区、气化区的化学反应速率方程，建立以褐煤转化率、煤气组成、水蒸气和氧气体积分数、焦油产率为目标函数的微分方程组，完成气流床气化模型的建立。

第三节　模型的求解

一、模型中未知参数的求解

建立的模型中有以下未知参数：燃烧区半焦燃烧时 CO 和 CO_2 的分配系数 α、低浓度甲烷燃烧的活化能 E_{CH_4}、气化区甲烷化反应的反应速率常数 $g(T)$，单位反应体积内气固相有效接触（碰撞）面积 Λ 和单位反应体积内褐煤颗粒的含碳量 Γ。共有 12 组实验，60 个数据点，采用 MATLAB 7.0 编程拟合求解，见图 8-6。拟合时赋给参数的初值见表 8-7。

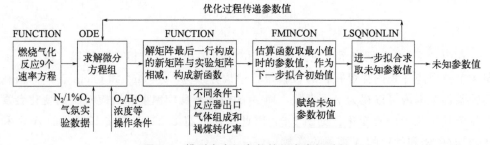

图 8-6　模型中未知参数的拟合求解过程

通过拟合得到未知参数的值，其中 800℃时燃烧和气化的 Λ 值分别为 $4.8\mathrm{cm}^2/\mathrm{cm}^3$、$3.2\mathrm{cm}^2/\mathrm{cm}^3$，900℃时燃烧和气化的 Λ 值分别为 $1.6\mathrm{cm}^2/\mathrm{cm}^3$、$1.2\mathrm{cm}^2/\mathrm{cm}^3$，总体上看，800℃的 Λ 值大于 900℃的 Λ 值。Λ 在一定程度上反映了半焦反应活性，也就是说 800℃半焦的活性大于 900℃半焦活性（图 8-7）。

表 8-7　拟合求解新建模型中未知参数时赋给未知参数的初值

未知参数	参数的数值或计算式	参考文献
α	$\alpha = (\eta+2)/[2\eta+2-10.53\eta(d_p-0.005)]$ $\eta = 2500\exp(-6249/T)$	Wen, Dutta[99]
Λ	$\Lambda = (1000/V_p) \times S_p \times (1-\varepsilon_p) \times (1-\varepsilon_{ture})$ $\varepsilon_p = 0.4764$（同径球体立方最疏堆积） $1-\varepsilon_{ture} = w_s/\rho_B/F_g$	

续表

未知参数	参数的数值或计算式	参考文献
Γ	$\Gamma = w_s/F_g$	
$g(T)$	1.08×10^5 kJ/kmol	张磊等[100]
E_{CH_4}	$0.001s^{-1}(800℃)$，$0.002s^{-1}(900℃)$	于建国等[86]

注：w_s 为固体质量；F_g 为按照立方最疏堆积计算的堆积体积；ρ_B 为堆积密度；V_p 为固体颗粒体积。

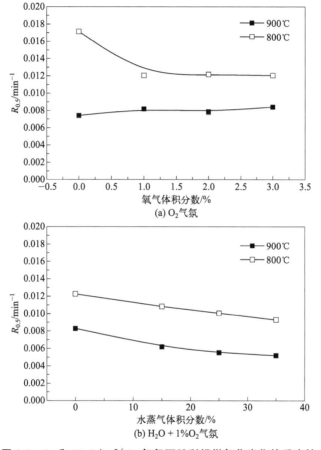

图 8-7　O_2 和 $H_2O+1\%O_2$ 气氛下胜利褐煤气化半焦的反应性

　　同时，拟合得到 $\alpha(800℃)=0.80$，$\alpha(900℃)=0.83$，表面上看，两个值非常接近，可以作为一个常数拟合即可，实际上燃烧反应的产物分布对 α 值非常敏感。理论上，当 $\alpha=0.80$ 时，产物中 $CO/CO_2=0.7$，而当 $\alpha=0.83$ 时，产物中 $CO/CO_2=0.5$，随着 α 值的减小，差异愈加显著，如 α 值由 0.51 增加到 0.54 时，产物中 CO/CO_2 的摩尔比由 49.0 减少为 11.5。因此，不同温度下的 α 值应该分别拟合求得。

　　另外，拟合得到其他未知参数的值如下：

$E_{CH_4}=265000$kJ/kmol，$g(800℃)=0.0021s^{-1}$，$g(900℃)=0.0036s^{-1}$，$\Gamma=2.048\times10^{-4}$g/cm^3

二、分区域模型求解

确定了未知参数后，采用 MATLAB 7.0 中的 FUNCTION 和 ODE 函数求解热解区、燃烧区、气化区的微分方程组，求解过程见图 8-8。

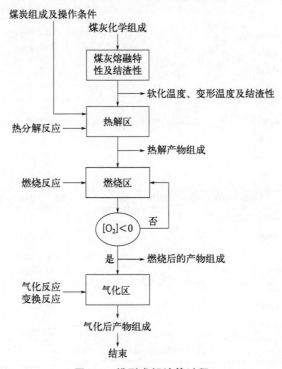

图 8-8　模型求解计算过程

在模型求解时，首先输入煤灰的化学组成，利用煤灰熔融性和结渣性模型预测煤样的变形温度、软化温度、结渣性，进而判断煤样的适宜气化温度，选定某一个适宜温度输入热解单元；然后，将煤样煤质特性和操作条件等（见表 8-8）作为基础数据输入热解单元；随后计算热解区的产物分布，并将计算结果传递给燃烧单元；同样地，依次计算燃烧/气化区的产物分布。

表 8-8　模型求解时需要输入的煤质特性和操作条件基础数据

项目		数值
工业分析数据	水分（M_{ad}）	5.89%
	灰分（A_d）	9.87%
	挥发分（V_d）	36.23%
	固定碳（FC_d）	53.90%

续表

项目		数值
元素分析数据	C_{daf}	62.16%
	H_{daf}	6.12%
	O_{daf}	29.85%
	N_{daf}	1.11%
	S_{daf}	0.66%
颗粒粒径		150～180mm
颗粒物理特性	表观密度	均在拟合过程中赋予初值
	堆密度	
	真密度	
	球形度	
操作条件	水蒸气体积浓度	0%～35%
	氧气体积浓度	1%～3%
	进口气体体积浓度	0%～100%
	气化温度	取决于煤炭的灰熔点
	进料速率	0.6g/min
	总气体流量	36.2L/min
	气化压力	$1.01×10^5Pa$
反应器尺寸	直径	80mm
	高度	2400mm
	环形管内喷射器	10mm
	环形管外喷射器	32mm

注：工业分析数据中，ad 表示空气干燥基，d 表示干燥基，daf 表示干燥无灰基。

第四节 模型的应用

一、胜利褐煤熔融结渣性预测及适宜气化温度的确定

胜利褐煤富含碱金属，煤灰中氧化钾和氧化钠的含量分别为 1.22% 和 4.92%，对煤灰的熔融性和结渣性有一定的影响。胜利褐煤灰成分分析见第四章，可以看出胜利褐煤煤灰中 $SiO_2+Al_2O_3=70.89\%$，$CaO+FeO=9.93\%$。根据相关文献的两

个煤灰结渣性判据[53]可知，胜利褐煤是中等结渣程度的煤种。用判据（2）判断时，CaO＋FeO＝9.93，9.93略大于判据中轻微结渣和中等结渣程度的分界点9.8，判断结果误差可能较大，因此，利用判据（1）判断胜利褐煤的结渣性，误差较小。两个判据都显示胜利褐煤是中等结渣程度煤种，因此操作时气化温度不宜过高。

用低温共熔物含量预测煤灰熔融温度，可得胜利褐煤的变形温度和软化温度分别为1240℃和1298℃，根据固态排渣的要求，借鉴大型灰融聚流化床气化炉的操作经验，胜利褐煤温和气化的适宜操作温度约不大于1150℃。

二、模型预测值与实验结果的对比

利用建立的模型预测不同气氛及温度下气流床气化实验的褐煤转化率及煤气组成，将预测值与实验值进行比较，见图8-9。可以看出，大部分数据点都集中在对角线$y＝x$附近，60个数据点中共有5个数据点预测误差大于20％，15个数据点预

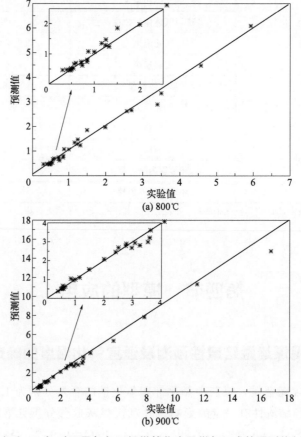

图 8-9　800℃和900℃时不同气氛下褐煤转化率及煤气组成的预测值与实验值比较

测预测误差大于10%，即约92%的数据点预测误差小于20%，75%的数据点预测误差小于10%，预测值与实验值吻合度较好。具体预测情况见图8-10。

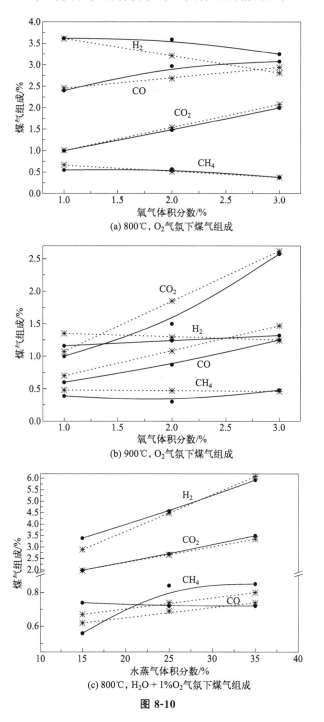

(a) 800℃, O₂气氛下煤气组成

(b) 900℃, O₂气氛下煤气组成

(c) 800℃, H₂O+1%O₂气氛下煤气组成

图 8-10

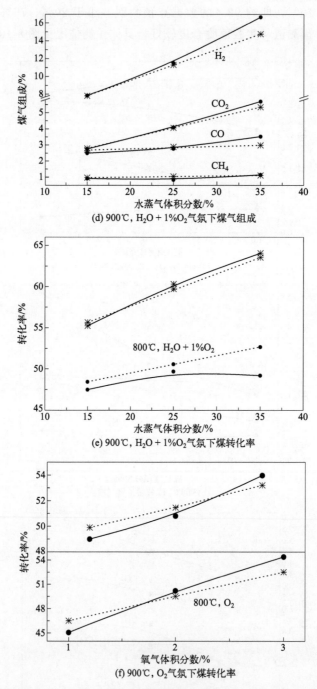

(d) 900℃, $H_2O + 1\%O_2$ 气氛下煤气组成

(e) 900℃, $H_2O + 1\%O_2$ 气氛下煤转化率

(f) 900℃, O_2 气氛下煤转化率

图 8-10 **800℃ 和 900℃ 时不同气氛下煤气组成和褐煤转化率的预测值与实验值比较**

● 实验值 ✳ 预测值

三、模型对不同气氛下褐煤气化的预测

我们在气流床实验装置上仅仅进行了部分气氛下气化实验，图 8-11 是模型对 4%～10%O_2 气氛下褐煤气化的预测。从图 8-11(a) 和图 8-11(b) 可看出，随着 O_2 增加，CO_2 和 CO 增加，CO_2 增速大于 CO，但随着温度升高，CO_2 增速变小，CO 增速变大。这说明随着温度升高，氧化反应加剧，而且反应 $CO_2+C \Longrightarrow 2CO$ 也加剧，有利于 CO_2 转化为 CO。首先，这与工业化气化炉的气化结果一致。U-gas 炉的气化温度约 950～1100℃，煤气中 CO 约 40%，CO_2 约 35%，而 SHELL 炉在 1400～1500℃下气化，煤气中 CO 约 60%，而 CO_2 约 4%。其次，这也佐证了将不同温度下半焦燃烧产物中 CO 和 CO_2 的分配系数 α 作为温度函数的合理性。

从图 8-11(c) 可以看出，随着 O_2 含量增加，褐煤转化率增加，且 800℃ 条件下褐煤的转化率增速较大，在 O_2 含量约为 3% 时，其值开始大于 900℃ 条件下褐煤的转化率。这可能是由于，一方面，不同温度下半焦的比表面积、孔径等微观结构以

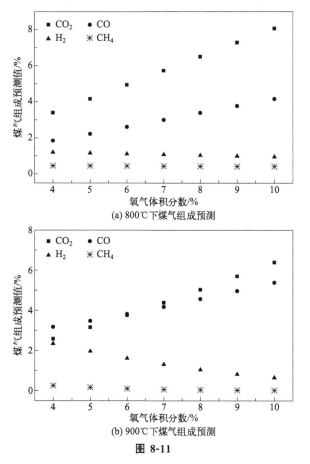

(a) 800℃下煤气组成预测

(b) 900℃下煤气组成预测

图 8-11

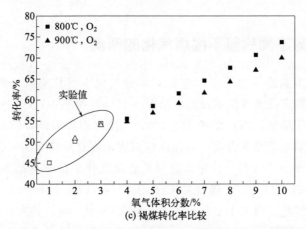

(c) 褐煤转化率比较

图 8-11   模型对 O₂ 气氛 (4%～10%O₂，体积分数) 下褐煤气化后煤气组成和转化率的预测

及化学结构的不同导致 800℃ 条件下褐煤半焦反应性较好。800℃ 半焦的芳香环 (1057cm⁻¹) 和芳香环上碳氢单键 (1080cm⁻¹) 吸收强度明显弱于 900℃ 半焦 (图 8-12)，说明 800℃ 半焦芳香环缩合程度低，芳香度小，其反应性指数约为 900℃ 半焦的 1.6～2.5 倍。另一方面，高温有利于 H_2、CH_4 和 O_2 的氧化反应 [图 8-11(a)(b)]，导致用于煤炭颗粒燃烧的氧气量减少。

图 8-13 是模型对 $O_2 + H_2O$ 气氛 (1%～10%O_2，15%～75%H_2O，体积分数) 下褐煤气化的预测，可以看出，随着水蒸气含量的增多，煤气中 H_2 和 CO_2 显著增加，而 CO 和 CH_4 小幅波动，含量变化较小，与 1%$O_2 + H_2O$ 气氛下的实验数据 [图 8.13(a)(b) 中圈注部分] 一致。这主要是由于：①水蒸气含量的增多有利于水蒸气气化反应和水煤气变换反应的进行；②氧化反应对水蒸气气化反应的促进作用；③从水蒸气气化解离吸附机理来看，氧气的加入改变了反应气氛中 CO_2、CO、H_2 相对含量和水蒸气分子/活性碳原子内能，也有利于水蒸气气化反应的进行[101-105]。

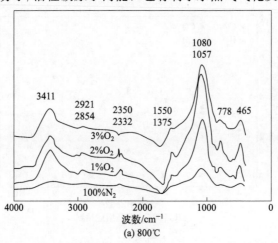

(a) 800℃

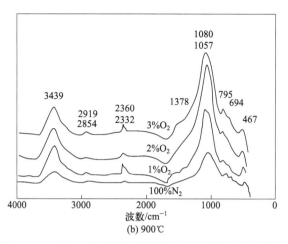

图 8-12　N₂＋O₂ 气氛下胜利褐煤气化半焦的红外光谱图

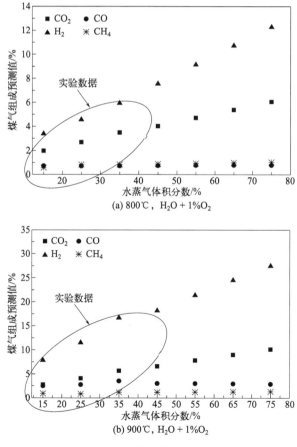

图 8-13

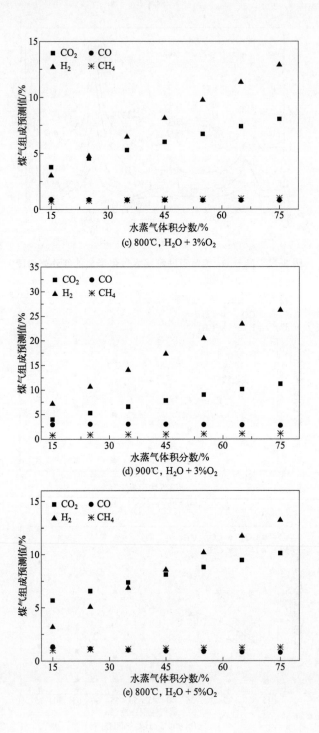

(c) 800℃，$H_2O + 3\%O_2$

(d) 900℃，$H_2O + 3\%O_2$

(e) 800℃，$H_2O + 5\%O_2$

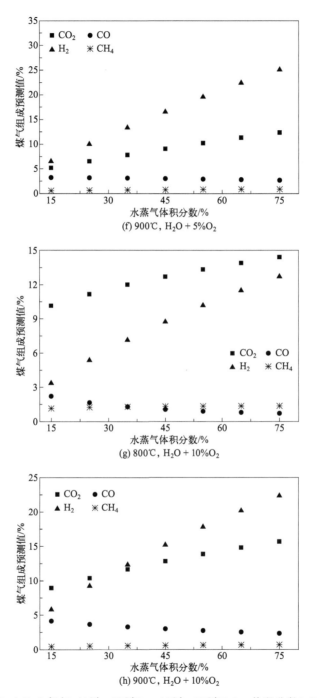

(f) 900℃, H₂O + 5%O₂

(g) 800℃, H₂O + 10%O₂

(h) 900℃, H₂O + 10%O₂

图 8-13 模型对 O₂＋H₂O 气氛（1%～10%O₂，15%～75%H₂O，体积分数）下褐煤气化的预测

四、模型对不同停留时间下褐煤气化的预测

图 8-14 是 $H_2O+2\%O_2$ 气氛（15%～75%H_2O，体积分数）下褐煤转化率和煤气组成随停留时间变化的预测曲线。从图 8-14(a)(f) 可以看出，在水蒸气浓度不大于 35% 时转化率随着停留时间近似线性增加，水蒸气浓度大于 35% 时先线性增加后增速放缓。实际上，无论水蒸气浓度高低，随着气化过程进行，速率控制步骤都会发生变化，曲线整体上应该呈开口向下抛物线左半幅状，类似于水蒸气浓度大于 35% 时的曲线。但当水蒸气浓度较低时反应速率较慢，在预测时间内速控步尚未发生变化，导致转化率随着停留时间一直近似线性增加，观测不到增速放缓的非线性部分。H_2、CO_2 含量随停留时间的变化曲线见图 8-14(c)(h)(e)(j)，也有类似特点。还可以看出，随着停留时间的延长，煤气中 CO 的含量先增加后减少，在较高水蒸气浓度和较高温度下该现象更加明显，见图 8-14(b)(g)。

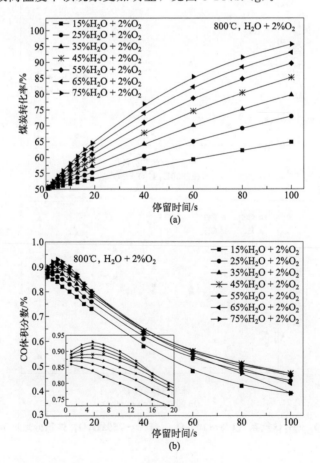

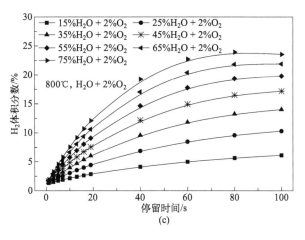

(c)

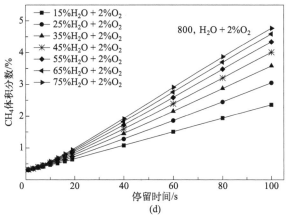

(d)

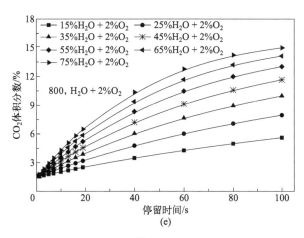

(e)

图 8-14

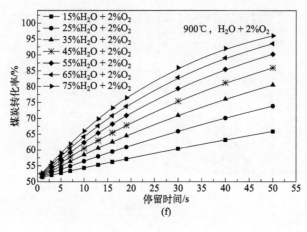

(f)

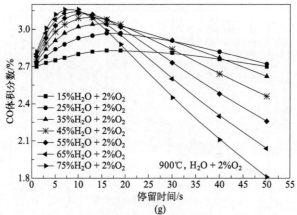

(g)

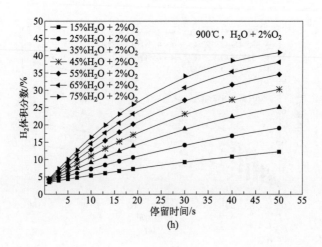

(h)

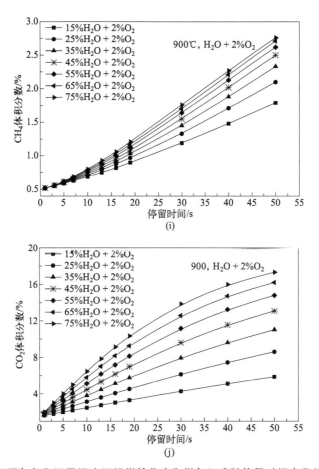

图 8-14　不同气氛和不同温度下褐煤转化率和煤气组成随停留时间变化的预测曲线

褐煤转化率和煤气组成随着停留时间的变化规律对反应器设计具有一定的指导作用。如果反应器用于生产 H_2（精细化工/石油化工），根据图 8-14(c)(h)，应当尽量延长停留时间，也就是增大反应器体积，使煤气中 H_2 含量升高；如果反应器用于生产 H_2＋CO（合成甲醇等煤化工），根据图 8-14(b)(g)(c)(h)，则可以选择最佳反应器体积，获得一定量的 H_2＋CO，同时副产半焦；如果反应器用于生产 CH_4＋H_2＋CO（早期的城市煤气），根据图 8-14(b)(g)(c)(h)(e)(j)，应当尽量延长停留时间，即增大反应器体积，使煤气中 CH_4＋H_2＋CO 含量升高。

图 8-15 是模型对 1%O_2 气氛下停留时间变化时碳转化率和煤气组成的预测，可以看出，随着停留时间的延长，碳转化率增大，煤气中 CO 和 CO_2 含量增加，H_2 含量减小，CH_4 含量变化不大。这主要是煤炭颗粒和 H_2 燃烧造成的。同时可以看出，在 0.5s 以后碳转化率基本不变，煤气组成也趋于稳定，说明燃烧反应在 0.5s 内基本已经完成，而随着氧气浓度的增加和温度升高燃烧速率将更快，完成燃烧反

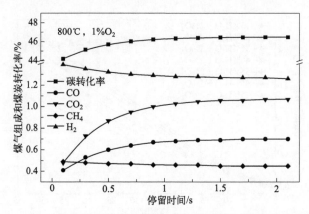

图 8-15   1%O$_2$ 气氛下碳转化率和煤气组成随停留时间变化的预测曲线

应的时间将更短，明显小于图 8-14 中气化反应的时间。这说明气化反应和燃烧反应具有严格先后顺序这一观点是合理和可行的。

五、模型对不同粒径褐煤气化的结果预测

图 8-16 是模型对 $H_2O+2\%O_2$ 气氛（15~75％H_2O，体积分数）下煤气组成随褐煤粒径变化的预测。可以看出，随着粒径增大，CO 含量增加，而 CO_2、CH_4、H_2 含量小幅增加，尤其是在水蒸气含量较高时。这说明大粒径褐煤气化效果较好，煤气中有效成分含量较高。这可能是由于大颗粒半焦具有较丰富的孔隙特征，反应性较好。孙德财等[106]利用 CH_4-CO-N_2-O_2 贫氧燃烧产生的烟气对粉煤颗粒快速加热，制得不同粒径的半焦，发现小颗粒半焦比表面积远远小于大颗粒半焦，小颗粒半焦含大孔较多，大颗粒半焦含小孔较多，且小颗粒半焦在 825℃和 850℃下的气化反应速率也低于大颗粒半焦，但在 875℃和 900℃时，出现逆转。靳志伟等[107]在立

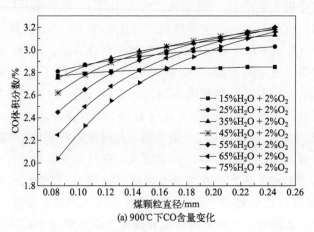

(a) 900℃下CO含量变化

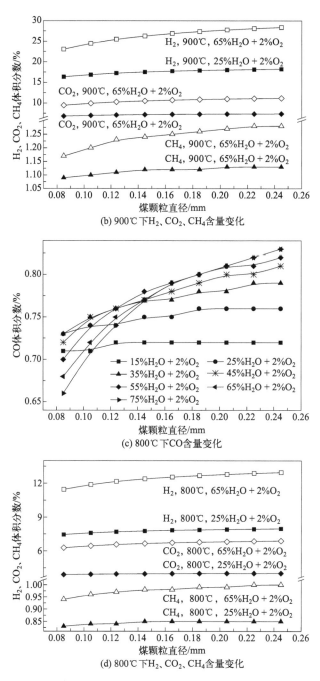

图 8-16　不同气氛和不同温度下煤气组成随褐煤粒径变化预测曲线

式管式炉中研究了 900~1100℃时乌兰察布褐煤的水蒸气气化特性，发现 20~30mm 褐煤的气化速率大于 10mm 褐煤，80~90mm 褐煤的气化速率大于 30~40mm 褐煤。

朱廷钰等[108]在流化床中研究发现，在 450～650℃时，随着褐煤粒径增大，气态产物产率增加，CO 和 H₂ 含量增大。这些研究结果在一定程度上支持了模型的预测结果，但仍有待深入研究。

在气流床中进行了水蒸气气氛下不同粒径褐煤在不同停留时间（调整进气流量）下的气化实验，结果见图 8-17，也发现大粒径褐煤气化煤气中有效气（CO＋H₂）含量高。

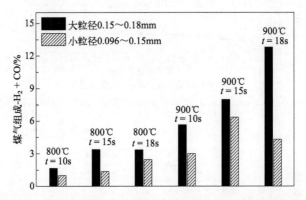

图 8-17　不同粒径胜利褐煤在不同停留时间下有效气含量变化

六、模型中参数的敏感性分析

研究参数的敏感性可以验证建模过程中一些假定的正确性，如假定参数不随操作条件变化等，又可以从参数物理意义的角度检验模型预测的准确性[109-111]。图 8-18、图 8-19 和图 8-20 分别是褐煤转化率和煤气中有效气含量对反应开始时单位反应体积内褐煤颗粒的含碳量 Γ、反应开始时单位反应体积内气固相有效接触（碰撞）面积 Λ、半焦燃烧产物中 CO 和 CO_2 的分配系数 α 的敏感性分析。

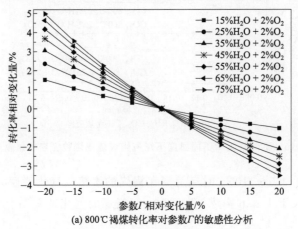

(a) 800℃褐煤转化率对参数 Γ 的敏感性分析

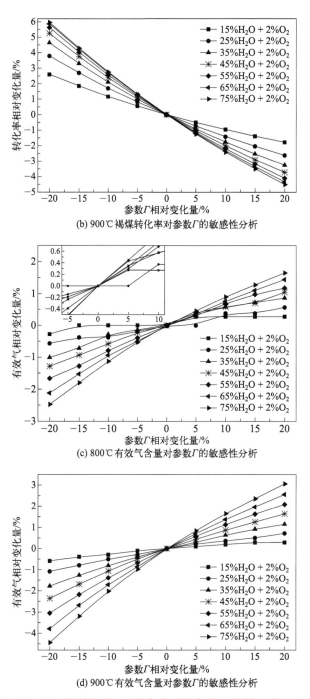

(b) 900℃褐煤转化率对参数Γ的敏感性分析

(c) 800℃有效气含量对参数Γ的敏感性分析

(d) 900℃有效气含量对参数Γ的敏感性分析

图 8-18　褐煤转化率和有效气含量对参数 Γ 的敏感性分析

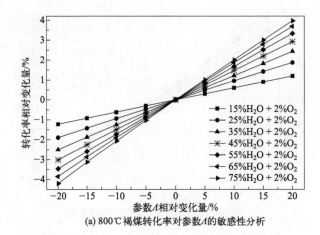

(a) 800℃褐煤转化率对参数Λ的敏感性分析

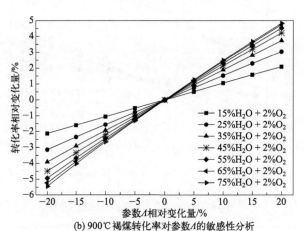

(b) 900℃褐煤转化率对参数Λ的敏感性分析

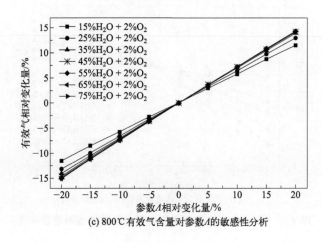

(c) 800℃有效气含量对参数Λ的敏感性分析

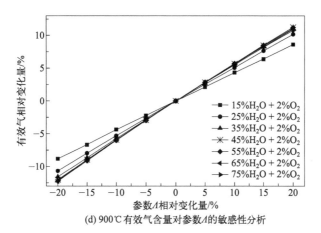

(d) 900℃有效气含量对参数Λ的敏感性分析

图 8-19　褐煤转化率和有效气含量对参数 Λ 的敏感性分析

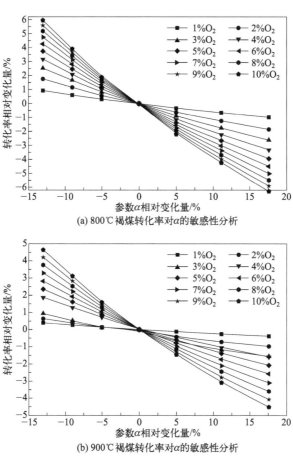

(a) 800℃褐煤转化率对α的敏感性分析

(b) 900℃褐煤转化率对α的敏感性分析

图 8-20

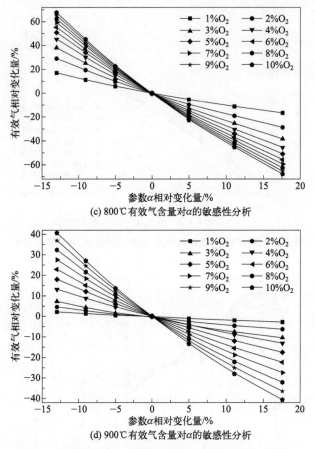

(c) 800℃有效气含量对α的敏感性分析

(d) 900℃有效气含量对α的敏感性分析

图 8-20   褐煤转化率和有效气含量对参数 α 的敏感性分析

从图 8-18 可看出，随着 Γ 增大，褐煤转化率降低，有效气含量增加，尤其在较高水蒸气浓度和较高温度下变化更明显。从 Γ 的物理意义上看，Γ 增大，可以认为单位时间进入反应器的煤炭质量增加，即进料速率增大，在反应气氛和温度不变的情况下，褐煤转化率将降低，而煤气中有效气含量因煤炭初期反应活性较高而增加。从图 8-19 可看出，随着 Λ 增大，褐煤转化率和有效气含量均增加，尤其是在较高水蒸气浓度下。Λ 增大，可以认为反应速率增大，在反应气氛和温度不变的情况下，褐煤转化率和煤气中有效气含量将增大。从图 8-20 可看出，随着 α 增大，褐煤转化率和有效气含量均降低，尤其是在较高氧气浓度和较低温度下。从方程式 $C+\alpha O_2 \Longrightarrow 2(1-\alpha)CO+(2\alpha-1)CO_2$ 可知，α 越大，说明产物中 CO_2 含量越多，单位氧气消耗的煤炭量就会减少，导致褐煤转化率和煤气中有效气含量均降低。可见，参数 Γ、Λ、α 的物理意义可以很好地解释参数变化时褐煤转化率和煤气组成的变化，在一定程度上说明了建模方法的可行性和模型预测的准确性。

同时，也可看出，褐煤转化率对参数 Γ、Λ、α 的敏感性基本相当，当参数在 $\pm$ 20％范围内变化时，其相对变化率均约在 ±6％范围内变化。煤气中有效成分对参数 α 的敏感性最强，对参数 Γ 的敏感性最弱，当参数 α、Λ、Γ 在 $\pm$20％范围内变化时，其相对变化率约在 ±70％、±15％、±4％范围内变化。

第五节　本章小结

本章中考虑了协同作用对水蒸气气化、氧化反应等气固反应动力学的影响，也考虑了煤灰熔融性和结渣性的预测及其对温和气化气化温度的影响、气化炉内气相和固相流动特点等，初步建立了气流床气化炉模型，讨论了模型的准确性。结论如下：

（1）模型预测胜利褐煤是中等结渣程度的煤种，变形温度和软化温度分别为 1240℃和1298℃，根据固态排渣的要求、借鉴大型灰融聚流化床气化炉的操作经验，胜利褐煤温和气化的适宜操作温度应不大于1150℃。

（2）模型的预测值与实验值吻合较好，92％预测值误差小于20％，75％预测值误差小于10％；模型预测的不同条件下的气化结果与前人的理论研究和实验/工业化实践吻合。预测结果显示，随停留时间延长，褐煤转化率、H_2 和 CO_2 含量先快速增加后缓慢增加，CO先增加后减小，尤其在较高水蒸气浓度和温度下变化更明显；在1％ O_2 气氛下，褐煤燃尽时间小于0.5s，明显小于气化反应时间；大粒径褐煤气化煤气中 $CO+H_2$ 含量较高，可能与不同粒径半焦的孔隙结构和反应性有关；氧化产物中CO和 CO_2 的分配系数 α、单位反应体积内褐煤颗粒的初始含碳质量 Γ 及气固相有效接触（碰撞）面积 Λ 的物理意义可以很好地解释参数变化时褐煤转化率和煤气组成的变化，褐煤转化率对参数 Γ、Λ、α 的敏感性相同，$CO+H_2$ 含量对 α 的敏感性最强，Λ 次之，Γ 最弱。

参考文献

[1]　Watkinson A P, Lucas J P, Lim C J. A prediction of performance of commercial coal gasifier [J]. Fuel, 1991, 70(4): 519-527.

[2]　Dai Z, Gong X, Guo X, et al. Pilot-trial and modeling of a new type of pressurized entrained-flow pulverized coal gasification technology [J]. Fuel, 2008, 87(10): 2304-2313.

[3]　Zhong H, Lan X, Gao J. Numerical simulation of pitch-water slurry gasification in both downdraft single-nozzle and opposed multi-nozzle entrained-flow gasifiers: a comparative study[J]. Journal

of Industrial & Engineering Chemistry，2015，27：182-191.

[4]　杨俊宇，李超，代正华，等.基于停留时间分布的气流床气化炉通用网络模型[J].华东理工大学学报（自然科学版），2015，41(3)：287-292.

[5]　Lowry H H. Chemistry of Coal Utilization(Vol. 1)[M]. New York：Wiley，1945.

[6]　Ghosh S K. Understanding thermal coal ash behavior [J]. Mining Engineering，1985，2：158-162.

[7]　Hidero U，Shohei T，Takashi T，et al. Studies of the fusibility of coal ash[J]. Fuel，1986，65(2)：1505-1510.

[8]　陈文敏，姜宁.利用煤灰成分计算我国煤灰熔融性温度[J].煤炭加工与综合利用，1995(3)：13-17.

[9]　Gray V R. Prediction of Ash fusion temperature from ash composition for some New Zealand coals[J]. Fuel，1987，66(9)：1230-1239.

[10]　Markus R，Mathias K，Marcus S，et al. Relationship between ash fusion temperatures of ashes from hard coal，brown coal，and biomass and mineral phases under different atmospheres：A combined FactSage™ computational and network theoretical approach[J]. Fuel，2015，151(1)：118-123.

[11]　Chakravarty S，Ashok M，Amit B，et al. Composition，mineral matter characteristics and ash fusion behavior of some Indian coals[J]. Fuel，2015，150(3)：96-101.

[12]　Vassilev S V，Kitano K，Takeda S. Influence of mineral and chemical composition of coal ashes on their fusibility[J]. Fuel Process Technol，1995，4(5)：27-32.

[13]　张龙，黄镇宇，沈铭科，等.不同的灰熔点调控方式对煤灰熔融特性影响[J].燃料化学学报，2015，43(2)：145-152.

[14]　陈龙，张忠孝，乌晓江，等.用三元相图对煤灰熔点预报研究[J].电站系统工程，2007，23(1)：22-24.

[15]　毛燕东，金亚丹，李克忠，等.煤催化气化条件下不同煤种煤灰烧结行为研究[J].燃料化学学报，2015，43(4)：403-409.

[16]　白进，李文，李保庆.高温弱还原气氛下煤中矿物质变化研究[J].燃料化学学报，2006，34(3)：292-297.

[17]　代百乾，乌晓江，陈玉爽，等.煤灰熔融行为及其矿物质作用机制量化研究[J].动力工程学报，2014，34(1)：70-76.

[18]　杨建国，邓芙蓉，赵红，等.煤灰熔融过程中的矿物演变及其对灰熔点的影响[J].中国电机工程学报，2006，26(17)：122-126.

[19]　Gupta S K，Wall T F，CreelmanR A，et al. Ash fusion temperatures and the transformations of coal ash particles to slag[J]. Fuel Processing Technology，1998，56(1)：33-43.

[20]　贺永德.现代煤化工技术手册[M].2版.北京：化学工业出版社，2011：445-450.

[21]　Li H，Xiong J，Tang Y，Cao X. Mineralogy study of the effect of iron-bearing minerals on coal ash slagging during a high-temperature reducingatmosphere[J]. Energy & Fuels，2015，29(11)：6948-6955.

[22]　Li F，Huang J，Fang Y T，et al. Formation mechanism of slag during fluid-bed gasification of

lignite[J]. Energy Fuels，2011，25(1)：273-280.

[23] Borio R W，Narciso R R. The Use of gravity fraction techniques for assessing slagging and fouling potentional of coal ash[C]．Winter Annual Meeting of The American Society of Mechanical Engineers，1978：10-15.

[24] Su S，Pohl J H，Holcombe D，et al. Slagging propensities of blended coals[J]. Fuel，2001，80 (9)：1351-1360.

[25] 刘胜华.配煤降低陕北煤灰熔点和结渣性的研究及机理初探[D].延安：延安大学，2015.

[26] 禹立坚.动力配煤结渣特性沉降炉试验研究[D].杭州：浙江大学，2008.

[27] 陈红江，彭小兰.突变级数法在电站燃煤锅炉结渣预测中的应用[J].中国安全生产科学技术，2014(8)：97-102.

[28] 万茜，韩滨兰.采用重力筛分和弱酸溶碱技术对煤结渣积灰特性的研究[J].电站系统工程，2012，28(2)：17-18.

[29] 千宏武，孙保民，张振星，等.基于模糊C均值聚类和支持向量机算法的燃煤锅炉结渣特性预测[J].动力工程学报，2014，34(2)：91-96.

[30] 刘文胜，赵虹，杨建国，等.三元相图在配煤结渣特性研究中的应用[J].热力发电，2009，38 (10)：5-10.

[31] 陈力哲，吴少华，孙绍增，等.煤燃烧结渣特性判定法及测量设备研究[J].哈尔滨工业大学学报，2001，33(2)：197-199.

[32] Li W D，Li M，Li W F，et al. Study on the ash fusion temperatures of coal and sewage sludge mixtures[J]. Fuel，2010，89(7)：1566-1572.

[33] 曹祥，李寒旭，刘峤，等.三元配煤矿物因子对煤灰熔融特性影响及熔融机理[J].煤炭学报，2013，38(2)：314-319.

[34] Yan T，Kong L，Bai J，et al. Thermomechanical analysis of coal ash fusion behavior[J]. Chemical Engineering Science，2016，147(1)：74-82.

[35] Song W J，Tang L H，Zhu X D，et al. Effect of coal ash composition on ash fusion temperatures[J]. Energy Fuels，2009，24(1)：182-189.

[36] Kong L X，Bai J，Bai Z Q，et al. Improvement of ash flow properties of low-rank coal for entrained flow gasifier[J]. Fuel，2014，120(120)：122-129.

[37] Vassileva C G，Vassilev S V. Behaviour of inorganic matter during heating of Bulgarian coals. 2. Subbituminous and bituminous coals[J]. Fuel Processing Technology，2006，87(12)：1095-1116.

[38] 郭治青.燃煤矿物转化及结渣特性研究[D].武汉：华中科技大学，2008.

[39] Huggins F E，Kosmack D A，Huffman G P. Correlation betweenash-fusion temperatures and ternary equilibrium phase diagrams[J]. Fuel，1981，60(7)：577-584

[40] Tomeczek J，Palugniok H. Kinetics of Mineral Matter Transformation During Coal Combustion [J]. Fuel，2002，81(5)：1251-1258.

[41] Al-Otoom A Y，Elliott L K，Moghtaderi B，et al. The sintering temperature of ash, agglomeration and defluidization in a bench scale PFBC[J]. Fuel，2005，84(1)：109-114.

[42] 李风海，黄戒介，房倚天，等.流化床气化中小龙潭褐煤灰结渣行为[J].化学工程，2010，38
     (10)：127-131.

[43] Wu X, Zhang Z, Piao G, et al. Behavior of mineral matters in Chinese coal ash melting during
     char-CO_2/H_2O gasification reaction[J]. Energy & Fuels, 2009, 23(5): 2420-2428.

[44] Zhang Q, Liu H F, Qian Y P, et al. The influence of phosphorus on ash fusion temperature of
     sludge and coal[J]. Fuel Proces Technol, 2013, 110(110): 218-226.

[45] Qiu J R, Li F, Zheng Y, et al. The influences of mineral behaviour on blended coal ash fusion
     characteristics[J]. Fuel, 1999, 78(8): 963-969.

[46] 李风海，黄戒介，房倚天，等.晋城无烟煤流化床气化结渣机理的探索[J].太原理工大学学
     报，2010，41(5)：666-669.

[47] Belén F M, María D R, Jorge X, et al. Influence of sewage sludge addition on coal ash fusion
     temperatures[J]. Energy Fuels, 2005, 19(6): 2562-2570.

[48] 徐会军.准东煤及其混煤燃烧与结渣特性[J].洁净煤技术，2019，25(6)：133-200.

[49] 姚星一，王文森.灰熔点计算公式的研究[J].燃料学报，1959，4(3)：216-223.

[50] 禹立坚，黄镇宇，程军，等.配煤燃烧过程中煤灰熔融性研究[J].燃料化学学报，2009，37
     (2)：139-144.

[51] 姚星一.煤灰熔点与化学成分的关系[J].燃料化学学报，1965，6(2)：151-161.

[52] Song W J, Tang L H, Zhu X D, et al. Fusibility and flow properties of coal ash and slag[J].
     Fuel, 2009, 88(2): 297-304.

[53] Cheng X L, Wang Y G, Lin X C, et al. Studies on effects of SiO_2-Al_2O_3-CaO/FeO low
     temperature eutectics on coal ash slagging characteristics[J]. Energy Fuels, 2017, 31(07):
     6748-6757.

[54] 于遵宏，龚欣，沈才大，等.气化炉停留时间分布的数学模型[J].高校化学工程学报，1993，7
     (4)：322-329.

[55] Monaghan R F D, Ghoniem A F. A dynamic reduced order model for simulating entrained flow
     gasfiers. Part I: Model development and description[J]. Fuel, 2012, 91(1): 61-80.

[56] Gazzani M, Manzolini G, Macchi E, et al. Reduced order modeling of the Shell-Prenflo entrained
     flow gasifier[J]. Fuel, 2013, 104(2): 822-837.

[57] Li C, Dai Z, Sun Z, et al. Modeling of an opposed multiburner gasifier with a reduced-order
     model[J]. Ind Eng Chem Res, 2013, 52(16): 5825-5834.

[58] 张金阁，曲旋，张荣，等.多射流锥形对撞流气流床流场特性实验及模拟[J].化学反应工程与
     工艺，2016，32(1)：1-7.

[59] 管清亮，毕大鹏，吴玉新，等.气流床煤加氢气化反应器的数值模拟及流场特性分析[J].清华
     大学学报(自然科学版)，2015，55(10)：1098-1104.

[60] 许建良，赵辉，代正华，等.单喷嘴水煤浆气化炉高径比对反应流动影响[J].化学工程，
     2016，44(4)：68-73.

[61] Li C, Dai Z H, Li W F, et al. 3D numerical study of particle flow behavior in the impinging
     zone of an Opposed Multi-Burner gasifier[J]. Powder Technology, 2012, 225: 118-123.

[62]　李超，代正华，许建良，等. 多喷嘴对置式气化炉内颗粒停留时间分布数学模拟研究[J]. 高校化学工程学报，2011，25(3)：416-422.

[63]　Wen C Y，Chaung T Z. Entrainment coal gasification modeling[J]. Industrial & Engineering Chemistry Process Design and Development，1979，18(4)：684-695.

[64]　Ubhayakar S K，Stickler D B，Gannon R E. Modelling of entrained-bed pulverized coal gasifiers [J]. Fuel，1977，56(3)：281-291.

[65]　Philip J. Smith，Smoot D L. One-dimensional model for pulverized coal combustion and gasification [J]. Combustion Science and Technology，1980，23(1-2)：17-31.

[66]　Bi J C，Luo C H，Aoki K I，et al. A numerical simulation of a jetting fluidized bed coal gasifier [J]. Fuel，1997，76(4)：285-301.

[67]　Niksa S，Kerstein A R. FLASHCHAIN theory for rapid coal devolatilization kinetics. 1. Formulation [J]. Energy & Fuels，1991，5(5)：647-665.

[68]　Grant D M，Pugmire R J，Fletcher T H. et al. Chemical model of coal devolatilization using percolation lattice statistics[J]. Energy & Fuels，1989，3(2)：175-186

[69]　Fu W B，Yu W D. Application of the general devolatilization model of coal particles in a combustor with non-isothermal temperature distribution[J]. Fuel，1992，71(7)：793-795.

[70]　Burnham A K. An nth-order Gaussian energy distribution model for sintering[J]. Chemical Engineering Journal，2005，108(1-2)：47-50.

[71]　Miura K. A new and simple method to estimate f(E) and k_0(E) in the distributed activation energy model from three sets of experimental data[J]. Energy & Fuels，1995，9(2)：302-307.

[72]　Scott S A，Dennis J S，Davidson J F，et al. An algorithm for determining kinetics of devolatilisation of complex solid fuels from thermogravimetric experiments[J]. Chemical Engineering Science，2006，61(8)：2339-2348.

[73]　Solomon P R，Colket M B. Coal devolatilization[J]. Symposium(International)on combustion，1979，17(1)：131-143.

[74]　Suuberg E M，Peters W A，Howard J B. Product compositions and formation kinetics in rapid pyrolysis of pulverized coal-implications for combustion[J]. Symposium(International)on Combustion，1979，17(1)：117-130.

[75]　Kimura T，Kojima T. Numerical model for reactions in a jetting fluidized bed coal gasifier[J]. Chemical Engineering Science，1992，47(9)：2529-2534.

[76]　Field M A. Rate of combustion of size-graded fractions of char from a low-rank coal between 1200 K and 2000 K[J]. Combustion and Flame，1969，13(3)：237-252.

[77]　Field M A. Measurements of the effect of rank on combustion rates of pulverized coal[J]. Combustion and Flame，1970，14(2)：237-248.

[78]　Wibberley L J，Wall T F. Alkali-ash reactions and deposit formation in pulverized-coal-fired boilers：the thermodynamic aspects involving silica，sodium，sulphur and chlorine[J]. Fuel，1982，61(1)：87-92.

[79]　Khatami R，Levendis Y A. An overview of coal rank influence on ignition and combustion phenomena

at the particle level[J]. Combustion and Flame，2016，164：22-34.

[80] Mao Z，Zhang L，Zhu X，et al. Modeling of an oxy-coal flame under a steam-rich atmosphere [J]. Applied Energy，2016，161：112-123.

[81] Wen C，Gao X，Yu Y，et al. Emission of inorganic PM 10 from included mineral matter during the combustion of pulverized coals of various ranks[J]. Fuel，2015，140：526-530.

[82] 王素兰，张全国. 生物质焦油燃烧动力学特性研究[J]. 可再生能源，2006，126(2)：38-41.

[83] 张素萍，颜涌捷，李庭琛，等.生物质裂解焦油的燃烧特性及动力学模型[J].华东理工大学学报(自然科学版)，2002，28(1)：104-106.

[84] Cen K F，Ni M J，Luo Z Y. Theories，Design and operation of circulating fluidized bed boiler [M]. Beijing：China Electric Power Press，1998.

[85] Singh C P P，Saraf D N. Simulation of high-temperature water-gas shift reactors [J]. Industrial & Engineering Chemistry Process Design & Development，1977，16(3)：313-319.

[86] 于建国，于遵宏，孙杏元，等.SDM-1 型耐硫甲烷化催化剂宏观动力学[J].化工学报，1994，45(1)：120-124.

[87] Ergun，S. Kinetics of reaction of carbon dioxide with carbon[J]. Journal of Physical Chemistry，1956，60(4)：480-485.

[88] Matsui I，Kunii D，Furusawa T. Study of fluidized bed steam gasification of char by thermogravimetrically obtained kinetics [J]. JCEJ，1985，18(2)：105-113.

[89] Walker P L，Mahajan O P，Yarzab R，et al. Unification of coal char gasification reactions[J]. Am Chem Soc Div Fuel Chem Prepr，1977，22(1)：1-9.

[90] Lee J M，Yong J K，Lee W J，et al. Coal-gasification kinetics derived from pyrolysis in a fluidized-bed reactor[J]. Energy，1998，23(6)：475-488.

[91] Martíngullón I，Asensio M，Marcilla A A. Steam activation of a bituminous coal in a multistage fluidized bed pilot plant：operation and simulation model[J]. Industrial & Engineering Chemistry Research，1996，35(35)：4139-4146.

[92] Dobner S. Modelling of entrained bed gasification：the issues[R]. PaloAlto：Electric Power Research Institute，1976.

[93] Muchi I Mori S，Horio M. Reaction engineering in fluidized beds[M]. Tokyo：Baifukan，1994.

[94] Yang W C，KeairnsD L. Estimating the jet penetration depth of multiple vertical grid jets[J]. Industrial & Engineering Chemistry Fundamentals，1979，18(4)：317-320.

[95] 徐锋，吴扬，李创，等.Fe$_2$O$_3$-CuO/ZSM-5 催化剂催化低浓度瓦斯制甲醇[J].化工进展，2016，35(5)：1446-1451.

[96] 袁隆基，林柏泉，耿凡.低浓度瓦斯自激振荡脉动燃烧特性研究[J].煤炭学报，2014，39(a01)：250-256.

[97] Fernández J，Marín P，Díez F V，et al. Coal mine ventilation air methane combustion in a catalytic reverse flow reactor：Influence of emission humidity[J]. Fuel Processing Technology，2015，133：202-209.

[98] Budhi Y W，Effendy M，Bindar Y，et al. Dynamic behavior of reverse flow reactor for lean methane

combustion[J]. Journal of Engineering & Technological Sciences，2014，46(3)：299-317.

[99]　Wen C Y, Dutta S. Rates of Coal Pyrolysis and gasification reactions[J]. Coal Conversasion Technology 1979，A79：22-24.

[100]　张磊，周福勋，赵建涛，等.铜基催化剂上甲烷催化燃烧反应动力学特性研究[J].燃料化学学报，2014，42(9)：1140-1145.

[101]　Long F J, Sykes K W. The mechanism of the steam-carbon reaction[J]. Proc Roy Soc，1948，A193：377-399.

[102]　Ergun S. Kinetics of the reactions of carbon dioxide and steam with coke(No. Bulletin 598)[R]. Washington：United States Government Printing Office，1962.

[103]　Johnson J L. Kinetics of Coal Gasification[M]. New York：John Wiley and Sons，1979.

[104]　Walker P L, Rusinko F, Austin L G. Gas reactions of carbon[J]. Adv Catal，1959，11：133-221.

[105]　Pilcher J M, Walker P L, Wright C C. Kinetic study of the steam-carbon reaction influence of temperature, partial pressure of water vapor, and nature of carbon on gasification rates[J]. Ind Eng Chem，1955，47(9)：1742-1749.

[106]　孙德财，张聚伟，赵义军，等.粉煤气化条件下不同粒径半焦的表征与气化动力学[J].过程工程学报，2012，12(1)：68-74.

[107]　靳志伟，唐镜杰，张尚军，等.大尺度褐煤煤焦气化特性研究[J].洁净煤技术，2013，19(4)：59-63.

[108]　朱廷钰，王洋.粒径对煤温和气化特性的影响[J].煤炭转化，1999，22(3)：39-43.

[109]　Sahraei, Hossein M, Duchesne, et al. Dynamic reduced order modeling of an entrained-flow slagging gasifier using a new recirculation ratio correlation[J]. Fuel，2017，156(1)：520-531.

[110]　Gröbl T, Walter H, Haider M. Biomass steam gasification for production of SNG-Process design and sensitivity analysis[J]. Applied Energy，2012，97(3)：451-461.

[111]　Ghani M U, Radulovic P T, Smoot L D. An improved model for fixed-bed coal combustion and gasification：sensitivity analysis and applications[J]. Fuel，1995，74(4)：582-594.

第九章
低阶煤流化床气化中试过程分析

　　针对目前我国能源短缺及高灰粉煤难以有效利用的现状，选用义马跃进矿煤为原料，在内径为 3.0m、高 16.0m 的工业化气化炉上进行了半工业化的中间试验，主要分析了气化过程中气化炉温度、压力、煤气产率及其组成波动，气化炉基本处于稳态运行（尤其在 100％负荷下），说明了选用流化床气化加工低阶煤的可行性。在此基础上，分析了氧气量、水蒸气量、气化温度及压力等操作参数对气化过程的影响，得到了最佳操作条件。最后，对流化床工业气化试验的工艺计算过程进行了物料和热量计算，对气化炉常用参数和碳转化率等进行了分析，为工艺优化提供借鉴。

第一节　低阶煤流化床气化炉温炉压波动研究

一、中试气化原料和工艺

1. 原料

　　以河南省义马市跃进矿高灰低阶煤为原料，其灰含量和水含量分别高达 34％和 11％，是煤炭机械化开采过程中产生的典型长焰煤。该煤样的工业分析和元素分析见表 9-1。由于该粉煤属年轻的长焰煤，硬度小，孔隙多，易风化，易碎裂，再加上机械化设备开采的影响，所以该粉煤中小粒度的煤特别多。干燥破碎后气化原料的粒度分析见表 9-2。从表 9-2 可以看出，筛分后的跃进煤中，约 20％粒径小于 0.15mm，约 50％粒径小于 0.90mm。

表 9-1　原料的工业分析和元素分析

原料	工业分析			元素分析		
	$V_{ad}/\%$	$A_{ad}/\%$	$FC_{ad}/\%$	$C/\%$	$H/\%$	$S_{t,ad}/\%$
跃进煤	25.82	34	33.87	40.83	2.78	1.71

注：下标 ad 表示空干基；V_{ad} 表示煤挥发分；A_{ad} 表示煤灰分；FC_{ad} 表示固定碳；$S_{t,ad}$ 表示全硫。

表 9-2　气化炉入炉煤的粒度分析

粒度/mm	>6	2~6	2~0.9	0.9~0.15	<0.15
质量分数/%	5.24	19.44	28.19	29.19	17.94

2.工艺

原煤经过破碎干燥，达到预定的粒度分布和含水量要求后进入大型流化床气化炉（$\phi 3m \times 16m$）中进行气化试验。该气化炉是工业规模的灰融聚流化床气化炉，单炉年处理煤量达到 2.5 万 t，生产能力为 $50000m^3/h$ 净煤气。试验工艺流程见图 9-1。合格的煤粉在煤气/二氧化碳/氮气的喷吹下进入气化炉，在 0.15~0.25MPa 和 900~1000℃下发生燃烧、热解、气化反应，炉渣经过螺旋冷渣机间接冷却后从气化炉底部排出，定时称重；煤气依次经过预除尘、降温、精除尘等处理后，送至低温甲醇洗净化工段。过程中收集的飞灰要定时称重。

试验分三个阶段：即点火试验阶段、在 50％负荷下煤的工业化试验阶段、在 100％负荷下稳定的煤工业化试验阶段。试验期间气化炉运行平稳，实现了连续稳定运转。

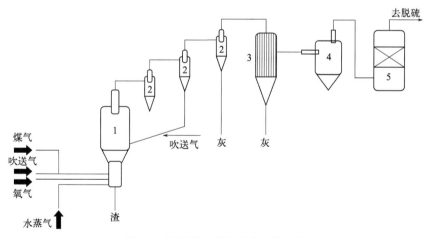

图 9-1　跃进煤工业化试验工艺流程
1—气化炉；2—旋风分离器；3—废热锅炉；4—布袋除尘器；5—水洗塔

二、炉温波动分析

炉温是气化炉运行的重要参数，是决定煤气产量和组成的最关键因素[1,2]。现场操作经验表明，炉温上下波动 5～10℃，煤气的组成就会发生明显变化，尤其是大分子物质如萘及其同系物组分的含量变化十分显著。图 9-2 是高灰分煤气化试验期间的炉温曲线。可以看出气化炉在 50％和 100％负荷下稳定运行时温度波动较小，底部温度（底温，T_3）分别稳定在 870℃和 885℃，中部温度（中温，T_1）分别稳定在 935℃和 975℃左右，顶部温度（顶温，T_2）分别稳定在 900℃和 915℃左右。在 50％负荷时最高炉温和最低炉温的差值不大于 30℃，在 100％负荷时最高炉温和最低炉温的差值不大于 16℃，气化炉运行稳定。系统在 50％负荷下稳定运行约 20h 时，炉温有所降低，这主要是氧气量基本不变而水蒸气量明显增大的缘故。随着水蒸气量的增加，一方面入炉的水蒸气吸收大量的显热用于自身的升温，带走大量显热；另一方面，水蒸气浓度的增加促进了水煤气反应，该反应为强吸热反应。温度降低有利于变换反应的正向进行，使煤气中氢气的含量增大，这一点可以从煤气组成的变化看出。运行 23h 时，随水蒸气量的降低炉温又有所回升，也佐证了这一点。

在 9～12h 时段，炉温有所升高，在 21～25h 时段，炉温快速升高。这主要是由于在气化炉内发生了复杂的吸热和放热化学反应，见表 9-3，这些反应相互作用，共同决定了炉温的升降。其中燃烧反应是放热反应，为整个气化过程提供热源；CO_2 气化和水蒸气分解反应是炉内的耗能反应，其余反应速率较小，基本可以忽略。由图 9-2 可以看出，在 9～12h 时段，氧气量基本保持不变，入炉水蒸气量大幅减小，导致水蒸气气化反应，消耗的热量减少，进而使炉温升高；在 9～12h 时段的操作工况下，炉温随水蒸气量的变化率约为 25kg/℃。在 21～25h 时段，入炉氧气含量增多，水蒸气量略有减少，导致燃烧反应加剧，气化反应减弱，炉温升高且升温速率较快；在 21～25h 时段的操作工况下，炉温随氧气量的变化率约为 7m³/℃。随着水蒸气量的减少，一方面入炉的水蒸气吸收的显热减少，消耗热量减少；另一方面，水蒸气浓度的减小不利于水蒸气气化反应和水煤气反应的进行。从 28h 开始，系统开始调整负荷，增加进煤量，水蒸气量和氧气量随进煤量增加也相应增加，使炉温缓慢升高，直到 49h，炉温升至 975℃左右，顺利地完成了前一阶段煤的置换、工况调整，系统完全进入 100％负荷运转。在 49～128h，系统在全负荷下稳定运行，根据进煤量调整进炉的氧气和水蒸气量，炉温十分稳定，维持在 975℃左右，该负荷下气化炉的稳定性明显好于 50％负荷。其中，在 78h 左右，进煤量明显减小，随之相应减小了进入系统的水蒸气量和氧气量，协调入炉煤燃烧和气化的比例，使其燃烧放出的热量与气化反应和炉料升温需要的热量基本保持平衡，为了维持系统的

稳定，随之相应减小了进入系统的水蒸气量和氧气量，保持了炉温的稳定；在95h
左右，进煤量增加，随之相应增大了进入系统的水蒸气量和氧气量，炉温仍然稳定；
128h以后，由于入炉原料煤细粉太多，煤锁斗的音叉料位计出现误指示（进煤量），
导致几个加煤系统空转，造成气化炉减负荷情况发生，入炉的氧气量波动较大，水
蒸气量先增加后减小，波动也较大，炉温（中温）不稳，系统运行稳定性变差。

　　同时可以看出，系统在100%负荷下运行时，入炉氧气、水蒸气及入炉煤的量
在80~100h时段均有不同程度的波动，但是炉温却呈一条平稳的直线，波动非常
小。这有力地说明了炉温的变化是气化炉内复杂的气固、气气反应共同作用的结果，
在气化炉操作过程中应避免单一地改变操作条件（如氧气量/水蒸气量）追求炉温的
稳定。

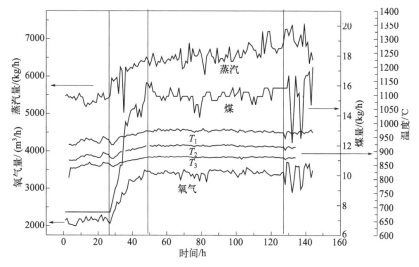

图9-2　炉温随时间的变化曲线

　　为了进一步说明炉温波动和入炉气化剂量的关系，我们收集了试验期间煤气组
成变化曲线，见图9-3。可以看出，约在10h，煤气中CO、H_2、CO_2含量均上升，
这主要是因为炉内主要化学反应（表9-3）的反应速率关系紧密。在进氧量不变的
情况下入炉水蒸气量减小，炉温升高，导致燃烧反应和气化反应速率增大。流化床
气化过程中为了维持煤炭颗粒的流态化，往往需要通入大量过剩的水蒸气，这种情
况导致温度对煤气组成的影响显著大于水蒸气浓度对反应速率的影响。约在22h，
煤气中CO含量上升，H_2含量下降，CO_2含量基本不变，这主要是由于进氧量增
加、入炉水蒸气量减少（水蒸气减少量显著大于进氧增加量），炉内水蒸气浓度降
低，减小了它们从气相主体扩散到煤颗粒表面的传质推动力，降低了反应速率，不
利于煤颗粒发生气化反应；同时气固相之间相对速度减小，气相扩散阻力增加，不

利于气相中的氧气和水蒸气扩散到煤颗粒表面[3]。由于氧化反应多为气膜扩散控制，扩散阻力增加，导致煤炭颗粒表面吸附的氧分子减少，处于亚饱和状态，进行不充分燃烧，产物中 CO 含量升高。水蒸气分解反应的反应速率相对较慢，多为化学反应控制，扩散阻力增加对其反应速率影响不大，H_2 含量下降主要是水蒸气浓度的降低导致的。同时，由于炉温的升高，CO_2 还原反应速率大大增加，也有利于 CO 的生成。实际上，炉温的升高也促进了水蒸气分解反应和燃烧反应，并且温度对反应速率的影响远远超过了水蒸气浓度变化对反应速率的影响，这也导致了净煤气产量的上升，如图 9-4 所示。约在 61h，CO 和 CO_2 含量增加，这可能是由于入炉水蒸气量保持一定的情况下，入炉煤量的增加和氧气量的微量增加促进了碳的燃烧，使煤气中 CO 和 CO_2 含量增加，煤气产量也明显增多（见图 9-4）。

表 9-3　气化炉内主要化学反应

反应	化学方程式
燃烧	$C+1/2O_2 \rightleftharpoons CO-110.4kJ/mol$
	$C+O_2 \rightleftharpoons CO_2-393.8kJ/mol$
CO_2 气化	$C+CO_2 \rightleftharpoons 2CO+162.4kJ/mol$
水蒸气气化	$C+H_2O \rightleftharpoons CO+H_2+131.5kJ/mol$
	$C+2H_2O \rightleftharpoons CO_2+2H_2+90.0kJ/mol$
CO 变化	$CO+H_2O \rightleftharpoons CO_2+H_2-41.5kJ/mol$
甲烷化	$C+2H_2 \rightleftharpoons CH_4-84.3kJ/mol$

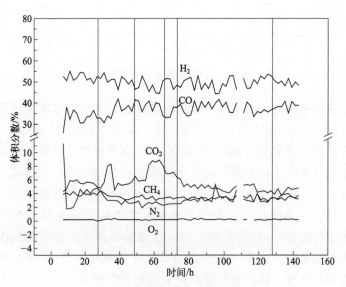

图 9-3　煤气组成随时间的变化

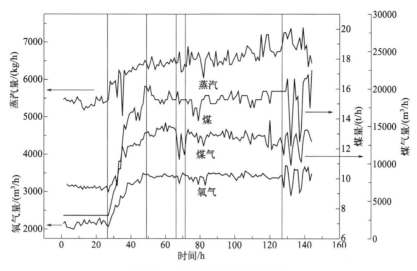

图 9-4　煤气产量随时间的变化

进煤量也是影响炉温的重要因素，但是调整进煤量往往存在滞后的问题（温度变化与进煤量变化不同步），一般情况下会按照预先设计的参数调整进入气化炉的水蒸气量和氧气量，协调入炉煤燃烧和气化的比例，使其燃烧放出的热量与气化反应和炉料升温需要的热量基本保持平衡，维持系统的热平衡和气化炉的稳定运行。在 27～49h 的负荷调整阶段、80h 左右、95h 左右，随着进煤量变化，相应增大或者减小了入炉的水蒸气量和氧气量。如果仅仅减小进煤量而保持水蒸气量和氧气量不变，往往会导致炉膛温度急剧上升。这主要是由于其中燃烧反应速率远远大于 CO_2 还原反应和水蒸气分解反应速率，进煤量的减少对燃烧反应影响较小，发生燃烧反应的煤量减少较小，而用于 CO_2 还原反应和水蒸气分解反应的煤量却明显减少，随之相应减小了入炉的水蒸气量和氧气量，保持了炉温的稳定。

从图 9-3 还可以看出气化炉在 50% 负荷和 100% 负荷下稳定运行时，煤气组成变化不大，煤气中有效成分含量较高，其中 CO 含量约为 35%，H_2 含量约为 50%。另外，煤气中 CH_4 的含量约为 4%，O_2 含量约为 0.2%，惰性组分为 3% 左右。系统在 50% 负荷下稳定运行时，在 35h 左右，N_2 含量下降而 CO_2 含量上升，这主要是鉴于粗煤气中 N_2 含量较高的实际情况，将吹送气切换为 CO_2 的缘故；在此阶段内，水蒸气量下降而其他操作条件基本不变也会导致煤气中 CO_2 含量增大，CO 和 H_2 含量的下降也佐证了这一点。约在 60h，CO_2 含量陡增而 H_2 含量下降，这可能是由于水蒸气量基本不变的情况下，进煤量的增大和氧气量略增加加剧了碳的燃烧，使煤气中 CO_2 含量增加，进而抑制了水煤气变换反应的进行，使煤气中 H_2 含量下降。随着进煤量和氧气量的下降，CO_2 含量下降，CO 和 H_2 的含量出现相反的变化趋势。约在 120h，CO_2 含量下降，H_2 含量上升，这主要是在其他操作条件不变的情况下水蒸气量增大的缘故。

气化炉在 50％负荷和 100 负荷下稳定运行时，产气量分别稳定在 6800m³/h 和 14000m³/h。从图 9-4 可以看出，在 28～49h，系统处于调整负荷时期，增加进煤量，水蒸气量和氧气量也相应增加；在炉温稳定和炉压降波动不大的情况下，净煤气产率随进煤量的增加而增大，其增大速率与进煤量增加速率的变化趋势明显相同。在 66～72h，由于气化炉在未减负荷的情况下，将部分粗煤气作放空处理，因此经计量的净煤气产量明显出现大幅波动，产量下降。在 120h 左右，净煤气产量较大，这可能是在进煤量等其他操作条件基本不变的情况下入炉水蒸气量陡然增大所致。在 128h 以后，由于煤锁斗的音叉料位计对进煤量的错误指示，导致几个加煤系统空转，炉压和炉温波动明显变大，产气量随之出现较大波动，但其变化趋势仍然与进煤量保持一致，这进一步说明炉温和炉压的波动可能在系统稳定运行允许的范围内。

三、炉压波动分析

除炉温外，炉压是气化炉操作过程的另一个重要参数，主要反映床层气固物料的均匀性以及床层高度[1,4]。在流化床中，床层压差在一定程度上反映了床层重量即床层持料量，如果 50％负荷和 100％负荷下物料平均停留时间相同，那么 100％负荷下床层持料量应该约为 50％负荷下的两倍，但是在该工业化试验过程中，主要以炉底灰渣中碳含量这一指标确定操作条件和物料停留时间，不同负荷下的压差不存在这一关系。图 9-5 是跃进矿高灰粉煤试验过程中气化炉炉顶和炉底压力变化曲线及气化炉压差变化曲线。可以看出在 50％负荷和 100％负荷下炉压波动较小，保持稳定，炉底压力（P_1）、炉顶压力（P_2）分别约为 205kPa 和 166kPa，最大压力和最小压力的差值小于 16kPa，气化炉运行稳定，床层形成良好的流化状态，气化炉压差（P_3）分别维持在 31kPa 和 37kPa 左右。

进煤量和排渣量是影响压力波动的主要因素，增大进煤量或者减小排渣量都可以增大气化炉压差。从图 9-5 可以看出，随着进煤量的变化，气化炉压差出现相应的变化，尤其在 128h 以后，这种"形影相随"更加明显。当时由于进煤量计量系统出现差错，几个加煤系统空转，炉顶压力、炉底压力随之出现明显波动，这主要是由于在流化床中，物料处于流态化悬浮状态，气体穿过床层的压降取决于床层物料的重量[5]。图 9-6 是气体穿过煤灰颗粒时速度和相应的床层压降图，可以看出，当气体的流量较小时，颗粒之间没有相对运动，床层压降与流体流量之间近似于线性关系；随流体流量的增加，床层压降增大，这一阶段床层处于固定床；当流体的流量增大到某一值时，床层发生松动，流体流动带给颗粒的曳力平衡了颗粒的重力，导致颗粒被悬浮，颗粒间的结合力减弱，颗粒开始进入流化状态，即临界流化状态，如果继续增加流体速度，床层压降将不再变化，但床层会缓慢膨胀，颗粒间的距离

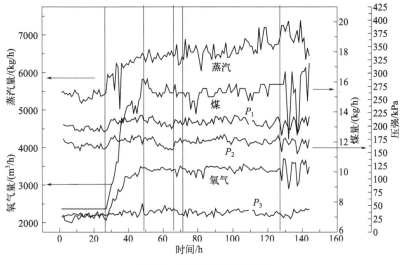

图 9-5　炉压随时间的变化

会逐渐增加，床层具有流体的性质，这一阶段床层处于流化床。升速法和降速法是试验测定临界状态的两种方法，根据颗粒性质差异，两种方法具有不同的适用对象[6]。

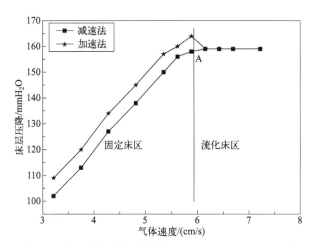

图 9-6　煤灰颗粒的流化过程　（1mmH₂O＝9.80665Pa）

　　入炉的水蒸气和氧气量只能改变气化炉内气体的流速，在稳定的流化床中基本不影响气化炉压降。从图 9-5 可以看出，在 100h 和 83h 左右，随着氧气量的减小，炉压波动很小，甚至出现反向增加的现象。在 118h 左右，随着水蒸气量的变化，也出现类似的情况，这些也说明了气化剂量对炉压基本没有影响。毕继诚等系统地研究了单/双/三组分颗粒床层压降变化，发现颗粒松动流化前后床层压降具有不同的规律，在颗粒松动流化之后压降受气体速度影响非常小[6-8]。郭晋菊利用大型工业流化床进行了在热稳定状态下气化剂对床层的单因素实验，发现入炉的氧气量/水蒸气量增大，炉底压力、炉顶压力、炉顶和炉底之间的压差基本保持不变[9]。许多学者研究颗粒的临界流化现象时，发现颗粒开始流化之后床层压降不再随气体速度增大而增大，而是基本保持不变[10]。Rao 也发现了同样的结果[11]。

随着进料量的增加，入炉的水蒸气量和氧气量明显增大，一方面，气相中氧气和水蒸气浓度增大，增加了气相中的氧气和水蒸气气体分子从气体混合物扩散到跃进煤表面的"动力"，增大了传质速率，有利于气化炉内各种相关化学反应进行；另一方面，流化数增大，气固相之间相对速度明显增大，气相扩散阻力减小，也有利于气体分子的传质扩散[7]。因此，在 100％负荷下，煤颗粒燃烧、气化的速率大于50％负荷下的速率，灰渣中碳含量较低，大约为 2％～4％。128h 以后，煤锁斗的音叉料位计出现误指示（进煤量），导致几个加煤系统空转，入炉的氧气量和水蒸气量波动较大，导致炉顶压力、炉底压力波动明显变大，出现煤的工业化试验过程中压力的最低值，系统运行稳定性变差。

四、煤灰中碳含量分析

图 9-7 是煤的工业化试验期间气化炉灰中固定碳含量变化曲线，可以看出气化炉在 50％负荷和 100％负荷下稳定运行时灰渣和粉灰的碳含量基本相同且变化幅度在 5％以内，系统运行非常稳定。灰渣中碳含量最大值为 4.87％，最小值 0.91％，平均为 2.03％；粉灰中固定碳含量最大值为 37.46％，最小值为 33.73％，平均为35.05％。灰渣中碳含量很低，在一定程度上反映了气化炉结构的合理性，提高了整个系统的碳转化率。粉灰中固定碳含量较高，主要是由于原料煤中小粒径颗粒较多，

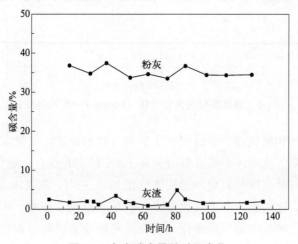

图 9-7　灰中碳含量随时间变化

在炉内停留时间较短，未被有效气化。如何降低粉灰中的含碳量有待于进一步的研究。

　　综上分析，通过对义马跃进矿煤的工业化试验过程中气化炉温度、压力、煤气产率及其组成的分析，发现煤的工业化试验期间气化炉运行稳定，灰渣中碳含量维持在2%左右，顺利采集到了可靠的数据，为下一步跃进矿煤 U-GAS 流化床加压气化（1000kPa）工艺过程的设计和相应的操作提供了可信的数据。

第二节　气化剂量对流化床工业气化过程炉温炉压的影响

一、水蒸气量对炉温的影响

　　图 9-8 是在进煤量、氧气量不变的情况下，水蒸气量对炉温的影响。可以看出，随着水蒸气量的增加，炉温总体呈下降趋势，说明在进煤量和氧气量不变的情况下，增加入炉的水蒸气量可以降低气化炉的温度。这主要是由于随着炉膛内水蒸气量的增多，水蒸气的浓度增大，水蒸气与煤炭颗粒之间的气固速率也增大，使流化床内气泡的直径和破碎频率都增大，加剧了气泡间的聚并和破碎，传质传热阻力减小，从而加快了水蒸气的分解速率，吸收大量的热量，炉温随之降低[12]。另一个重要原因是随着水蒸气量增多，水蒸气分解率（转化率）降低，未分解的水蒸气吸收热量用于自身的升温，并且随着煤气一起出炉带走部分显热，使炉温降低。另外，水蒸气量的增加会稀释炉内氧气的浓度，减小其扩散动力，不利于燃烧反应的进行[13,14]。

　　为了进一步掌握入炉水蒸气量对炉温的影响程度，对采集到的炉温-水蒸气量数据进行拟合，以便找到其定量关系，更好地指导气化炉的实际操作。结合图 9-8 中

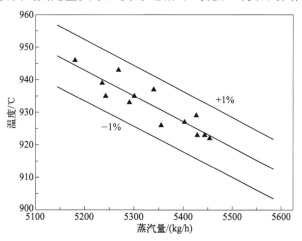

图 9-8　气化炉炉温随水蒸气量变化的曲线

数据的分布点和气化炉热量平衡关系，在进煤量和氧气量不变的情况下，忽略出口煤气和渣灰带出的热量以及水蒸气量增多吸收的显热，可以粗略认为水蒸气量与炉温成一次线性关系，即 $Y = A_{v1} + B_{v1}X_v$。假定其残差的平均值为 0，方差符合正态统计分布，采用最小二乘法进行拟合，结果见表 9-4。可以看出，拟合得到的一次函数线性相关性较高，相关性系数接近 0.91，拟合的标准差仅为 3.452，方差齐性检验的显著性水平小于 0.0001。拟合曲线能够准确地预测入炉水蒸气量对炉温的影响程度，预测值与测量值的误差明显小于 1%，完全可以满足工程上的需要[15]，对气化炉操作具有较好的实际现场指导作用。

表 9-4　气化炉炉温和水蒸气量的线性拟合参数值

项目	参数				准确度			
	A_{v1}	$\text{Error}(A_{v1})$	B_{v1}	$\text{Error}(B_{v1})$	R_{v1}	SD_{v1}	N_{v1}	P_{v1}
数值	1353.835	58.906	-0.079	0.011	-0.907	3.452	13	$<10^{-4}$

注：A、B 表示拟合系数；Error 表示拟合系数的误差；R 表示相关性系数；SD 表示拟合的标准差；N 表示参与拟合的点数；P 表示相关性系数为 0 的概率。

为了进一步检验如此简化的误差大小，对采集到的炉温-水蒸气量数据进行了一元二次、一元三次拟合，发现所得曲线基本与一次曲线重合，进一步说明了粗略认为水蒸气量与炉温成一次线性关系在工程上的可行性。一元二次、一元三次方程分别为 $Y = A_{v2} + B_{v2}X_v + C_{v2}X_{v2}$、$Y = A_{v3} + B_{v3}X_v + C_{v3}X_{v2} + D_{v3}X_{v3}$，拟合所得曲线的参数见表 9-5、表 9-6。

表 9-5　气化炉炉温和水蒸气量的二次曲线拟合参数值

项目	参数				准确度			
	A_{v2}	B_{v2}	C_{v2}	$\text{Error}(A_{v2})$	R_{v2}	SD_{v2}	N_{v2}	P_{v2}
数值	1353.835	-0.079	6.7×10^{-20}	3.152	1	7.8×10^{-14}	13	$<10^{-4}$

表 9-6　气化炉炉温和水蒸气量的三次曲线拟合参数值

项目	参数					准确度			
	A_{v3}	B_{v3}	C_{v3}	D_{v3}	$\text{Error}(A_{v3})$	R_{v3}	SD_{v3}	N_{v3}	P_{v3}
数值	1353.835	-0.079	6.7×10^{-20}	4.9×10^{-21}	3.152	1	7.8×10^{-14}	13	$<10^{-4}$

二、氧气量对炉温的影响

图 9-9 是在进煤量、水蒸气量不变的情况下，氧气量对炉温的影响。可以看出，随着氧气量的增加，炉温总体呈上升趋势，说明在进煤量和水蒸气量不变的情况下，增加入炉的氧气量可以提高气化炉的温度。这是由于入炉氧气量的增加促使煤炭燃烧，加快了燃烧的速率和完全程度，放出大量的热量。首先，随着氧气量的增大，

气相中氧气浓度增大，床层内气泡的破碎频率也增大，加剧了气泡间的聚并和破碎，增加了气相中的氧气分子从气相主体扩散到煤炭表面的"动力"，增大了传质速率；其次，随着氧气量的增大，气固相之间的相对速度增大，气相扩散阻力减小，也有利于气体分子的传质扩散。这些都有利于煤炭的燃烧。另外，氧气量的增大对水蒸气的浓度具有一定程度的稀释作用，减小了水蒸气分子扩散到煤炭颗粒表面的"动力"，不利于水蒸气的分解反应[12-14]。当然，炉顶煤气和炉底渣灰也会带出少部分热量，但相对于煤炭燃烧放出的热量而言，其值明显较小，约 $3\% \sim 5\%$[16]。

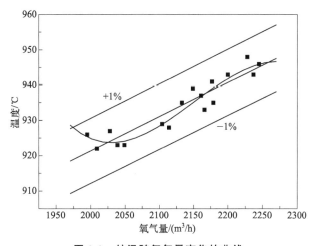

图 9-9　炉温随氧气量变化的曲线

　　为了定量反映氧气量对炉温的影响，对采集到的炉温-氧气量数据进行拟合，以便找到其定量关系，更好地指导气化炉的实际操作。结合图 9-9 中数据的分布特点和气化炉热量平衡关系，在进煤量和水蒸气量不变的情况下，忽略出口煤气和渣灰带出的热量，可以粗略认为氧气量与炉温成一次线性关系：$Y = A_{O1} + B_{O1} X_O$。这里也采用最小二乘法进行拟合，结果见表 9-7。从图 9-9 可以看出，拟合曲线的预测值与测量值的误差小于 1%，满足工程上的需要[15]，在一定程度上能够准确地预测入炉氧气量对炉温的影响，对气化炉的操作起到一定的指导作用。

表 9-7　气化炉炉温和氧气量的线性拟合参数值

项目	参数				准确度			
	A_{O1}	B_{O1}	Error(A_{O1})	Error(B_{O1})	R_{O1}	SD_{O1}	N_{O1}	P_{O1}
数值	727.120	0.097	20.985	0.0098	0.931	3.18	17	$<10^{-4}$

　　注：A、B 表示拟合系数；Error 表示拟合系数的误差；R 表示相关性系数；SD 表示拟合的标准差；N 表示参与拟合的点数；P 表示相关性系数为 0 的概率。

　　同样对数据进行了一元二次、一元三次拟合，参数见表 9-8、表 9-9，所得曲线与一次曲线较为相近，尤其是三次曲线，"徘徊"在一次曲线左右，见图 9-9。这些进一步说明了粗略认为水蒸气量与炉温呈一次线性关系的工程可行性。

表 9-8　气化炉炉温和氧气量的二次曲线拟合参数值

项目	参数				准确度			
	A_{O2}	B_{O2}	C_{O2}	Error(A_{O2})	R_{O2}	SD_{O2}	N_{O2}	P_{O2}
数值	734.391	0.098	-1.3×10^{-18}	-8.4×10^{-12}	1	6.2×10^{-14}	17	$<10^{-4}$

表 9-9　气化炉炉温和氧气量的三次曲线拟合参数值

项目	参数				准确度			
	A_{O3}	B_{O3}	C_{O3}	D_{O3}	R_{O3}	SD_{O3}	N_{O3}	P_{O3}
数值	33243.384	-45.354	0.021	3.3×10^{-6}	0.910	2.820	17	$<10^{-4}$

当然，影响气化炉炉温的因素较多，这些因素相互影响、相互联系。要想准确预测炉温、水蒸气量和氧气量对气化炉炉温的多因素影响，需要大量的多因素交互试验和先进可靠的模拟工具等，有待在气化炉的日常运行中积累更多的数据和经验，进行深一步的研究。

三、水蒸气量和氧气量对炉压的影响

炉压的波动大小是气化炉稳定运行的风向标，直接反映了炉内料层的稳定性以及床层高度的大小。图 9-10 是在进煤量和氧气量不变的情况下，水蒸气量对炉压、炉顶和炉底之间的压差随入炉水蒸气量变化的情况。可以看出，随入炉的水蒸气量增大，炉压（炉底压力）波动较小，基本维持在 200×10^3 Pa 左右，炉顶和炉底之间的压差维持在 31×10^3 Pa 左右，说明气化炉内建立了稳定的床层，气化炉运行稳定。

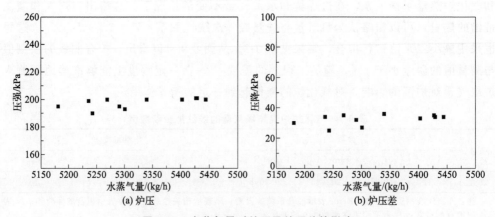

(a) 炉压　　　　　　　　　(b) 炉压差

图 9-10　水蒸气量对炉压及炉压差的影响

图 9-11 是在进煤量和水蒸气量不变的情况下，氧气量对炉温的炉压、炉顶和炉

底之间的压差随入炉氧气量变化的情况。可以看出，随入炉的氧气量增大，炉压（炉底压力）、炉顶和炉底之间的压差基本保持不变，与图 9-10 中水蒸气量对气化炉压力的影响基本一致。

　　由图 9-10 和图 9-11 可以看出，入炉氧气量或水蒸气量的变化对炉压（炉底压力）、炉顶和炉底之间的压差无明显影响。由于气化炉内煤炭颗粒处于流态化操作状态，床层压降等于单位床层截面积上的颗粒重量，水蒸气和氧气的流动带给颗粒的曳力平衡了颗粒的重力，导致颗粒呈悬浮状态，继续增加水蒸气或者氧气的入炉量，床层压降仍然等于单位床层截面积上的颗粒重量，但床层可能会缓慢膨胀，导致颗粒间的距离逐渐增加。山西煤化所毕继诚课题组系统地研究了单/双/三组分颗粒从静止到流态化悬浮的过程变化，发现床层的压降在颗粒松动流化之前随气体速度增大而增大，在颗粒松动流化之后随气体速度增大波动非常小，基本保持不变[15,17]。Delebarre 研究了不同类型颗粒的最小流化速度，从理论上分析了不同密度和形状的颗粒的最小流化速度，发现颗粒松动流化之后床层压降随气体速度增大而基本保持不变[18]。殷亮等也发现了同样的结果[19]。

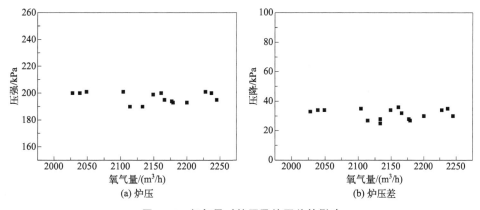

图 9-11　氧气量对炉压及炉压差的影响

第三节　流化床工业气化试验工艺计算过程分析

一、工艺计算界区

　　煤的工业化气化试验前后历时数十天，气化炉运行平稳，实现了连续稳定运转，取得了一定的运行经验，为大规模工业装置的开发奠定了基础。图 9-12 为低阶煤气化试验工艺流程及进行物料衡算的界区范围，可以看出进入界区的物质有原料、气化剂、水，出界区的物质有灰渣、飞灰、煤气及水。

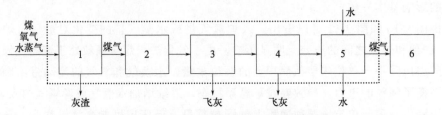

图 9-12　粉煤气化试验工艺流程及衡算范围
1—气化炉；2—废锅；3、4—飞灰过滤器；5—水洗塔；6—甲醇洗塔

常见的煤气化工艺过程计算方法有两种，一种是以实验实测数据为依据的实验法，一种是以大量经验数据和经验公式为依据的模拟法[20]。由于流化床煤气化过程是一个复杂的反应体系，影响气化工艺过程的因素较多，除一些常规的操作特性（煤进料量及吹送比、氧/空气煤比、水煤比、气化温度、气化压强）外，煤质特性和气化炉的结构特性对气化工艺过程计算也有较大影响。模拟法建立在许多理想假定和经验估计的基础上，误差往往较大。本节选用实验法进行工艺过程计算。

二、物料衡算

煤的工业化试验前后历时数十天，选取某一时刻点的运行数据进行工艺计算，探讨煤气中水含量的计算方法及工艺计算的其他问题，如水洗塔下部出口污水中碳含量的计算等问题。以单位时间（每小时）气化炉的进煤质量、氧气质量和水蒸气质量及渣量为计算基准进行物料衡算和热量衡算。

未经脱碳的煤气为粗煤气，脱硫脱碳后的煤气为净煤气，煤气组成见表 9-10。假定从气化炉底部排出的渣中碳含量约为 2%；飞灰碳含量约为 37.6%。另外，操作温度为 935℃（中部温度），压力为 $194×10^3$ Pa（炉底压力）；入炉煤粉和氧气温度为 30℃；入炉水蒸气压力为 $350×10^3$ Pa，温度为 330℃。

表 9-10　煤气成分分析

煤气成分	CO_2/%	H_2/%	O_2/%	N_2+Ar/%	CH_4/%	CO/%	C_nH_m/%
粗煤气	31.7	34.28	0.2	3.04	3.41	25.14	0.29
净煤气	5.40	52.19	0.18	4.24	3.92	33.24	0.23

入炉物料主要有煤炭、水蒸气、氧气，出炉物料有渣、飞灰、粗煤气，按照元素守恒法分别计算各个部分物料流中的 C、H、O、N、S 元素含量以及灰分含量，入炉煤计算结果见表 9-11。

表 9-11　入炉煤物料流中主要元素含量计算结果

元素	C	H	O	N	S
含量/kmol	256.55	262.48	67.29	2.96	4.03

按照同样的方法可以计算出飞灰、灰渣、粗煤气中的 C、H、O、N、S 元素含量以及灰分含量，但是在计算粗煤气元素组成时需要先确定粗煤气中水蒸气的含量才能进行计算。由于粗煤气中水蒸气含量是无法直接测得的，在进行气化工艺计算时往往是根据粗煤气经过水洗后饱和温度对应的饱和蒸气压计算的，这种计算往往误差较大。可以采用氢平衡或氧平衡进行计算，具体计算过程如下。

利用粗煤气的组成，根据氢平衡计算煤气中的水蒸气量[21-22]：

$(262.48+598-370)/2=490.47/2=245.24kmol$。

可以用氧平衡对该水蒸气量的正确性进行验证，也可以用净煤气的量及其组成进行验证，因为粗煤气经过栲胶法脱硫和吸附法脱碳得到的净煤气中氢量基本不变。鉴于吹送气采用 CO_2，可以利用净煤气组成计算水蒸气量：由 $CO_2=16.34kmol$，$H_2=158.40kmol$，$CO=100.87kmol$，$O_2=0.56kmol$，$CH_4=11.89kmol$，可得 H= 364.36kmol。

经计算可知煤气中的水蒸气量为 248.084kmol

由计算可知，按照粗煤气组成得到的煤气中水蒸气量为 245.24kmol，与 248.084kmol 相差不大，说明按照粗煤气组成计算得到的煤气中水蒸气量正确。由此可以计算出煤气中 C≈222kmol，结合渣和灰中固定碳量，利用碳平衡对该值进行验证可知，该值可取。

根据以上计算，可得整个过程的物料平衡，见表 9-12。

表 9-12　工艺过程物料平衡表

物料	收入/kmol				支出/kmol				
	进煤	水蒸气	氧气	收入合计	粗煤气	水蒸气	渣	飞灰	支出合计
C	256.55			256.55	222		3.34	30.48	255.82
H	262.48	598		860.48	370	490.48			860.48
O	67.29	299	192.14	558.43	313	245.24			558.24
N	2.96			2.96					
S	4.03			4.03					
A/kg	2563.60						1716.8	606.94	2323.74（不含水洗部分）

三、热量衡算

气化炉在稳定运行时，进口物料的热（焓）值应该等于出口物料的热（焓）值与热损失之和，据此对气化炉进行热量衡算，计算其热损失和气化效率[23-24]。

进口物料带入的热值包括煤炭的燃烧热/显热、水蒸气和氧气热焓，出口物料的热值包括灰渣热焓、固定碳热损失、煤气热焓和水蒸气热焓。其中煤气热焓可按照平均比热容计算，0～850℃煤气中各组分平均比热容如下：

CO 的比热容：$0.9369kJ/(m^3 \cdot K)$；

CO_2 的比热容：$1.8645kJ/(m^3 \cdot K)$；

H_2 的比热容：$0.8487kJ/(m^3 \cdot K)$；

N_2 的比热容：$0.9211kJ/(m^3 \cdot K)$；

CH_4 的比热容：$2.5037kJ/(m^3 \cdot K)$；

H_2S 的比热容：$1.425kJ/(m^3 \cdot K)$。

计算得 0～850℃煤气平均比热容为 $1.185kJ/(m^3 \cdot K)$。

对以上数据进行汇总，可得气化炉的热量平衡关系。经过计算可知，入炉热量中煤炭的燃烧热占87.36%，水蒸气的热占12.24%，煤炭的显热和氧气热焓仅仅占0.16%和0.06%。大约12%的热量被水蒸气带出，11%的热量被热灰带出。

四、工艺过程技术经济指标计算

1. 碳转化率

考虑到粗煤气表指示值偏小，为避免计算的碳转化率误差较大，可以利用碳守恒对其进行核算。假定进料煤中的碳一部分随渣和灰一起排出气化炉外，其余部分全部进入煤气，即水洗下来的碳为零，可以计算得到碳转化率接近90%。该结果进一步说明水洗下来的碳很少，在煤的工业化试验过程中也发现水洗的碳量明显较少，水质较好，浊度较低。

2. 煤气单耗指标

煤气单耗指标是评价反应过程经济性的重要指标，一般指每生产 1 km³（或 1t）产品（粗煤气、净煤气、化学品）所消耗的原料（煤、蒸汽、氧气）和废热锅炉产生的蒸汽量。中间试验的煤气单耗指标见表 9-13 和表 9-14。

表 9-13   工艺过程单耗指标

项目	单位	原料消耗量（试验值）
煤/t	粗煤气	0.840
	净煤气	1.110
蒸汽/t	粗煤气	0.590
	净煤气	0.790
	煤	0.713

续表

项目	单位	原料消耗量（试验值）
氧气/m³	粗煤气	237
	净煤气	316
废锅产蒸气/m³	粗煤气	0.690

表 9-14　吨煤产量及产率

项目	单位	数值	备注
粗煤气产量	m³/h	10958	含 CO_2 吹送气
粗煤气产率	m³/t	1377	含 CO_2 吹送气
气化强度	t/(h·m²)	1.420	
灰渣残碳	%	2.00	质量分数

可以看出，在流化床中细粉（飞灰和水洗部分细粉）带出量较多，且这些细粉中碳含量较高。由物料衡算中的碳平衡和热量衡算可以看出，进入飞灰和水洗液的碳大约占入炉总碳的 10%。大量的细粉被带出导致大量细颗粒在炉内停留时间变短，未发生燃烧和气化反应而被有效利用，碳的利用率下降，转化率和有效气产率降低[25]。提高细粉燃烧放出的热量利用效率，可以大大提高气化系统的热效率和气化效率。

在流化床中细粉（飞灰和水洗部分细粉）带出量较多，首先是由于跃进长焰煤自身结构特点。跃进煤空隙结构丰富，水分和灰分含量较高，具有易风化、易碎裂的特点；入炉煤中粒径小于 0.15mm 的煤颗粒占 18%，这些煤颗粒粒径较小，流化速度和带出速度较低，容易被流化气带到炉外，在炉内停留时间较短，未被有效气化[25,26]。其次，床层高度也是影响细颗粒带出量的因素之一。床层高度越高，床层内气体通过时形成气泡的直径就越大，越容易形成腾涌，造成带出量增大。另外，流化数达到 2.4~3.2，气流速度越大，气泡上升速度越大，在气泡到达床层顶部破裂时细颗粒被甩出的距离越远，细颗粒带出量将明显增大。流化气速（流化数）和床层高度的增加对细颗粒带出的影响较大。

第四节　本章小结

（1）义马矿区的高灰粉煤在流化床气化过程中适宜的操作温度为 975℃ 左右（中部温度），炉温波动（炉温极值之差）不大于 16℃ 时，气化炉运行稳定。炉温随水蒸气量的变化率明显小于炉温随氧气量的变化率，如果仅仅减小进煤量而保持水蒸气量和氧气量不变,往往会导致气化炉飞温。炉温的波动对煤气产量和组成的影响远大于入炉水蒸气量和氧气量变化的影响。

(2) 流化床气化过程中气化炉压差为 37kPa 左右,炉底压力为 205kPa,压力波动(压力极值之差)小于 16kPa,流化良好。进煤量和排渣量是影响压力波动的主要因素,增大进煤量或者减小排渣量都可以增大气化炉压差,入炉的水蒸气量和氧气量不影响炉压波动。在义马矿区粉煤流化床工业气化过程中,入炉氧气量或水蒸气量的变化对炉压(炉底压力)、炉顶和炉底之间的压差无明显影响。气化炉的压差随水蒸气或者氧气入炉量的增多而保持不变,但床层可能会缓慢膨胀,导致颗粒间的距离逐渐增加。

(3) 对于义马矿区粉煤的流化床加压气化,操作温度随入炉水蒸气量的增大而降低,随氧气量的增大而上升,通过比较拟合曲线,说明可以采用线性关系式 $Y=1353.835-0.079X_v$ 和 $Y=727.120+0.097X_o$ 分别反映水蒸气量、氧气量对炉温的影响程度,误差均小于 1%,完全可以满足工程上的需要,为流化床粉煤气化自动化控制、操作、开车设计提供重要的依据,对现场操作起到一定的指导和参考作用。

(4) 元素守恒法可以很好地与气化炉运行数据结合,方便快速地对流化床气化炉进行过程衡算,并且煤气的含水量可以用氧平衡/氢平衡或净煤气的量及其组成进行计算和验证。由于长焰煤自身具有易风化、易碎裂的特点,入炉煤细颗粒较多,在稳定运行过程中细粉带出量较大。床层高度较高和流化速度较大进一步加剧了细颗粒的带出,造成碳损失较大。带出的大量细粉中碳含量较高,提高细粉燃烧放出的热量利用效率,可以提高气化炉热效率和气化效率。

参考文献

[1] Yu J, Tahmasebi A, Han Y, et al. A review on water in low rank coals: the existence, interaction with coal structure and effects on coal utilization[J]. Fuel Processing Technology, 2013, 106 (2): 9-20.

[2] Sjostrom K Chen G, Yu Q, et al. Promoted reactivity of char in cogasification of biomass and coal: synergies in the thermochemical process[J]. Fuel, 1999, 78(10): 1189-1196.

[3] 程相龙,王永刚,孙加亮,等.氧化反应对胜利褐煤水蒸气气化反应的促进作用:宏观反应特性研究[J].燃料化学学报,2017,45(01):15-20.

[4] Tahmasebi A, Yu J, Han Y, et al. A study of chemical structure changes of chinese lignite during fluidized-bed drying in nitrogen and air[J]. Fuel Processing Technology, 2012, 101(22): 85-93.

[5] 臧雅茹.化学反应动力学[M].天津:南开大学出版社,1995.

[6] 程相龙,煤与生物质流化床共气化过程中灰行为研究[D].太原:山西煤炭化学研究所,2010.

[7]　李克忠，张荣，毕继诚.生物质焦与煤焦及煤灰的流化特性研究[J].化学反应工程与工艺，2008，24(5)：416-421.

[8]　宋新朝，王志锋，孙东凯，等.生物质与煤混合颗粒流化特性的实验研究[J].煤炭转化，2005，28(01)：74-77.

[9]　郭晋菊，程相龙.高灰粉煤流化床汽化炉温炉压波动研究[J].煤炭转化，2018，41(5)：59-64.

[10]　国井大藏，列文斯比尔.流态化工程[M].北京：石油化学工业出版社，1977.

[11]　Rao T R, Bheemarasetti R J V. Minimum fluidization velocities of biomass and sands[J]. Erergy, 2001, 26(6)：633-644.

[12]　程相龙，李克忠，张荣，等.流化床中灰分对煤焦和生物质焦混合特性影响[J].煤炭转化，2010，33(03)：76-81.

[13]　朱家亮，陈祥佳，张涛，等.基于CFD的内构件强化内循环流化床流场结构分析[J].环境科学学报，2011，31(6)：1213-1215.

[14]　金涌，祝京旭，汪展文，等.流态化工程原理[M].北京：清华大学出版社，2001：20-21.

[15]　韩冬冰.化工工程设计[M].北京：学苑出版社，1997.

[16]　贺永德.现代煤化工技术手册[M].北京：化学工业出版社，2011：461-498.

[17]　宋新朝，李克忠，王锦凤，等.流化床生物质与煤共气化特性的初步研究[J].燃料化学学报，2006，34(3)：303-308.

[18]　Delebarre A. Revisition the Wen and YU Equations for minimum fluidization velocity prediction[J]. Chemical Engineering Research and Design, 2004, 82(A5)：587-590.

[19]　殷亮，蒋军成.A类颗粒流化床特性的DEM-CFD模拟[J].化学反应工程与工艺，2010(5)：7.

[20]　贺永德.现代煤化工技术手册[M].2版.北京：化学工业出版社，2011.

[21]　Grbner M, Meyer B. Performance and exergy analysis of the current developments in coal gasification technology[J]. Fuel, 2014, 116(1)：910-920.

[22]　Murakami K, Sato M, Tsubouchi N, et al. Steam gasification of Indonesian subbituminous coal with calcium carbonate as a catalyst raw material[J]. Fuel Processing Technology, 2015, 129：91-97.

[23]　汪寿建.现代煤气化技术发展趋势及应用综述[J].化工进展，2016，35(3)：653-664.

[24]　Jang D, Kim H, Chan L, et al. Kinetic analysis of catalytic coal gasification process in fixed bed condition using aspen plus[J]. International Journal of Hydrogen Energy, 2013, 38(14)：6021-6026.

[25]　郭卫杰.U-GAS气化炉飞灰理化性质及造粒性能研究[D].焦作：河南理工大学，2015.

第十章
低阶煤流化床气化工业试验

　　利用氧化反应与气化反应的协同作用可以优化低阶煤表面孔隙结构和表面官能团，将其运用在大型工业流化床上进行试验。本章讨论了低阶煤灰熔融特性，低阶煤灰含量较大，容易造成气化炉结渣，严重时导致停车。考虑到 SiO_2 和 Al_2O_3 是煤灰中含量最高的化学成分，还讨论了 SiO_2 和 Al_2O_3 及 SiO_2-Al_2O_3 型矿物对煤灰熔融温度的影响，提出了预测低阶煤熔融性温度的新方法。确定气化温度后，利用协同作用机制，在保持其他条件不变的情况下调整工业气化炉的进氧量和位置，研究了碳转化率、煤气组成及单炉处理量等气化指标的变化。

第一节　低阶煤熔融特性及适宜气化温度的确定

一、化学组成对煤灰熔融温度的影响

　　煤灰变形温度（DT）和软化温度（ST）是锅炉及气化炉设计选型和安全稳定运行的重要参数。许多研究者致力于煤灰熔融温度预测的研究，提出了一些定性和定量的方法，主要有参数法、线性回归法、三元/多元相图法和完全液相法等。参数法是一种定性方法，根据煤灰的主要化学成分用某参数来定性判断煤灰的熔融性，如 Unuma 等[1]用硅铝氧化物含量与其他氧化物含量之比来界定难熔煤灰和易熔煤灰。线性回归法是根据煤灰化学组成与熔融温度的关系进行线性或非线性拟合，用拟合式预测煤灰熔融温度，该法被广泛采用。依据煤灰化学组成可以采用化学纯的氧化物代替煤灰成分，也可根据煤灰的实际成分进行拟合，如葛源等[2]向煤灰中添

加不同比例 CaO 研究贵州六盘水高硅铝煤灰熔融性变化，陈文敏等[3]研究了煤样的化学成分与煤灰熔融温度的关系。

实际上，这些氧化物大部分以矿物形式赋存，且矿物形式多样。煤灰受热熔融过程中，这些矿物发生热分解、化合、低温共熔等一系列反应，影响煤灰的熔融温度[4-5]。因此，仅仅从化学组成出发得到的拟合式的预测结果误差较大[6-8]。三元/四元相图法只考虑了煤灰中的 SiO_2、Al_2O_3、Fe_2O_3/CaO，并且四元相图缺乏大量的实验数据，基本依靠软件模拟，更多元的相图和复合相图更加缺乏实验数据，这导致相图的预测结果不理想[9-11]。完全液相法是利用煤灰的完全液相温度预测灰熔点，该方法将煤灰分为高硅铝、高硅铝比、高铁及高钙四种，分别建立灰熔点与完全液相温度的关系，但是完全液相温度需要根据对应点多元相图或热力学软件 FactSage 计算获得[12]，大大限制了其应用。

SiO_2、Al_2O_3 是煤灰中最主要的两种氧化物，其含量之和多大于 55%[13]，对煤灰熔融温度影响显著。一般地，SiO_2 在煤灰中的含量最多，最高可达 70%。SiO_2 含量大于 60% 时，煤灰的 ST 一般大于 1400℃[3,13]。Al_2O_3 在煤灰中的含量仅次于 SiO_2，随着其含量增多，煤灰熔融温度显著提高。当 Al_2O_3 的含量大于 30% 时，DT 和 ST 一般都大于 1300℃[3,9]。SiO_2 与 Al_2O_3 的含量比是影响煤灰熔融温度的重要因素，$0.9 \leqslant SiO_2/Al_2O_3 \leqslant 1.8$ 且 $SiO_2 + Al_2O_3 \geqslant 78\%$ 可以作为煤灰软化温度不低于 1500℃ 的判据，该判据应用于 167 个煤样的准确性为 92.2%[14]。也可以用 SiO_2、Al_2O_3 含量的比值判断煤灰的结渣性[13]。

为了探索能够简洁准确地预测低阶煤灰熔融温度的方法，以 156 个煤样[13-19]为对象，研究了煤灰化学组成与变形温度（DT）和软化温度（ST）的关系，进而研究了煤灰中 SiO_2-Al_2O_3 型矿物含量对煤灰熔融温度（DT 和 ST）的影响，探索从 SiO_2-Al_2O_3 型矿物含量出发预测煤灰熔融温度的新方法，并与常用的从化学组成出发得到的煤灰熔融温度预测式进行比较，以期得到准确简便的煤灰熔融温度预测方法，为锅炉与气化炉设计选型和安全稳定运行提供可靠依据。

1. SiO_2 对煤灰熔融性的影响

SiO_2 是煤灰中矿物质含量最高的酸性氧化物，含量多大于 30%，甚至高达 70%，在煤灰中主要以非晶体的状态存在。由图 10-1 可以看出，SiO_2 的含量与煤灰熔融温度（DT 和 ST）之间的线性关系很不显著，但是 SiO_2 含量大于 45% 时 ST 和 DT 大于 1350℃ 的灰样个数显著增加，如图中方框所示，约增加了 10～20 个煤样；SiO_2 含量约在 37% 时 ST 和 DT 出现最小值，因此可以认为随着 SiO_2 含量的增多，ST 和 DT 具有先降后升的趋势。这可能与低温共融物（SiO_2 含量小于 37% 时）及 SiO_2 以石英态的形式存在（SiO_2 含量大于 37% 时）有关。

陈文敏等[3]的研究也发现，SiO_2 在灰中含量小于 30% 时软化温度都低于

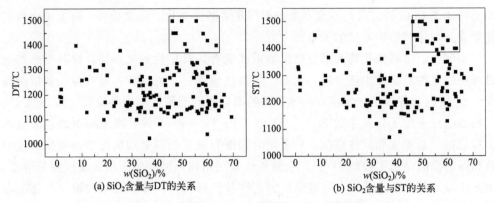

(a) SiO₂含量与DT的关系　　　(b) SiO₂含量与ST的关系

图 10-1　煤灰中 SiO₂ 含量与 DT 和 ST 的关系

1350℃，而其含量在 30％～65％之间时软化温度在 1000℃～1500℃均有分布，但没有显著的规律，说明 SiO_2 含量与灰熔融性温度的线性关系不明显。

2. Al₂O₃ 对煤灰熔融性的影响

Al_2O_3 在煤灰中含量仅次于 SiO_2，多在 20％以上，通常认为它是影响熔融温度的主要成分之一，多用其含量与 SiO_2 含量的比值对煤灰进行分类。由图 10-2 可以看出，除去方框标注的个别点外，随着 Al_2O_3 含量的增加 DT 和 ST 均增加，Al_2O_3 的含量与煤灰熔融温度（DT 和 ST）之间有较弱的线性关系，相关性系数分别为 0.1298 和 0.0995。尤其是 Al_2O_3 的含量大于 15％时，Al_2O_3 的含量与 DT 和 ST 的线性关系相对显著，相关性系数分别为 0.2399 和 0.2184。当 Al_2O_3 的含量大于 30％时，变形温度多大于 1300℃；当 Al_2O_3 的含量在 18％～23％左右时，DT 和 ST 较小，多小于 1200℃。

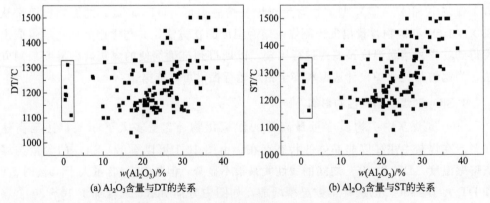

(a) Al₂O₃含量与DT的关系　　　(b) Al₂O₃含量与ST的关系

图 10-2　煤灰中 Al₂O₃ 含量与 DT 和 ST 的关系

3. 其他氧化物对煤灰熔融性的影响

图 10-3 是 CaO 含量与煤灰 DT 和 ST 关系图。可以看出，CaO 含量多小于 30％，

随着 CaO 含量的增加 DT 和 ST 呈现先降低后增高的趋势，呈抛物线状，最低点在 CaO 含量约为 20％处。当 CaO 的含量小于 20％时在高温的作用下 CaO 易和酸性氧化物生成低温的硅铝酸盐共熔化合物；当 CaO 的含量超过 20％时会析出 CaO 单体形成正硅酸钙，因为正硅酸钙的熔点比较高，所以 DT 和 ST 又呈现上升的趋势。最低点与样品中 CaO 含量和其他组分有关[19]。

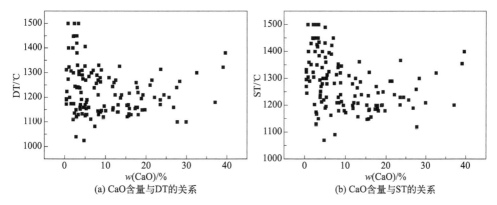

(a) CaO 含量与 DT 的关系　　(b) CaO 含量与 ST 的关系

图 10-3　煤灰中 CaO 含量与 DT 和 ST 的关系

图 10-4 为 Fe_2O_3 含量与煤灰 DT 和 ST 的关系图，可以看出，Fe_2O_3 的含量主要集中在 3％～10％之间，与煤灰熔融温度的线性关系不显著。图 10-5 是 MgO 含量与煤灰 DT 和 ST 的关系图，可以看出，MgO 的含量多小于 3％，与煤灰熔融温度的线性关系也不显著。

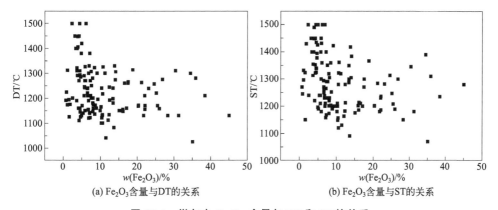

(a) Fe_2O_3 含量与 DT 的关系　　(b) Fe_2O_3 含量与 ST 的关系

图 10-4　煤灰中 Fe_2O_3 含量与 DT 和 ST 的关系

综上，煤灰中的主要矿物 SiO_2、Al_2O_3、Fe_2O_3、CaO、MgO 中只有 Al_2O_3 含量与煤灰 DT 和 ST 具有微弱的线性相关性，相关性系数均小于 0.13。因此仅仅从化学组成出发得到的拟合式的预测结果误差较大。同时，SiO_2、Al_2O_3、Fe_2O_3、CaO、MgO 在煤灰中多以矿物形式存在，煤灰的熔融行为是矿物之间的反应与熔

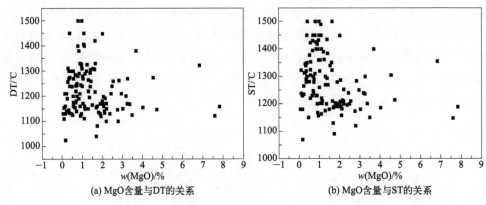

(a) MgO含量与DT的关系　　　　(b) MgO含量与ST的关系

图 10-5　煤灰中 MgO 含量与 DT 和 ST 的关系

融，也导致拟合式的预测误差较大。另外，线性拟合的前提是默认拟合对象之间均是各自独立而非线性关联的，否则，拟合结果往往不但不能起到预测作用，而且会误导研究人员对各个对象重要性的分析[20,21]。然而，氧化物之间可以形成多种矿物，也就是各个氧化物含量之间可能存在线性相关，所以增大了预测的误差。

二、SiO$_2$-Al$_2$O$_3$ 型矿物对煤灰熔融温度的影响

煤灰中 SiO$_2$-Al$_2$O$_3$ 型矿物主要有高岭石（Al$_2$O$_3$·2SiO$_2$·2H$_2$O）、硅线石（Al$_2$O$_3$·SiO$_2$）和莫来石（3Al$_2$O$_3$·2SiO$_2$）。其中高岭石和硅线石在高温下可以转变为莫来石。高岭石是原煤中的黏土类矿物，在较低的温度中会发生脱水反应转变成偏高岭石；在 850～1000℃偏高岭石转变成莫来石。硅线石转变为莫来石的温度约为 1400～1700℃。按照 GB/T 212—2008《煤的工业分析方法》制取煤灰时，制灰温度为（815±10）℃，高岭石和硅线石仍未发生莫来石化。根据矿物组成确定 SiO$_2$ 和 Al$_2$O$_3$ 的化学计量比，以煤灰中 SiO$_2$ 和 Al$_2$O$_3$ 相对含量较小者为基准，计算煤灰中 SiO$_2$-Al$_2$O$_3$ 型矿物的含量。具体计算过程如下。

煤灰中矿物种类繁杂（即使组成矿物的氧化物是相同的），且同一种矿物可能存在不同晶型，因此，矿物含量的测定往往误差较大，且实用性有待提高[7,8,10]。为了方便预测方法的推广使用，且考虑到煤灰中常见矿物的组成，本文采用以下方法计算 SiO$_2$-Al$_2$O$_3$ 型矿物的含量。如计算高岭石含量，SiO$_2$ 和 Al$_2$O$_3$ 化学计量比为 2:1，若煤灰中 SiO$_2$ 和 Al$_2$O$_3$ 含量分别为 22% 和 40%，SiO$_2$ 含量相对较小，则以 SiO$_2$ 含量为基准计算高岭石含量，计算方法见式(10-1)，M 为摩尔质量(g/mol)。

$$w(高岭石)=1/2\times[w(SiO_2)/M(SiO_2)]\times M(高岭石)\times100\% \qquad (10\text{-}1)$$

若煤灰中 SiO$_2$ 和 Al$_2$O$_3$ 含量分别为 46% 和 22%，Al$_2$O$_3$ 含量相对较小，则以 Al$_2$O$_3$ 含量为基准计算高岭石含量，计算方法见式(10-2)，M 为摩尔质量(g/mol)。

$$w(高岭石)=1/3\times[w(Al_2O_3)/M(Al_2O_3)]\times M(高岭石)\times100\% \quad (10\text{-}2)$$

　　计算得到高岭石、硅线石和莫来石在煤灰中的理论含量，并绘制该理论含量与煤灰熔融温度（DT 和 ST）的关系图，见图 10-6、图 10-7、图 10-8。由图可知，忽

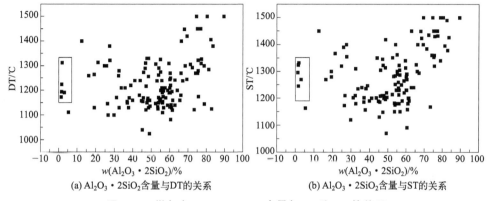

(a) Al₂O₃·2SiO₂含量与DT的关系　　　　　　(b) Al₂O₃·2SiO₂含量与ST的关系

图 10-6　煤灰中 Al₂O₃·2SiO₂ 含量与 DT 和 ST 的关系

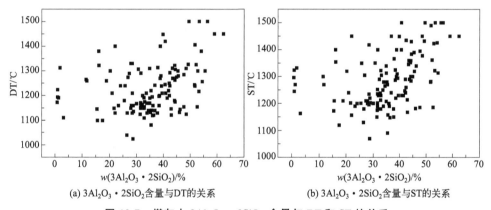

(a) 3Al₂O₃·2SiO₂含量与DT的关系　　　　　　(b) 3Al₂O₃·2SiO₂含量与ST的关系

图 10-7　煤灰中 3Al₂O₃·2SiO₂ 含量与 DT 和 ST 的关系

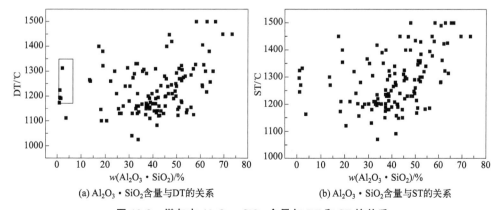

(a) Al₂O₃·SiO₂含量与DT的关系　　　　　　(b) Al₂O₃·SiO₂含量与ST的关系

图 10-8　煤灰中 Al₂O₃·SiO₂ 含量与 DT 和 ST 的关系

略少数特别的点（见图中方框，可能由分析误差或其他原因导致），随着高岭石、硅线石和莫来石理论含量的增加，煤灰熔融温度具有明显的升高趋势，三种矿物的含量与 DT 和 ST 具有一定的线性相关性，相关性系数分别为 0.5027、0.5213、0.6331、0.5742，0.5875、0.4954，而单纯氧化物的含量与 DT 和 ST 的线性相关性系数均小于 0.1298，明显小于三种矿物的含量与 DT 和 ST 的相关性系数。这说明采用矿物含量来回归拟合煤灰熔融性温度不但可以避免氧化物含量之间的相关性，也具有更好的线性相关性，更加贴合实际情况。

综上，三种矿物的含量越大，煤灰 DT 和 ST 越高。为了进一步说明硅线石和莫来石对 DT 和 ST 的影响，以义马煤/渑池煤（ST 分别为 1430℃、＞1500℃）和榆林煤/杞县煤（ST 分别为 1240℃、1180℃）为原料，按照如下流程制取变形温度下的灰样，并在 X'Pert PRO 型 X 射线粉末衍射仪中进行物相分析，结果见图 10-9。

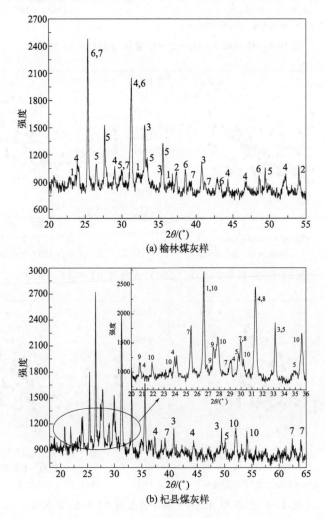

(a) 榆林煤灰样

(b) 杞县煤灰样

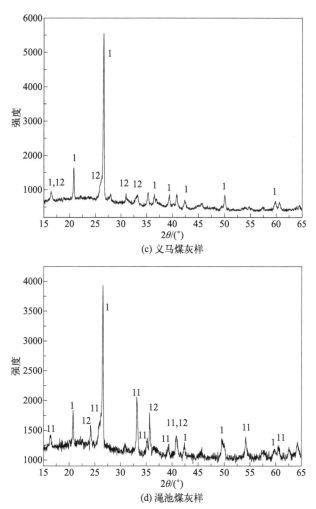

图 10-9　不同灰样在变形温度下的 XRD 图谱

1—二氧化硅；2—氧化钙；3—氧化铁（Ⅲ）；4—钙黄长石；5—硅钙石；

6—硫酸钙；7—硅灰石；8—铁钾氧化物；9—透长石；10—钙长石；11—莫来石；12—硅线石

　　将义马煤/渑池煤和榆林煤/杞县煤四个煤样按照 GB/T 212—2008 制得 800℃灰样，然后在氧化性气氛下（通空气）将灰样加热到 DT（四种煤的 DT 分别 为 1370℃、1460℃、1100℃和 1146℃），迅速取出在水中急冷。将干燥后的灰样研 磨成规定细度的粉末，在 X 射线粉末衍射仪中进行物相分析，用 Cu 靶 Kα 射线，工 作电压为 40×10^3 V，工作电流为 150mA。

　　由图 10-9 可知，在变形温度下，义马煤灰样主要含有硅线石和二氧化硅等高温 难熔矿物，渑池煤灰样主要含有莫来石和二氧化硅等高温难熔矿物，导致煤灰熔融 温度较高。相反地，榆林煤/杞县煤中莫来石、硅线石和二氧化硅的含量相对较低，其灰熔点也明显较低。这些进一步说明了煤灰中 SiO_2-Al_2O_3 型矿物含量可以显著提高煤灰熔融温度。

三、预测煤灰熔融温度的新方法及其对低阶煤的预测

选取莫来石为拟合对象，其含量作为单独变量线性拟合。莫来石是煤灰中常见的一种矿物，由图 10-7 可知，莫来石含量与煤灰熔融温度具有较好的线性相关性。

SiO_2-Al_2O_3 形成矿物后，剩余 SiO_2 或 Al_2O_3 作为单独变量线性拟合。研究者[113]也尝试将（SiO_2＋Al_2O_3）作为虚拟单一组分进行拟合，但是发现（SiO_2＋Al_2O_3）与煤灰的熔融温度的线性相关性很差，预测式误差较大。从图 10-1 和图 10-2 也可以看出，SiO_2 或 Al_2O_3 对煤灰熔融温度的影响具有很大差异，Al_2O_3 的线性相关性明显好于 SiO_2。一般情况下煤灰中 Al_2O_3 相对含量较小，没有剩余，若有剩余，将剩余量单独拟合。

可将 CaO 作为单独变量进行抛物线（含二次项）拟合。由图 10-3 可以看出，针对收集的煤样，随着 CaO 含量的增加灰熔融温度呈现先降低后增高的趋势，呈抛物线状，最低点在 CaO 含量约 20％处。研究[14,22]表明，CaO 含量与灰熔融温度呈抛物线状，这主要是由于含钙矿物（钙黄长石、硅钙石、硅灰石、钙长石）与 SiO_2、Al_2O_3 形成低温共熔物。

其他氧化物（FeO、MgO、K_2O、Na_2O）在煤灰中始终起降低熔融温度的作用，其含量可作为单独变量线性拟合。这些氧化物具有较低的离子势，为氧的给予体，能够终止多聚物的积聚并降低其黏度[23]。研究[19]发现，这些组分作为助熔组分，其含量和与灰熔融温度具有较好的线性关系。

根据以上分类，用最小二乘法对数据进行多元拟合，拟合表达式为式（10-3），拟合得到各变量的系数见表 10-1，相关性系数为 0.6518。

$$DT/ST = aw(3Al_2O_3 \cdot 2SiO_2) + bw(剩余 Al_2O_3 或 SiO_2)$$
$$+ cw^2(CaO) + dw(CaO) + ew(助熔组分) + cons \qquad (10\text{-}3)$$

表 10-1　式（10-3）中各变量系数值

项目	a	b	c	d	e	cons
DT	3.44	−3.70	0.38	−13.66	−2.61	1270.77
ST	3.90	−3.64	0.44	−17.19	−3.31	1346.70

用式（10-3）预测来自河南、安徽、青海及新疆四地的 27 个典型煤样的软化温度，同时与常用预测式（8-2）的预测值进行比较，结果见图 10-10。可以看出，式（10-3）和式（8-2）的大部分预测值均大于实验值（位于对角线上方），但是式（10-3）的预测值更加靠近对角线，80％的预测值误差小于 5.00％。随着温度增大，预测值

的误差减小，尤其在温度大于 1325℃ 时，误差多在 0.02%～1.99% 之间。

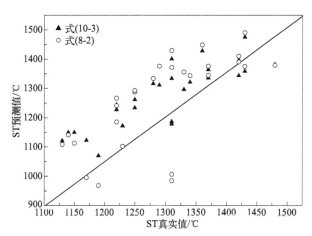

图 10-10　式(10-3) 与式(8-2) 对 27 个典型煤样 ST 的预测

常村煤（CC 1#、CC 2#）的灰分中 SiO_2 和 Al_2O_3 含量较高，其含量和在 80% 左右，是典型的高硅高铝煤，具体煤灰组成见表 10-2。运用推导得到的高硅高铝煤灰熔融性预测公式进行预测，可以得到其煤灰的变形温度分别为 1198℃ 和 1237℃，软化温度分别为 1282℃ 和 1335℃，预测误差较小，具体见表 10-3。

表 10-2　常村煤灰成分分析　　　　　　　　单位：%

煤样编号	SiO_2	Al_2O_3	Fe_2O_3	TiO_2	CaO	MgO	K_2O	Na_2O	MnO_2	SO_3	P_2O_5
CC 1#	58.38	23.45	5.83	0.92	3.69	2.16	2.53	0.74	0.11	1.05	0.45
CC 2#	52.26	25.44	7.95	0.53	3.46	1.98	2.64	0.43	0.17	1.1	0.51

表 10-3　常村煤灰熔融温度预测值与测量值的比较　　　　　　单位：℃

煤样编号	DT（预测）	DT（实测）	ST（预测）	ST（实测）
CC 1#	1214	1198	1282	1290
CC 2#	1237	1210	1335	1310

第二节　工业试验过程及氧气量和加煤量变化分析

工业试验以常村煤为气化原料，在设计生产能力为 $500×10^4 m^3/d$ 粗煤气的流化床气化炉中进行。试验时经过干燥、破碎到粒径小于 6mm 的常村煤先进入储煤罐，采用加压连续进料，进料管线设有吹扫风（CO_2/N_2），在气化炉下部进入流化床气化炉中。常村煤粉在 0.6MPa、1000~1100℃下发生气化反应，炉渣由气化炉底部排出，定时称重，测量残炭；带有粉尘的煤气依次经过旋风、废热锅炉、陶瓷过滤器、水洗塔，然后去净化工段。按照惯例，残炭中碳含量的测定采用 0 点班和 8 点班取样，如果灰渣颜色有可见变化，可以酌情增加分析次数。三个进料口分别记录加煤量，每小时记录一次，每班合计该班加煤总量；气化温度、煤气组成、气化炉分布板压差、炉底压力、吹扫风压力、灰渣出口温度、循环水系统温度压力等实施在线检测，当班人员每小时记录一次；灰渣量每班记录一次，一天记录三次。

根据工业试验设计，在上一班结束前的 4 个小时（0h 之前）开始尝试调节新的通氧气方案，通过改造后的布气系统向锥形分布板上方通入少量 O_2，逐步调节至气化炉运行稳定，8~9h 开始缓慢切断新通入的氧气，仍保留中心管的氧气量，记录相应数据，与 0~8h 形成对照，取 0~16h 的数据进行分析。

氧气总量随时间变化的曲线见图 10-11，0~8h 期间的氧气量比 8~16h 多了550kg/h，这部分氧气就是按照设计方案新增加的氧气，通入氧气的目的是营造低浓度氧气氛围，对低阶煤进行表面改性，丰富其表面结构，增强低阶煤活性。在 8h 之后切断这部分氧气，氧气量发生变化后，为了维持气化炉新的热量平衡和系统运行的稳定性，操作人员小幅改变加煤量，气化炉很快进入新的平衡，运行平稳。加煤量随时间变化的曲线见图 10-12。根据气化车间报表显示，0~8h 的加煤量比 8~16h 的加煤量多了 26.3t，也就是通入新增氧气后，进煤量平均每小时增加了约 1.64t。

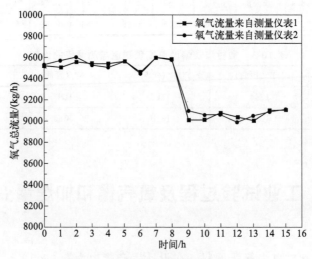

图 10-11 氧气总量随时间变化的曲线

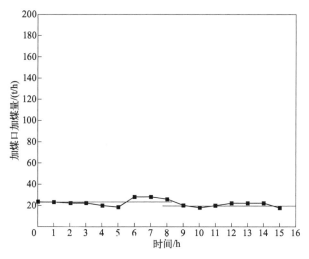

图 10-12　加煤量随时间变化的曲线

第三节　工业试验中炉温稳定性分析

　　气化炉温度是气化炉运行的重要参数，气化温度对煤气组成、碳转化率、处理量等具有较大影响，气化温度的波动大小是气化炉运行稳定性的重要指标。图 10-13 是常村煤的工业化试验期间气化炉最高点温度（顶温）随时间变化的曲线，可以看出，在整个试验过程中气化炉最高点温度都波动比较小，维持稳定，说明气化炉运行良好。可以分为 0~8h、8~16h 两个时间段进行分析。在 0~8h（一个值班周期），顶温随时间的变化较小，呈"之"字形小幅震荡，最高温度与最低温度的差值为 7℃，波动范围为 1022~1030℃，平均温度为 1026℃。在 8~16h（另一个值班周期），顶温随时间的变化也明显较小，小幅震荡，最高温度与最低温度的差值为 6℃，波动范围为 1021~1027℃，平均温度为 1023℃，略低于 0~8h 顶温的平均值。这是由于在 0~8h，通过改造后的布气系统向锥形分布板上方通入少量 O_2，在气化炉密相区形成低浓度氧气气氛，O_2 体积分数为 1%~2%，其余为 H_2O 气氛，依靠氧气对低阶煤进行表面改性，丰富其表面结构，为水蒸气气化反应提供了良好的反应场所和更多的活性位，进而增强低阶煤活性，提高其转化率。在 8~16h，停止通入氧气，保留中心管氧气量不变，在其他条件都保持不变的情况下，随着氧气的减少，气化炉的炉温稍稍下降。这也说明通过分布板进入的少量氧气与煤炭颗粒发生了氧化反应，减少了对中心区热量的吸收，导致炉温出现小幅波动。

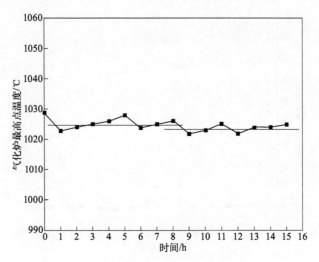

图 10-13　气化炉最高点温度随时间变化的曲线

　　余热锅炉出口烟气温度、扩叉管回水温度、下灰段脱盐水温度等测量点温度的变化也能从侧面反应气化炉运行过程的稳定性。余热锅炉出口烟气温度是气化炉出口煤气与余锅给水换热后的煤气温度,在锅炉给水流量不变的情况下,能够准确反映气化炉内气化温度变化,见图 10-14。扩叉管回水温度是对气化炉下部高温灰渣出口管道进行冷却后的循环水温度,在气化炉运行稳定、排渣量波动较小时,扩叉管回水温度能够较好地反映气化炉运行情况和灰渣量的变化,常被称为气化炉的指南针。图 10-15 是 0～16h 扩叉管回水温度随时间变化的曲线,可以看出,该温度也波动很小,基本保持直线,说明气化炉运行平稳。下灰段脱盐水温度随时间的变化见图 10-16,可以看出,其变化也比较小,曲线波动不明显,说明气化炉运行平稳。

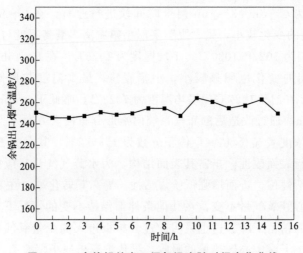

图 10-14　余热锅炉出口烟气温度随时间变化曲线

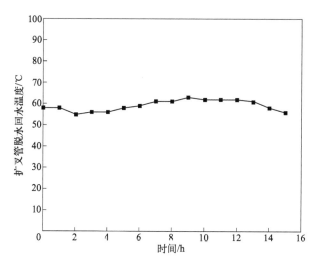

图 10-15　扩叉管回水温度随时间变化曲线

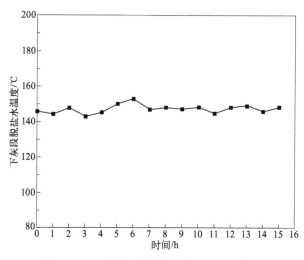

图 10-16　下灰段脱盐水温度随时间的变化

第四节　工业试验中炉压稳定性分析

床层压差波动是床层的稳定性以及床层高度的"晴雨表"，是衡量流化床气化炉运行稳定性的另一个重要参数。图 10-17 和图 10-18 是常村煤的气化试验期间气化炉床层压差与密相段和稀相段压力的变化曲线。床层压差基本维持在 $39\sim47\mathrm{kPa}$，波动较小，说明床层的持料量稳定，如果进料量突然增大，其压差必定增大，也说明了流化状态下床层的高度波动较小。密相段和稀相段压力分别维持在 0.59MPa 和 0.61MPa 左右，基本呈一条直线，波动很小，进一步说明了床层的持料量稳定，在密相段和稀相段高度波动较小。这些都说明了气化炉运行稳定，气化数据具有一定的可靠性和代表性。仔细观察可以看出，在 8~16h，气化炉床层压差稍有降低，这是由于此时切断了分布板通入的少量氧气，为了维持气化温度恒定，保持气化炉运行稳定，进煤量稍有减少，见图 10-12，从而导致床层压差小幅度降低。

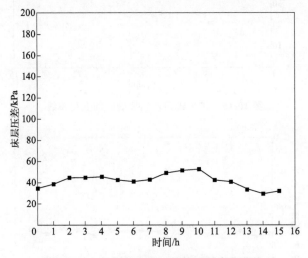

图 10-17　气化炉床层压差随时间变化曲线

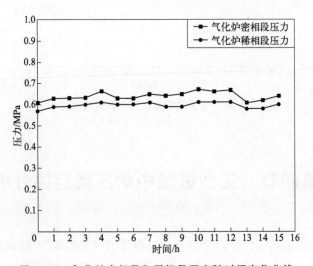

图 10-18　气化炉密相段和稀相段压力随时间变化曲线

第五节　工业试验灰渣残碳和煤气成分分析

在工业试验的 16h 内，按照惯例，灰渣中碳含量测定分别在 0 点班和 8 点班结束前进行取样分析。经过测试分析，发现 0 点班与 8 点班的灰渣中碳含量相差不大，分别为 10.07％和 12.06％，说明在分布板通入氧气后，氧化反应与水蒸气气化反应的协同作用对灰渣中碳含量影响不大。

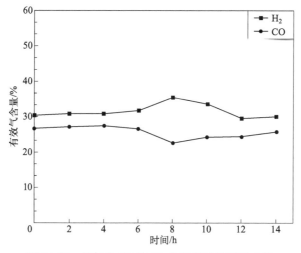

图 10-19　煤气中 CO 和 H_2 含量随时间变化曲线

煤炭进行气化主要是为了获得 CO 和 H_2，然后以 CO 和 H_2 为原料合成甲醇等化工产品。CO 和 H_2 是煤气中的有效成分，在 0～16h 的气化试验过程中，煤气中 CO 和 H_2 的含量在通入新增氧气前后具有一定变化，见图 10-19。在 0～8h，CO 和 H_2 体积分数之和的平均值为 58.0350％；8～16h，CO 和 H_2 体积分数之和的平均值为 56.5625％。二者差值为 1.4725％，也就是通入新增加的氧气后，合成气有效气含量（体积分数）增加了 1.4725％。这主要是由于氧化反应与气化反应的协同作用丰富了低阶煤的表面孔隙结构，促进了水蒸气气化反应，增加了煤气中的 H_2 含量。

第六节　本章小结

（1）从化学组成出发得到的线性拟合式预测煤灰熔融温度时误差较大，且没有考虑氧化物间可能存在的线性相关性。煤灰中 SiO_2-Al_2O_3 型矿物高岭石(Al_2O_3·$2SiO_2$·$2H_2O$)、硅线石(Al_2O_3·SiO_2）和莫来石($3Al_2O_3$·$2SiO_2$）的含量分别与 DT 和 ST 线性关系比较显著。

（2）选取莫来石($3Al_2O_3$·$2SiO_2$）为目标矿物，对其他化学组分合理分组，得到的拟合式比常用的线性拟合式预测更加准确。对 27 个煤样的软化温度进行预测，80%的预测值误差小于 5.00%。温度越高，误差越小，在温度大于 1325℃时，误差多在 0.02%～1.99%之间。常村煤灰分中 SiO_2 与 Al_2O_3 的含量和在 80%左右，是典型的高硅高铝煤。运用新公式预测两种煤灰的变形温度（DT）分别为 1198℃ 和 1237℃，软化温度（ST）分别为 1282℃ 和 1335℃，预测误差均较小。

（3）常村煤流化床气化试验过程中，气化炉炉温波动小于 7℃，向分布板通入少量氧气后，气化炉炉温稍有下降，这是由于通过分布板进入的少量氧气与煤炭颗粒发生了氧化反应，减少了对中心区热量的吸收，导致炉温出现小幅波动。

（4）以义马煤田常村煤（干燥基灰分 34.60%）为原料，在气化炉上进行气化试验，在调节气化气氛的后，实现了气化炉的平稳运行，炉温波动范围 1022～1029℃，床层压降波动范围 39～47kPa，密相段和稀相段压力分别维持在 0.59MPa 和 0.61MPa 左右，以及余热锅炉出口烟气温度、扩叉管回水温度、下灰段脱盐水温度等测量点波动都非常小，说明了气化炉运行稳定，气化数据具有一定的可靠性和代表性。

（5）气化试验过程中，利用协同作用规律及机制调控气化气氛，调控后气化炉的处理量增加了约 1.64t/h，煤气产量随之增加，并且煤气中有效气（$CO+H_2$）的体积分数增加了 1.4725%，灰渣中碳含量变化不大。

该研究结果为解决我国低阶煤工业气化炉气化过程中出现的气化速率低等问题提供了一种有效的解决办法，为实现低阶煤的高效气化提供了技术支持和新的思路，也为我国的化工企业提供了一条高效的节能环保制氢路线，可以采用低阶煤制氢，不但节省了优质块煤资源，避免了块煤气化过程中的环保问题，也降低了企业原料成本。开发低阶煤清洁利用技术，不但可以缓解我国的能源危机和环境危机，对我国的能源战略也具有显著的积极意义，也是推进我国能源生产革命、煤炭供给侧改革、煤炭行业转型升级的重要有效途径。

参考文献

[1]   Unuma H, Takeda S, Tsurue T, et al. Studies of the fusibility of coal ash[J]. Fuel, 1986, 65 (11): 1505-1510.

[2]   葛源, 潘东, 李松, 等. 氧化钙对贵州六盘水高硅铝煤灰熔融性的影响及机理[J]. 煤炭转化, 2019, 42(3): 68-74.

[3] 陈文敏,姜宁.煤灰成分和煤灰熔融性的关系[J].洁净煤技术,1996,2(2):34-37.

[4] Markus R, Mathias K, Marcus S, et al. Relationship between ash fusion temperatures of ashes from hard coal brown coal and biomassand mineral phases under different atmospheres: A combined FactSage™ computational and network theoretical approach[J]. Fuel, 2015, 151(1): 118-123.

[5] Charkravarty S, Mohanty A, Banerjee A, et al. Compositionmineral matter characteristics and ash fusion behavior of some Indian coals[J]. Fuel, 2015, 150(1): 96-101.

[6] Vassilev S V, Kitano K, Takeda S, et al. Influence of mineral and chemical composition of coal ashes on their fusibility[J]. Fuel&Energy Abstracts, 1995, 37(1): 27-51.

[7] Li F, Meng L, Fan H, et al. Understanding ash fusion and viscosity variation from coal blending based on mineral interaction[J]. Energy & Fuels, 2017, 32(1): 223-231.

[8] Tambe S S, Naniwadekar M, Tiwary S, et al. Prediction of coal ash fusion temperatures using computational intelligence based models [J]. International Journal of Coal Science & Technology, 2018, 5(4): 486-507.

[9] 邵徇,麻栋,丁华.哈尔乌素煤中矿物固相反应对煤灰熔融特性的影响[J].煤炭转化,2019,42(3):82-89.

[10] Deng C, Cheng Z, Peng T, et al. The melting and transformation characteristics of minerals during co-combustion of coal with different sludges[J]. Energy & Fuels, 2015, 29(10): 15-22.

[11] Yazdani S, Hadavandi E, Chehreh S. Rule-based intelligent system for variable importance measurement and prediction of ash fusion indexes[J]. Energy & Fuels, 2018, 32(1): 329-335.

[12] 李文,白进.煤的灰化学[M].北京:科学出版社,2013.

[13] Cheng X L, Wang Y G, Lin X C, et al. Studies on effects of SiO_2-Al_2O_3-CaO/FeO low temperature eutectics on coal ash slagging characteristics[J]. Energy Fuels, 2017, 31(7): 6748-6757.

[14] 程相龙,王永刚,张荣,等.低温共熔物对煤灰熔融温度影响的研究[J].燃料化学学报,2016,44(9):1043-1050.

[15] 陈龙,张忠孝,乌晓江,等.用三元相图对煤灰熔点预报研究[J].电站系统工程,2007,23(1):22-24.

[16] 代百乾,乌晓江,陈玉爽,等.煤灰熔融行为及其矿物质作用机制的量化研究[J].动力工程学报,2014,34(1):70-76.

[17] Liu B, He Q H, Jiang Z H, et al. Relationship between coal ash composition and ash fusion temperatures [J]. Fuel, 2013, 105: 293-300.

[18] 姚星一,王文森.灰熔点计算公式的研究[J].燃料学报,1959,4(3):216-223.

[19] Sdariye K, Aysegul E M, Hanzade D, et al. Investigation of the relation between chemical composition and ash fusion temperatures for some Turkish lignites [J]. Fuel Science and Technology International, 1993, 11(9): 1231-1249.

[20] 程维虎.拟合优度检验的回归分析方法及其应用[J].北京工业大学学报,2000(02):79-84.

[21] 徐超，杨林德.随机变量拟合优度检验和分布参数 Bayes 估计[J].同济大学学报（自然科学版），1998，1(03)：340-344.

[22] 陶然，李寒旭，胡洋，等.铁钙比对煤灰中耐熔矿物生成的抑制机理研究[J].硅酸盐通报，2017，36(11)：3810-3816.

[23] Vorres K S. Effect of composition on melting behaviour of coal ash[J]. Journal of Engineering for Power，1979，101(4)：497-499.